中国三大克拉通盆地
重磁电物性建模与应用

严良俊 向 葵 李 闯 胡 华 等 编著

国家科技重大专项课题（2016ZX05004003）、国家自然科学基金联合项目"地层条件下富有机质页岩电磁响应机理与应用基础研究"（U1562109）和国家自然科学基金青年项目"中上扬子区页岩总有机碳含量与复电阻率的关系模型实验研究"（41404087）资助

科 学 出 版 社
北 京

内 容 简 介

本书重点介绍重磁电岩石物性测量方法、物性与地质关系、三大克拉通盆地重磁电物性建模及应用。全书以重磁电物性测量与建模方法及近年来在复电阻率测量、激电建模与储层参数预测方法领域的研究成果为基础，通过对四川盆地、鄂尔多斯盆地和塔里木盆地及周边采集的沉积地层、火成岩及基底的岩样的测试与分析，对前寒武系古老地层重磁电物性特征进行研究，建立三大盆地自太古宙以来的重磁电物性与地层关系模型，给出全盆地典型的物性界面分布，为重磁电勘探方法研究提供岩石物理基础。此外，本书还介绍基于岩样激电参数的渗透率预测方法，通过不同岩性岩样的激电参数反演，建立储层渗透率预测模型，对三大克拉通盆地油气储层评价具有重要指导意义。

本书可作为岩石物理及油气勘探资料综合解释等相关专业人员的参考书。

图书在版编目（CIP）数据

中国三大克拉通盆地重磁电物性建模与应用/严良俊等编著. —北京：科学出版社，2022.6
ISBN 978-7-03-070938-7

Ⅰ.① 中… Ⅱ.① 严… Ⅲ.① 内陆盆地-重磁勘探-中国 Ⅳ.① P942.075

中国版本图书馆 CIP 数据核字（2021）第 270655 号

责任编辑：杜 权/责任校对：高 嵘
责任印制：彭 超/封面设计：苏 波

科学出版社 出版
北京东黄城根北街 16 号
邮政编码：100717
http://www.sciencep.com
武汉精一佳印刷有限公司印刷
科学出版社发行 各地新华书店经销
*
开本：787×1092 1/16
2022 年 6 月第 一 版 印张：17 3/4
2022 年 6 月第一次印刷 字数：420 000
定价：**258.00** 元
（如有印装质量问题，我社负责调换）

前　　言

　　克拉通盆地长期相对稳定的地质，可形成多套烃源岩、储集层和多种类型的圈闭。活化或交替活动的断裂有利于油气的运移，引起油气的重新分布，往往沿古构造带构成克拉通盆地内油气富集中心。近年来，超深层古老地层油气勘探正受到广泛重视。川中地区南华纪裂谷发育，并发现了大塘坡组烃源岩，因而盆地内部稳定区域有可能发现源于南华系大塘坡组烃源岩的古油藏或分散有机质裂解气的规模聚集区。四川盆地震旦系—寒武系安岳特大型气田的发现，预示着中国元古宇—古生界寒武系地层含油气前景广阔。华北克拉通长城系串岭沟组、洪水庄组，扬子克拉通南华系大塘坡组、震旦系陡山沱组，以及塔里木克拉通震旦系—寒武系等地层，均在野外露头或关键钻井中发现了良好烃源岩。由此，中国三大克拉通盆地发育的元古宇成为勘探的新领域。目前我国克拉通盆地深层面临结构不清、油气目标不明、钻探风险高等重大地质难题，亟须开发超深层地球物理勘探方法与技术。地震深层勘探成本高、难度大且资料信噪比低，而重磁电勘探方法勘探深度大、成本低廉，尽管分辨能力不如地震深层勘探，但在解决深部构造与基底属性等方面有着独特优势，可在新区勘探、盆地结构评价与深层目标体探测中发挥重要作用，是解决克拉通盆地超深层油气勘探地质难题的重要技术途径。

　　重磁电勘探资料处理与解释的物理基础是建立重磁电物性与地质关系的模型。通常，盆地沉积地层因地质构造作用引起的密度、磁化率、电阻率及极化率变化特征明显，由此引起的重磁电异常特征也表现出良好的规律性。准确测量不同地层、不同岩性的岩石重磁物性，建立密度、磁化率、电阻率及极化率与地质层位和储层参数关系模型，是重磁电勘探资料处理与反演解释及油气评价的理论基础。由于克拉通盆地古老地层埋深大，目前大部分区域的钻探难以到达，以往的油气勘探主要聚焦在 5 000 m 以内的地质目标，重磁电物性研究与建模也仅限于新生界至古生界，对克拉通盆地前寒武系古老地层的重磁电物性研究目前还是空白，严重影响了超深层重磁电勘探方法的有效性、可靠性和分辨能力。

　　近年来，长江大学电磁团队在中国石油集团石油勘探开发研究院潘建国教授团队的指导下，紧紧围绕三大盆地下古生界—前寒武系碳酸盐岩新领域油气勘探等重大需求，针对深层海相碳酸盐岩油气勘探中面临的深层结构非地震解释多解性强等问题，以塔里木盆地、四川盆地和鄂尔多斯盆地为重点，从古老地层密度、磁化率、电阻率等岩石物性基础出发，深入开展叠合盆地地层重磁电物性特征研究，采集并收集三大克拉通盆地及周边岩样，开展地层密度、磁化率、电阻率及极化率测试与分析。结合已有物性研究成果，对三大盆地进行重磁电物性建模，首次较全面地建立三大盆地自太古宙以来的重磁电物性与地层的关系模型，并对前寒武系地层的重磁电物性模型进行重点研究，给出全盆地典型的物性界面分布；运用基于激电参数的渗透率预测方法，依据四川盆地等储层岩样分析结果，建立该区渗透率预测模型。上述系列研究成果解决了前寒武系盆地的重磁电物性建模、储层参数（孔隙度、渗透率）评价等重大岩石物理基础问题，为前寒武系盆地重磁电勘探与联合解释方法研究提供了岩石物理基础，有助于提高深层重磁电勘探方法的分辨能力与勘探能力，为克拉通盆地储层油气评价提供地球物理新方法和技术支撑，对指导叠合盆地重磁电特征研究、资料处理及综合解释，落实刻画盆地内深层断裂及前寒武系地层分布具有重要指导意义。

本书介绍岩石密度、磁化率、电阻率及极化率一般特征和测量方法，并对研究团队在复电阻率测量新方法新技术、激电建模及储层参数预测方法方面的研究成果与应用进行总结。全书共 7 章，其中第 1~3 章由严良俊、谢兴兵编著，第 4~6 章由向葵、胡华和周磊编著，第 7 章由胡华、李闯编著，全书由严良俊、向葵统稿。除编著者外，博士研究生童小龙、徐凤姣、巩铭扬和硕士研究生罗媛元等参与了部分文字编写与绘图工作。

本书的出版得到了国家科技重大专项"大型油气田及煤层气开发"课题"下古生界—前寒武系地球物理勘探关键技术研究"（2016ZX05004003）、国家自然科学基金联合项目"地层条件下富有机质页岩电磁响应机理与应用基础研究"（U1562109）和国家自然科学基金青年项目"中上扬子区页岩总有机碳含量与复电阻率的关系模型实验研究"（41404087）资助。

本书是近年来研究团队全体成员在各相关单位的大力支持下、项目首席的带领下不懈努力取得的攻关成果。此外，中国石油集团石油勘探开发研究院潘建国教授、杨辉教授、文百红教授、李劲松教授和同济大学于鹏教授在本书项目立项、研究方向及计划开展、重要问题研讨等方面给予了关心、支持和指导。江汉油田、中国石油化工股份有限公司南方分公司及江苏省有色金属华东地质勘查局 814 队在项目研究中的样品采集与资料收集等方面给予了支持和协助。长江大学油气资源与勘探技术教育部重点实验室、中国石油天然气集团公司物探重点实验室对研究团队的岩石物理研究给予了长期资助。值此书付梓之际，对各相关部门、各有关企事业单位和各位专家表示衷心的感谢。

限于作者的理论水平和实践经验，书中难免有不足或疏漏之处，敬请读者不吝赐正。

作　者

2022 年 3 月 10 日于武汉蔡甸

目　　录

第 1 章 岩石的重磁电物性特征

1.1 岩石的密度

重力勘探的物理基础是岩（矿）石密度存在差异，重力资料处理与解释的基础是建立研究区域内岩（矿）石密度与地质层位关系的模型。岩（矿）石密度的国际单位为 kg/m^3，但通常情况下用高斯单位制，单位为 g/cm^3。岩（矿）石密度很大程度上取决于它们的主要矿物成分和孔隙度。地壳中大多数岩（矿）石的密度在 $2.00 \sim 2.90 \ g/cm^3$，上地壳的平均密度约为 $2.67 \ g/cm^3$，这一数值也常用于重力场的高度校正和中间校正。

岩（矿）石密度与尺度无关（Pilkington et al.，2004，1995；Todoeschuck et al.，1994），也不能明确解释岩石类型。但岩性不同，密度存在差异，将导致地层或矿体的密度结构存在一定的规律性，这为重力方法在油气与矿产勘探中的应用提供了物理前提。密度是标量，是最简单的地球物理性质，在不使用精密仪器的情况下最容易测量到一阶精度。然而，准确测量研究区所有的岩（矿）石密度并不容易。大量的岩样采集、处理与测量分析是获取准确岩（矿）石密度的基础。结晶性和成岩性良好的岩石结构均质，可以准确地测量密度，而风化等次生作用会导致岩（矿）石密度变化，测量时须消除影响因素。结晶岩石和致密岩石的孔隙度小，一般小于 1%，这大大简化了测量，提高了估算密度的准确性。近地岩（矿）石可能存在较大的孔隙，孔隙充填程度不同，而且许多组分在各种尺度上都是高度非均匀的，因此它们的原位密度很难精确测量。

1.1.1 岩石密度类型

地下岩石或多或少由三相介质组成，即矿物颗粒（固相）、孔隙中的流体（液相）和气体（气相）。在地下水位以下的饱和地带，绝大部分孔隙都被地下水充填，但局部存在被封存的气体或从地层内部生成并运移到地表。在地下水位以上，孔隙中充满了空气，向下渗透的地表水的延迟和滞留或毛细管作用导致部分含水饱和。岩石内部的孔隙，无论其来源于哪里，在地层压力增加的情况下，都趋向闭合。因此，深层与超深层岩石都是致密的。

1. 真实密度

真实密度是单位体积内岩石物质的质量，其中体积不含岩石中的孔隙，即岩石的真实密度 σ_t。它与岩石的颗粒密度 σ_g 有如下关系：

$$\sigma_t = \sigma_g = \sum \sigma_i v_i \tag{1.1}$$

式中：σ_i 为岩石中第 i 种矿物组分的颗粒密度；v_i 为岩石中第 i 种矿物组分的体积分数。

2. 体密度

体密度 σ_B 有时被称为干燥体密度，即单位体积（含岩石物质与孔隙）内岩石的质量，可表示为

$$\sigma_B = \sigma_t - \frac{v_p \sigma_t}{100} \tag{1.2}$$

式中：v_p 为总孔隙空间的体积分数，填充孔隙空间的气体密度可以忽略不计。总孔隙空间是允许流体流动的有效孔隙和流体扩散孔隙之和。许多岩石中的孔隙主要为扩散孔隙，如未断裂的火成岩、变质岩及富含黏土的沉积岩，因此总孔隙度与有效孔隙度是有区别的。

3. 自然密度

自然密度 σ_n，也称为饱和或湿润体密度，是孔隙被流动和扩散的矿化水充满时的岩石密度。但通常岩石孔隙中气水共存，处于非饱和状态。自然密度的计算公式为

$$\sigma_n = \sigma_B + \frac{v_f \sigma_f}{100} = \sigma_t - \frac{v_p \sigma_t}{100} + \frac{v_f \sigma_f}{100} \tag{1.3}$$

式中：v_f 为密度 σ_f 的流体所填充的孔隙体积分数。在地下岩石中，当所有孔隙被流体填满时 $v_p = 0$。无气体蒸馏水的密度为 $1.00\ \text{g/cm}^3$，而海水的密度为 $1.03\ \text{g/cm}^3$，地下盐水的密度为 $1.10\ \text{g/cm}^3$，气体的密度一般忽略不计。

表 1.1 给出了包括火成岩、变质岩、沉积岩在内的地球物质的密度值，以供重力资料处理与解释参考。

表 1.1　常见岩石、矿石及水的密度

种类	分类	名称	密度/（g/cm³）
岩石	沉积岩	煤岩	1.20～1.50
		白垩岩	1.90～2.10
		盐岩	2.10～2.40
		石灰岩	2.60～2.70
	火成岩	花岗岩	2.50～2.70
		粗玄岩	2.50～3.10
		玄武岩	2.70～3.10
		橄榄岩	3.10～3.40
	变质岩	蛇纹岩	2.50～2.60
		片麻岩	2.65～2.75
		辉长岩	2.70～3.30
		石英岩	2.60～2.70
	其他	干砂	1.40～1.65
		湿砂	1.95～2.05

种类	分类	名称	密度/（g/cm³）
矿石	自然元素	铜	8.93
		金	19.28
		铁	7.86
		铅	11.34
		铀	10.97
	硫化物及其类似化合物	闪锌矿	3.80～4.20
		方铅矿	7.30～7.70
		黄铜矿	4.10～4.30
		磁黄铁矿	4.40～4.70
		黄铁矿	4.90～5.20
		辰砂	8.19
		辉铜矿	5.79
	氧化物及氢氧化物	铬铁矿	4.50～4.80
		赤铁矿	5.00～5.20
		磁铁矿	5.10～5.30
		石英	2.65
		褐铁矿	4.88
		刚玉	3.89
	含氧盐	石膏	2.31
		硬石膏	2.96
		孔雀石	4.03
		白云母	2.56
		重晶石	4.48
		膨润土	3.60
		高岭石	2.61～2.68
		海绿石	2.30
		蒙脱石	2.61
		白云石	2.87
		石盐	2.16
		钾盐	1.99
		黑云母	3.36
		斜长石	2.76
		微斜长石	2.56
		正长石	2.57

种类	分类	名称	密度/（g/cm^3）
矿石	含氧盐	蛇纹石	2.60
		滑石	2.78
		蓝晶石	3.25～4.30
		辉石	3.30
		角闪石	3.08
		方解石	2.71
		夕线石	3.25～4.30
水	陆地水	淡水	1.00
		冰	0.89～0.91
		盐水	1.13
	海水	海水	1.03

1.1.2　影响岩石密度的主控因素

岩（矿）石的密度的主控因素是矿物组成和孔隙度，这在很大程度上取决于岩性和岩石破裂、溶解和矿物化学蚀变等次生过程的化学和物理作用。大多数矿物的密度为 2.50～3.50 g/cm^3，但大部分金属矿石的密度为 4.00～6.00 g/cm^3。由表 1.1 可知，矿物密度随 SiO$_2$ 和 H$_2$O 含量的增加而减小。此外，变质岩在高压条件下形成的矿物往往密度较高，非金属矿资源（如煤、盐、黏土）的密度低于平均密度，而金属矿的密度超过普通成岩矿物的密度。岩石密度受地层压力和温度的影响，与埋深和压力存在函数关系。

1. 岩性

从岩石密度研究角度，可将地下介质分为结晶岩、沉积岩和未固结沉积物三大类。结晶岩是指受地壳深部压力、构造应力和高温作用而形成的火成岩（既有喷发岩，也有侵入岩）、变质岩和沉积岩。沉积岩是由先前存在的岩石侵蚀与化学作用的沉淀物压实而成。未固结的沉积物是岩石侵蚀与化学作用的碎片组成的未固结体。这三大类岩石的矿物组分、孔隙起源及结构性质有助于研究岩石的密度特征。

1）结晶岩石

侵入岩形成于地壳或上地幔深部，其孔隙空间最小，孔隙度一般小于 1%，很少超过 3%。该孔隙的一小部分是粒间孔隙，但绝大部分是由化学和物理风化及脆性地壳内的断裂和断层加上冷却裂缝形成的。一般来说，在地层压力下裂隙（如岩石节理）和断层中出现的孔洞是闭合的。因而，岩石的密度和地震速度在 600 MPa 左右的压力下接近恒定值，即在地球内部 15～20 km 的深度达到该值。断裂带密度的降低不仅是压裂过程中体积增大的结果，也是岩石向低密度黏土矿物发生物理化学变化的结果。

深部岩石具有微小孔隙，其密度主要是矿物的密度及其组合的结果。密度最低的矿物如石英和正长石，密度约为 2.60 g/cm³。酸性火成岩中石英和正长石含量较高，因而密度最低。矿物斜长石、黑云母和角闪石富含钙、镁和铁，具有较大的密度，基性和超基性火成岩富含斜长石、黑云母和角闪石，因而密度较高。

大陆地壳的结晶岩石一般随着深度的增加而变得基性，其密度也随着地层压力的增大而增大。但花岗质层与下伏玄武质层并不是成层的，它们的成分和密度在纵横向存在显著的变化（Fountain et al.，1989）。一般来说，岩石变质程度随深度的增加而增加，密度也随深度增加而增大。因为存在从松散沉积物到基性结晶岩石的过程，所以表层岩石的密度变化很大。然而，一般花岗岩（长英质）密度的平均值为 2.67 g/cm³，下地壳密度随深度增加至约 3.10 g/cm³，平均地壳密度约为 2.83 g/cm³（Christensen et al.，1995）。下地壳主要含辉长岩，石榴石随着深度的增加更加丰富，在地壳底部，镁铁质石榴石、麻粒岩最为丰富。麻粒岩是在下地壳高温下形成的一种粒度相对较粗的深变质岩。图 1.1 给出了地壳平均密度随深度变化曲线。图中可以看出，曲线在埋深 15～20 km 处存在一个明显拐点，可认为是上地壳与下地壳的分界面（康氏面）。

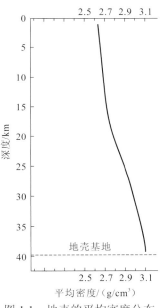

图 1.1 地壳的平均密度分布

洋壳在成分和密度上明显比大陆壳均匀，主要由一层沉积岩和沉积岩下的基性喷出岩和侵入岩组成。由于地壳年龄、蚀变（或变质）、构造区域和热流的不同，也存在横向差异（Carlson，1990；Christensen et al.，1975）。结晶海洋地壳的平均密度为（2.86±0.03）g/cm³。因此，陆/海界面重力异常的主要原因是地壳厚度的变化和沉积岩的堆积。

2）火成岩

火成岩所含矿物主要有霞石、钾长石、石英、斜长石和铁镁矿等，其密度与矿物含量密切相关。如橄榄岩、辉长岩、闪长岩、花岗闪长岩、花岗岩、正长岩及霞石正长岩的密度因矿物含量不同而表现出明显差异，如图 1.2 所示。火成岩喷出后在凝固过程中形成了细雨状结构，而不是浸入岩的粗糙结构。虽然岩石成分相似，但粒度结构往往使密度降低，影响一般小于10%。在这些岩石中，如黑曜石和玻璃岩中出现的非水晶玻璃会导致密度更低。通常，火成岩的密度降低是在其快速结晶过程中，由气体空洞冻结在岩石中而产生孔隙造成的。这种情况在火山流的上部特别普遍，因为在该部位上升的气体大量聚集。在极端情况下，这些岩石的密度，如浮石和火山渣，小于水的密度。

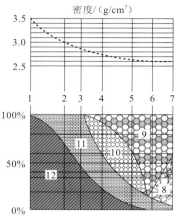

图 1.2　火成岩密度与其矿物成分关系

图中下半区所示为火成岩主要矿物的含量比例，上半区为相应岩石的密度范围

1—橄榄岩；2—辉长岩；3—闪长岩；4—花岗闪长岩；5—花岗岩；6—正长岩；7—霞石正长岩；8—霞石（2.60 g/cm³）；

9—钾长石（2.50 g/cm³）；10—石英（2.60 g/cm³）；11—斜长石（2.60～4.80 g/cm³）；12—铁镁矿（3.10～3.50 g/cm³）

（William，2013）

3）变质岩

变质岩的密度主要取决于岩石的原始矿物组成，同时也受变质程度和变质类型的强烈影响，变质程度和变质类型在很大程度上反映了岩石所受的温度和压力。一般来说，变质岩的密度随着铁、镁和钙含量增加而增大。大量研究表明，出露的前寒武纪变质岩的密度范围很广（Subrahmanyam et al.，1981；Smithson，1971；Gibb，1968）。通常，变质岩的平均密度为 2.70～2.80 g/cm³，但许多由长英质火成岩和沉积岩变质形成的变质岩，如花岗片麻岩，其密度为 2.60～2.70 g/cm³。相比之下，镁铁质变质火山岩的密度明显更大，平均密度可达 2.85 g/cm³。密度最高的变质岩是在下地壳环境中由石榴石取代斜长石变质为榴辉岩品位的变质岩，这些岩石的密度通常为 3.00～3.30 g/cm³。

4）沉积岩与未固结沉积物

沉积岩及未固结沉积物的密度主要受其孔隙控制。它们的矿物成分少，且密度相差不大。最常见的成分是来自火成岩及其变质岩中的石英，黏土矿物是其另一个重要组成部分。由化学沉淀形成的沉积物和沉积岩大部分是单矿物的，因此密度恒定，除非沉积后因溶蚀作用产生了次生孔隙。石灰石（方解石）和白云石是主要的化学沉积物。通常膏盐岩沉积在沉积盆地内形成局部密度差，密度为 2.00～2.20 g/cm³。石英、黏土和方解石的密度为 2.60～2.70 g/cm³，而白云石的密度为 2.87 g/cm³。由于地层压力和成岩作用，沉积岩的密度在浅层随深度先迅速增大，然后缓慢增大。Athy 等（1930）已经证明，这种变化可以用负指数的指数函数来近似。密度一般也随着沉积岩的年龄增加而增大。较老的岩石往往出现在更深的深度，或曾经出现在更深的深度，因此经历了更大的压实和成岩作用，导致密度增大。密度随深度和岩石年龄增大的例子见图 1.3（William et al.，2013）和图 1.4（Mooney et al.，2010）。在图 1.3（b）中，b 和 c 中较老的岩石在较浅的深度密度增大的速度不如较年轻的岩石快，这可能是由于老岩石具有较低的压实度。图 1.4 是由 Mooney 等（2010）根据 2～3 km 的测井数据绘制而成，并在地震条件限制下延伸至更深处。从图 1.4 中可以看出，含有大量碳酸盐岩的密歇根和伊利诺斯盆地地层的密度随深度的变化要比近海盆地地层的密度随深度的变化小得多，近海盆地地层主要由成岩程度较差的相对年轻的沉积物组成。

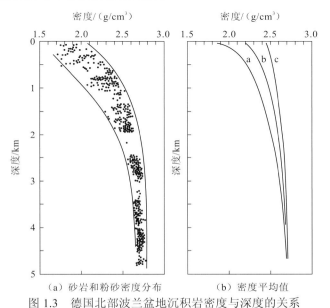

（a）砂岩和粉砂密度分布　　（b）密度平均值

图 1.3　德国北部波兰盆地沉积岩密度与深度的关系

a 为第四系、白垩系和侏罗系沉积岩，b 为下三叠统的邦特砂岩，c 为二叠系沉积岩

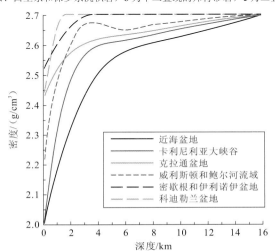

图 1.4　北美大陆沉积盆地的沉积岩密度与深度的关系

2. 地层压力和孔隙

由上覆岩石的重量产生的静岩压力对地下物质的密度，特别是沉积物和沉积岩的密度有深刻的影响。这主要是由于孔隙空间随着压力的增大而减少。随着压力的增大，晶体岩石的次级孔隙空间被最小化，从而导致密度增大。这一过程在火成岩、火山灰流和熔岩流及接近地表的地方特别显著。密度随深度和静岩压变化的关系可以表示为

$$\sigma_{P_2} = \sigma_{P_1}\{1+[(P_2 - P_1)/K]\} \tag{1.4}$$

式中：σ_{P_1} 和 σ_{P_2} 分别为压强 P_1 和 P_2 下岩石的密度，g/cm^3；K 为岩石的体积模量，Pa。一般估计，上地壳的 K 值约为 52 GPa，而下地壳和上地幔的 K 值分别约为 75 GPa 和 130 GPa（Dziewonski et al.，1981）。

3. 温度

由于岩石体积膨胀热系数低，温度对岩石密度影响小。大多数岩石的体积热膨胀系数约为（20～40）×10^{-6}℃$^{-1}$，所以 100℃的温差才能产生 0.10 g/cm^3 的密度下降。Ravat 等（1999）修正了岩石静压方程[式（1.4）]，将体积变化与温度的影响纳入其中，表达式为

$$\sigma_{P_2} = \sigma_{P_1}\{1+[(P_2 - P_1)/K] - \alpha\Delta T\} \tag{1.5}$$

式中：α 为热膨胀系数，取 25×10^{-6}℃$^{-1}$；ΔT 为温度变化量，℃。密度下降也与部分岩石熔化有关，如岩浆房或岩石晶体和熔化岩石混合体。地球表面的玄武岩岩浆的密度比凝固的玄武岩小约 10%，含 20%熔体的玄武岩密度将减小约 0.05 g/cm^3。

1.2 岩石的磁性

地壳中岩（矿）石在地磁场长期作用下或多或少地带有磁性，因而会产生磁异常，这是磁法勘探的物性基础。研究岩（矿）石的磁性，了解其产生的物理机制与影响因素是磁法资料处理与解释的基础，也是解决基础地质与地球物理问题的前提。

1.2.1 表征磁性的物理量

1. 磁化强度与磁化率

磁介质在外磁场 H 的作用下会被磁化。从分子电流观点分析，分子电流磁矩宏观上会表现为向磁场方向倾斜。为表征介质的磁化程度，定义磁化强度 M 为单位体积内分子磁矩的矢量和，即

$$M = \lim_{\Delta V \to 0} \frac{\sum \boldsymbol{m}_i}{\Delta V} \tag{1.6}$$

式中：$\boldsymbol{m}_i$ 为第 i 个分子的磁矩；ΔV 为含有分子电流的磁介质。显然，磁化强度的大小与方向与外磁场的大小与方向有关，它与外磁场强度的关系为

$$M = \kappa H \tag{1.7}$$

式中：κ 为介质的磁化率，表征介质受磁化的难易程度，无量纲；H 为磁场强度，A/m。

2. 磁感应强度与磁导率

依据分子电流观点，如果空间中充满各向同性磁介质，则空间中存在自由电流和磁化电流。根据毕奥-萨伐尔定律，空间中会产生磁场。任意取一闭合路径，由安培环路定理有

$$\oint_l B \cdot \mathrm{d}l = \mu_0(I + I_\mathrm{m}) \tag{1.8}$$

式中：B 为磁感应强度，T；I 为自然电流，A；I_m 为分子电流，A；μ_0 为真空中的磁导率。依据式（1.6），则在介质中产生的磁化电流为

$$I_\mathrm{m} = \oint_l M \cdot \mathrm{d}l \tag{1.9}$$

综合式（1.8）与式（1.9）有

$$\oint_l \left(\frac{B}{\mu_0} - M \right) \cdot \mathrm{d}l = I \tag{1.10}$$

令

$$\frac{B}{\mu_0} - M = H \tag{1.11}$$

有

$$B = \mu_0(H + M) \tag{1.12}$$

式中：H 为磁场强度，A/m。显然，H 在数值上与自然电流有关，但不能认为其分布与分子电流无关。磁感应强度 B 是由自由电流产生的磁场和分子电流产生的磁场叠加而成的。由式（1.7）和式（1.12）可得

$$B = \mu_0(1 + \kappa)H \tag{1.13}$$

令

$$\mu_\mathrm{r} = 1 + \kappa \tag{1.14}$$

有

$$\mu = \mu_0 \mu_\mathrm{r} \tag{1.15}$$

式中：μ_r 为相对磁导率；μ 为磁导率。

3. 感应磁化强度与剩余磁化强度

地壳中的岩石受地磁场（磁感应强度约为 0.5×10^{-4} T）的磁化而具有的磁化强度，称为感应磁化强度 M_i，可表示为

$$M_\mathrm{i} = \kappa T / \mu_0 \tag{1.16}$$

式中：T 为地磁场总强度；κ 为岩（矿）石磁化率。岩（矿）石在形成过程中，在一定条件下，受当时地磁场的磁化，经过漫长的地质年代保留下来的磁化强度，称为剩余磁化强度 M_r，与现代地磁场无关。因而，岩（矿）石的总磁化强度 M 由两部分组成，即

$$M = M_\mathrm{i} + M_\mathrm{r} = \kappa T / \mu_0 + M_\mathrm{r} \tag{1.17}$$

1.2.2 岩（矿）石的磁性特征

分子由原子组成，原子由带正电的原子核与核外电子组成。由电磁原理可知，原子具有磁矩（由电子轨道磁矩、自旋磁矩和原子核自旋磁矩三者矢量合成）。在外磁场的作

用下，磁矩方向发生改变并形成附加磁场，即物质发生磁化。附加场与外磁场叠加后使空间位置上的磁场发生变化。各类物质由于原子结构不同，在外磁场的作用下磁化的宏观特征不同。依据磁介质的相对磁导率可将物质分为三类。第一类是顺磁介质，其相对磁导率大于 1，使充满磁介质的空间位置上的实际磁感应强度大于不存在磁介质时的磁感应强度，即真空中的磁感应强度。第二类是抗磁介质，其相对磁导率小于 1，使充满磁介质的空间位置上的实际磁感应强度小于不存在磁介质时的磁感应强度。第三类是铁磁介质，其相对磁导率极大，性质也表现为极强的非线性，这是由特殊的原子结构引起的。

岩（矿）石是由不同物质组成的混合体，它们的磁性特征与其结构、组分等相关。

1. 矿物的磁性

自然界中绝大多数矿物是顺磁性矿物和抗磁性矿物，也存在部分的铁磁矿物，主要为铁氧化物和硫化物及其他金属元素的固溶体等。抗磁性矿物的磁化率很小，在磁法资料处理与解释中可认为是无磁性的；顺磁性矿物的磁化率比抗磁性矿物的磁化率大两个数量级以上。铁磁性矿物的磁化率在国际单位制中一般为 0.002~0.2，其剩余磁化率强度一般为 2.2~2 325 A/m。可见，铁磁性矿物不仅有较强的磁化率，还有较强的剩余磁性，其变化范围较大。

2. 岩石的一般磁性特征

岩石的磁性主要与其磁性矿物含量有关。沉积岩、变质岩及火成岩因其成岩地质过程迥异，磁性矿物含量差异明显，三大岩类的磁化率存在明显的不同。沉积岩中磁铁矿、磁赤铁矿、赤铁矿及铁的氢氧化物含量少，而主要造岩矿物如石英、长石、方解石等均无磁性，因而沉积岩总体磁性较弱，其剩余磁性与母岩剥蚀下来的磁性颗粒有关，数值也不大。图 1.5 给出了岩石的磁化率随磁性矿物含量的变化关系，即在双对数坐标中呈线性正比。

1）火成岩的磁性

火成岩分为熔岩与火山碎屑岩两大类。因岩浆来源，以及岩浆侵入、挤压和凝固过程中成分的性质和分异程度不同，火成岩组成与结构有很大差异。富含 SiO_2 的长英质（或酸性）花岗岩和流纹岩是主要类型，这些岩石主要出现在大陆的上地壳中。富含铁和镁的岩石，如蛇纹石、麻粒岩等，构成了海洋地壳和下大陆地壳的绝大部分。超镁铁岩组成的上地幔，铁、镁含量较高，硅含量较低，在地壳中很少出现。火成岩的磁性不仅取决于岩石的组成，还取决于其氧化状态、热液蚀变和变质作用。因此，火成岩磁性与火成岩的来源、地质背景和地球化学过程的历史有关（Clark，1999），且关系十分复杂。

一般来说，按 SiO_2 的体积分数可将火成岩分成超基性岩（<45%）、基性岩（45%~52%）、中性岩（52%~65%）和酸性岩（>65%）。随着 SiO_2 含量的增加，FeO、MgO 的含量逐渐减小。因而火成岩的磁性表现为两个特征：一是磁化率随岩石的基性减弱而减小；二是火成岩具有明显的天然剩余磁性，其科尼斯布格比（$Q=M_i/M_r$）较大。花岗岩建造的侵入岩，磁化率一般不高。

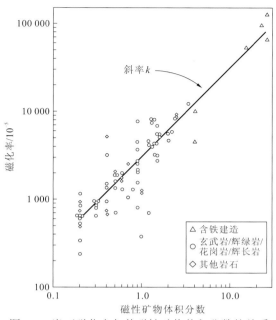

图 1.5　岩石磁化率与其磁性矿物体积分数的关系

图中斜率直线的斜率 k 表示磁化率

2）沉积岩的磁性

典型的沉积岩包括化学沉积岩和碎屑沉积岩，由于缺乏铁磁性矿物，其磁性明显小于结晶岩。磁性矿物之所以不存在，可能是由于沉积物中原本就没有磁性矿物，或是因为沉积后的地球化学变化将它们转变为非磁性矿物。沉积物中铁磁性矿物的种类和数量与烃源岩类型有关。一般来说，在源岩处铁磁性矿物比较丰富，但在风化、侵蚀及碎屑颗粒沉积过程中，铁磁性矿物通常被氧化为非磁性矿物。尽管如此，仍有许多碎屑沉积岩包含可测量数量的铁磁性矿物，导致小的、低振幅的磁异常。

与大多数沉积岩中少量的碎屑铁磁性矿物相比，古老地层如太古宙和古元古代沉积岩中存在大量的磁铁矿，因而具有很强的磁性。另一种具有较强磁性的沉积岩是煤岩。由于局部的还原环境和硫酸盐还原菌的活性，煤岩中也含有少量的黄铁矿（FeS_2）。尽管顺磁黄铁矿磁性较弱，但它受到热氧化作用后会转化为强磁性矿物，如磁铁矿、磁赤铁矿、赤铁矿及纯金属铁（de Boer et al.，2001）。我国西北地区热蚀煤的热永磁（thermoremanent magnetization，TRM）增强幅度为 0.1～10 A/m，磁化率为 0.01～0.1。

3）变质岩的磁性

相较于沉积岩和火成岩，变质岩的磁性与原有的基质有关，也与后期变质作用有关，其磁化率变化范围大，变化规律较为复杂。按其磁性可分为铁磁-顺磁性和铁磁性两大类。由沉积岩变质生成的岩石，其磁性特征一般具有铁磁-顺磁性；由岩浆岩变质生成的变质岩，其磁性特征有铁磁-顺磁性，也有铁磁性；具有层状结构的变质岩具有较强的磁各向异性特征。

变质作用对岩石磁性的影响取决于烃源岩（尤其是含铁量）、温度状态、温度/压力条件所带来的化学效应。特别是氧化状态，对铁氧化物的数量、类型，以及铁在氧化物和硅酸盐之间的分配起到控制作用。变质作用会导致相同化学成分的岩石具有相当不同的磁性特征。Pullaiah 等（1975）阐述了在深埋条件下岩石中磁性矿物的磁化作用在加热变质过程中是如何逐渐丧失的，相反的情况发生在抬升和冷却过程中，岩石获得黏性剩余磁化。Haggerty（1979）指出，变质作用通常会降低火成岩的磁化强度。随着蛇纹化超镁铁质变质作用的增加，镁和铝可能被替换到磁铁矿中，导致磁化强度降低或受破坏（Clark et al.，1991）。变质作用逐渐使蛇纹岩退磁而表现为顺磁特征。然而，随后的逆行蛇纹岩作用可能会使岩石再次具有磁性。Shive 等（1988）发现磁化率一般随变质程度的增加而降低。

变质作用对沉积岩的影响一般很小，除非在烃源岩中有富铁矿物。例如，在含氧化铁的铁岩层中，变质作用可能导致氧化物还原为磁铁矿，结果形成了具有强烈磁化率和剩余磁化强度的变质岩。但在持续强烈的变质作用下，铁氧化物可能进一步转变成具有最低磁性的硅酸盐。同样，含黄铁矿的岩石也可能在高温过程中转变为磁铁矿。表 1.2 给出了一些常见岩（矿）石、矿物的磁化率。图 1.6 给出了常见岩石的固有磁化率范围。

表 1.2　常见岩（矿）石、矿物的磁化率范围

种类	分类	名称	磁化率 $\kappa/10^{-5}$
岩石	沉积岩	盐岩	0～100
		石灰岩	1.0～10.0
	火成岩	粗玄岩	1 000.0～15 000.0
		绿岩	50.0～100.0
		玄武岩	100.0～10 000.0
		流纹岩	25.0～1 000.0
	变质岩	板岩	0～200.0
		麻粒岩	10.0～5 000.0
		辉长岩	100.0～10 000.0
		超基性岩	1.0～100.0
		基性岩	0.1～100.0
		酸性岩	0.1～10.0
矿石	抗磁性矿物	石英	-1.3
		正长石	-0.5
		锆石	-0.8
		方解石	-1.0
		岩盐	-1.0
		方铅矿	-2.6
		闪锌矿	-4.8
		石墨	-0.4
		磷灰石	-8.1
		重晶石	-1.4

种类	分类	名称	磁化率$\kappa/10^{-5}$
矿石	顺磁性矿物	橄榄石	2.0
		角闪石	10.0~80.0
		黑云母	15.0~65.0
		辉石	40.0~90.0
		铁黑云母	750.0
		绿泥石	20.0~90.0
		金云母	50.0
		斜长石	1.0
		尖晶石	3.0
		白云母	4.0~20.0
	铁磁性矿物	黄铁矿	10.0~500.0
		铬铁矿	75.0~150 000.0
		磁铁矿	7 000.0~20 000.0
		钛磁铁矿	0.01~1 000.0
		磁赤铁矿	3 000.0~20 000.0
		赤铁矿	0.1~1.0
		磁黄铁矿	0.01~10.0
		铁镍矿	5 000.0
		锰尖晶石	200 000.0
		镁铁矿	8 000.0
		针铁矿	0.2~8.0
		纤铁矿	9.0~25.0
		菱铁矿	200.0~600.0

4）岩石的剩余强化强度特性

一般认为，在岩石，特别是深成岩和沉积岩中，感应磁化强度大于剩余磁化强度。图 1.7 给出了各种类型岩石科尼斯布格比（Q）的范围。图中斜线阴影部分显示了自然界中不同岩石的常见 Q 值。火山岩和镁铁质深成岩（如辉长岩、橄榄岩）有超过感应磁化的剩余值。剩余强化强度主导的岩石中含有细粒度（通常少于 20 μm）的磁铁矿。诱发磁化作用在花岗岩和变质岩中占主导地位，这些花岗岩和变质岩主要含有粗粒磁铁矿，而这些磁铁矿构成了大陆上部绝大部分的基底岩石。

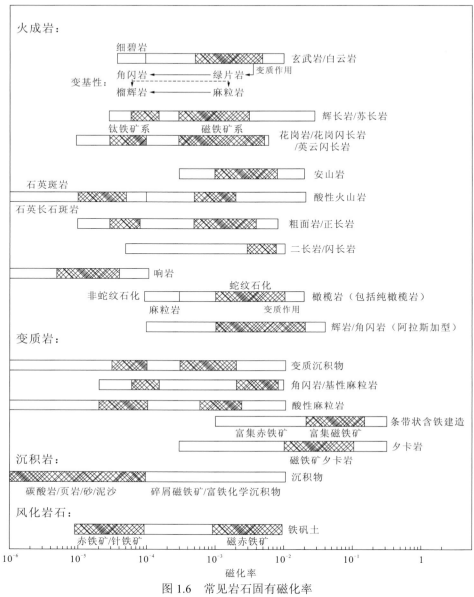

图 1.6　常见岩石固有磁化率

阴影部分表示自然界中常见的范围

1.2.3　影响岩石磁性的主要因素

岩石中铁磁矿物的含量、矿物颗粒与结构是岩石磁性变化的内部因素,而温度与压力变化是影响岩石磁性的外部因素。

1. 铁磁矿物的含量

铁磁矿物中往往存在磁性极强且超常稳定的单畴颗粒,是岩石具有磁性的首要因素。实验表明,随着岩石铁磁矿物含量增加,磁化率增强。

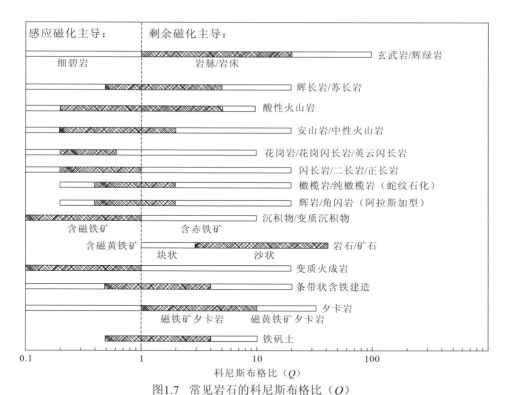

图1.7 常见岩石的科尼斯布格比（Q）

虚线表示在 Q=1 以下时为感应磁化占主导地位，在 Q=1 以上时剩余磁化占主导地位；阴影部分表示自然界中常见的范围

2. 磁性矿物颗粒与结构

研究表明，当铁磁性矿物含量不变，而仅改变矿物颗粒大小时，岩石的磁性会显著变化，即颗粒大，磁性强。而当矿物颗粒相互胶结良好时，岩石磁性比颗粒分散的岩石磁性强。

3. 温度与压力

1）温度

顺磁物质的磁化率与温度的关系由居里定律确定，通过实验绘制热磁曲线（$\kappa\text{-}T$），可以研究磁性矿物和岩石的磁化率随温度变化的关系。铁磁性矿物的磁化率与温度的关系分为可逆型与不可逆型两种。可逆型铁磁性矿物的磁化率随温度升高而增大，至居里温度时降为零，磁化率随温度升高或降低，曲线不变。而不可逆型铁磁性矿物当温度升高与降低到某一温度时，磁化率发生变化，曲线不重复。岩石的磁化率与温度的关系比铁磁性矿物复杂，热磁曲线的形态与岩石中磁性矿物含量及类型有关。

2）压力

受压力作用，岩石磁性矿物中的铁磁体会发生磁致伸缩，磁性大小与方向会发生变化。如实验研究发现，含有亚铁磁性矿物的岩石，其磁化率和剩余磁化强度会随压力的增大而线性减小。理论研究发现，岩石的磁化率在压力的作用下会产生明显的各向异性，即在应力方向上磁化率减小，而在垂直于应力方向上磁化率增大。纵横向磁化率的变化与压力的关系如下：

$$\frac{\kappa_{//}(\sigma)}{\kappa(0)} = \frac{1}{1 + S_{\kappa}\sigma} \tag{1.18}$$

$$\frac{\kappa_{\perp}(\sigma)}{\kappa(0)} = \frac{1}{1 - \frac{1}{2}S_{\kappa}\sigma} \tag{1.19}$$

式中：$\kappa_{//}$ 和 $\kappa_{\perp}$ 分别为平行于压力和垂直于压力方向的岩石磁化率；$\kappa(0)$ 为未加压时岩石的磁化率；S_{κ} 为实验系数，对于磁铁矿而言，S_{κ} 约为 1.11×10^{-3} MPa^{-1}；σ 为压力。

受地层条件（随着深度的增加，温度与压力同时变化）影响，岩石磁性变化较大。研究岩石磁化率与剩余磁化强度随埋深的变化规律对磁法深部勘探的资料处理与解释有重要实际意义。如在不同构造单元的地温梯度不一样，受温度与压力影响，同一地层或构造体，其磁化率会有较大差别。另外，研究磁化率与剩余磁化强度随温压变化关系对解决居里面空间分布有重要指导作用。

1.3 岩石的电性

1.3.1 岩（矿）石的电阻率

1. 电阻率的定义

根据欧姆定律，电流流过长度为 L、截面积为 S 的均匀介质体时，直流电阻的大小为

$$R = \frac{\rho L}{S} \tag{1.20}$$

式中：ρ 为反映介质导电性的系数，称为介质电阻率。由式（1.20）有

$$\rho = \frac{RS}{L} \tag{1.21}$$

电阻率的单位为 Ω·m。电阻率的倒数也称为电导率，单位为 S/m。

2. 矿物的电阻率

按导电机理，自然界固体矿物分为三类：金属导体、半导体和固体电解质。材料一般分为导体、半导体和绝缘体。如果材料的电导率大于 10^5 S/m，则为导体；电导率小于 10^{-8} S/m 的材料为绝缘体；电导率介于上述二者之间的材料是半导体。这些边界有些随意，但在这些范围内，材料的传导机制有很大的不同。其中重要的机理是金属导电、电子半导体导电、固体电解导电和水电解导电。

各种天然的金属均为金属导体，如金、银、铜、铁等。金属导体的电阻率极低，如金的电阻率为 2×10^{-8} Ω·m。金属导电是定义金属材料和非金属材料的基本物理现象之一。天然金属不常出现在岩石中，但这种情况具有一定的经济意义。两种最重要的天然金属是铜和金。其他金属包括铂、铱、锇和铁以元素形式存在，但极其稀有，至少在地

球表面是这样。碳通常以石墨的形式出现，石墨表现出一种奇怪的现象，沿着一个晶面是金属导体，但在第三个方向是半导体。

在 1900 年左右发展起来的德鲁德金属理论，为金属的电导率提供了简化的数学物理模型。在这个理论中，金属的所有价电子都被视为与金属原子核分离，形成了一种无结构的大气或电子气。形成这种大气的电子在不断地运动，但在没有外加电场的情况下，在这种电子运动中没有净电荷转移来构成电流。当外加电场作用于金属时，形成大气的电子在外加电场的方向上加速，产生电流，如果不是因为电子偶尔与金属中的原子核相撞这一事实，电流会无限制地增加。这种碰撞随机地改变了电子的方向，限制了电子沿电场线的运动。电子与金属中的原子框架碰撞之间的平均时间称为松弛时间，或散射时间。这种松弛时间非常短，通常为 10^{-13} s。因此，人们期望金属的电导率在任何可能引起地球物理学兴趣的频率范围内与频率无关。金属电导率的德鲁德公式为

$$\sigma = ne2\tau / m^*$$ （1.22）

式中：n 为金属单位体积内自由电子数；e 为电子电荷（1.6×10^{-19} C）；τ 为散射时间；m^* 为电子质量（9.11×10^{-21} kg）。

大多数金属矿物是半导体。半导体是一种非金属材料，它的电荷传导是由电子运动完成的，但它的传导是由数量少得多的具有较低电子迁移率的传导电子完成的。与金属中的自由电子数相比，在半导体中能够自由穿过材料的电子数相对较少。半导体与金属的区别在于，半导体需要大量的能量使它们在与原子分离之前加入电子，并且可以在晶格中自由移动。这种能量通常以热的形式提供。据斯特藩-玻尔兹曼定律，随温度升高时传导电子数为

$$n_e \propto e^{-E/kT}$$ （1.23）

式中：n_e 为传导电子数；E 为使电子的能级提高到可以自由通过晶格所需的能量，是介质的一种特性；k 为玻尔兹曼常数（1.380×10^{-23} J/K）；T 为绝对温度。不同元素的介质活化能之间往往存在差异，在传导过程中只需要考虑活化能最低的介质。所有非金属材料或多或少都是电子半导体。如果活化能低，这种材料几乎可以像金属一样导电。许多硫化矿石的电导率在 100～1 000 S/m。如果活化能很大，材料几乎可以成为完美的绝缘体。大多数硅酸盐矿物需要很大的活化能来提供传导电子。在正常情况下，硅酸盐中的电子传导与离子传导相比是微不足道的。

半导体中可用的传导电子数随温度升高而增加，这种材料的电阻率温度系数通常为负，即电阻率随温度升高而减小。但情况并非总是如此，因为温度升高也会降低流动性，就像在金属中一样，这种效应可能会抵消导电电子数量增加的影响。一般来说，半导体在部分温度范围内的系数为正，在其他温度范围内的系数为负。

矿物中的半导体多为金属/硫和其化合物或氧化物，表 1.3 列出了这些矿物的电阻率。值得注意的是，有些矿物的电阻率范围较大，有些则很小。尽管数值范围变化很大，但这些数据反映出一定的普遍性。除少数（方铅矿、钙矾石和辉钼矿）例外，金属硫化物和砷化物几乎和真正的金属一样导电。砷化物和碲化物的电阻率也很低，但这些材料可能是金属合金，而不是半导体化合物。除磁铁矿外，锑化合物和金属氧化物具有较高的电阻率。

表 1.3　常见岩石、矿物及金属等的电阻率

种类	名称	电阻率/（Ω·m）
岩石	表土	50～100
	松砂土	500～5 000
	碎砾	100～600
	黏土	1～100
	风化基岩	100～1 000
	砂岩	200～8 000
	石灰岩	500～10 000
	绿岩	500～200 000
	辉长岩	100～500 000
	花岗岩	200～100 000
	玄武岩	200～100 000
	石墨片岩	10～500
	板岩	500～500 000
	石英岩	500～800 000
矿物	黄铁矿	0.01～100
	磁黄铁矿	0.001～0.01
	黄铜矿	0.005～0.1
	方铅矿	0.001～100
	闪锌矿	1 000～1 000 000
	磁铁矿	0.01～1 000
	锡石	0.001～10 000
	赤铁矿	0.01～1 000 000
	辉银矿	$(1.5～2.0)×10^{-3}$
	硫化	3.0～570
	斑铜矿	$(1.6～6 000)×10^{-6}$
	辉铜矿	$(80～100)×10^{-6}$
	黄铜矿	$(150～9 000)×10^{-6}$
	靛铜矿	3.0～830
	方铅矿	$6.8×10^{-6}～9.0×10^{-2}$
	白铁矿	$(1.0～150)×10^{-3}$
	黑辰砂矿	$(1～20)×10^{-3}$
	针硫镍矿	$(2.0～4.0)×10^{-7}$
	辉铜矿	0.12～7.5
	磁黄铁矿	$(2.0～160)×10^{-6}$

种类	名称	电阻率/（Ω·m）
矿物	黄铁矿	（1.2～600）×10^{-3}
	褐锰矿	0.16～1.0
	锡石	4.5×10^{-4}～10 000
	钛铁矿	0.001～4.0
	软锰矿	0.007～30.0
	赤铜矿	10～50
	磁铁矿	52×10^{-6}
	金红石	29～910
	沥青铀矿	1.5～200
	碲铅矿	（20～200）×10^{-6}
	碲金矿	（6～12）×10^{-6}
	碲银矿	（20～80）×10^{-6}
	针碲金银矿	（4～20）×10^{-6}
	斜方砷铁矿	（2～270）×10^{-6}
	镍矿	（0.1～2）×10^{-6}
	方钴矿	（1～400）×10^{-6}
	砷钴矿	（1～12）×10^{-6}
	砷黄铁矿	（20～100）×10^{-6}
	辉钴矿	（6.5～130）×10^{-3}
	硫砷铜矿	（0.2～40）×10^{-3}
	黝铜矿	0.3～30 000
	长石	（9～120）×10^{-8}
	红锑镍矿	（3～50）×10^{-8}
金属及其他矿物	自然铜	（1.2～30）×10^{-8}
	石墨（层状解理）	（36～100）×10^{-8}
	石墨（劈理）	（28～9 900）×10^{-8}
	锂	8.5×10^{-8}
	铍	5.5×10^{-8}
	镁	4.0×10^{-8}
	铝	2.5×10^{-8}
	钛	83.0×10^{-8}
	铬	15.3×10^{-8}
	铁	9.0×10^{-8}
	镍	6.3×10^{-8}

种类	名称	电阻率/（Ω·m）
金属及其他矿物	精铜	1.6×10^{-8}
	锌	5.5×10^{-8}
	钼	4.3×10^{-8}
	钯	10.0×10^{-8}
	银	1.5×10^{-8}
	镉	6.7×10^{-8}
	锡	10.0×10^{-8}
	锑	36.0×10^{-8}
	钨	5.0×10^{-8}
	铂	9.8×10^{-8}
	金	2.0×10^{-8}
	碲	14.0×10^{-8}
	铅	19.0×10^{-8}
	铋	100.0×10^{-8}

岩石中大多数矿物是固体电解质。晶体中存在被束缚的离子是固体电解质导电的原因。在晶体中，阴离子放弃价电子形成价电子层并与阳离子伴生。参与这种电荷交换的阴、阳离子被库仑力束缚在一起。相对外电场力而言，离子间的库仑力要大得多。在理想晶体中，不会发生离子移动或固体电解的传导作用。然而，自然界的晶体不是理想的，当施加电场时，电解过程就会发生。

所有的天然晶体都有或多或少的缺陷，表现为晶格中被错价取代的杂质离子，或晶格中缺失离子。在正常温度下，晶格中的所有离子都在其静止位置附近振动，且运动幅度随温度的升高而增大。偶尔一个离子会移动到足够远的位置，最终停留在晶格中的间隙或空晶格位置。这种跳跃不断地发生，但方向是随机的，因此没有电荷的净运动。然而，当外加电场作用时，在电场方向上的跳跃比在其他方向上的跳跃更为有利，离子的净转移就发生了，电流就会流过固体电解质。

跳跃发生的频率遵循斯特藩–玻尔兹曼定律：

$$n_{\mathrm{j}} \propto e^{-U/kT} \tag{1.24}$$

式中：n_{j} 为单位时间内错位离子的数量；U 为离子必须跨越晶格位置移动的势垒。固体电解质的电导率应与任何给定时间可用的离子载流子数成比例，比例常数由这些离子的迁移率决定。离子的迁移率取决于移动离子和晶格间隙的相对大小。可以预期，小离子比大离子更容易通过晶格。

在岩石中，由几个（或多个）原子以共价键结合在一起形成离子是常见的，特别是与硅和铝结合的氧化物。在岩石中，通常有一个由这些离子组成的相对稳定的晶格。在这样的晶体中，可移动的离子是小的单核原子，包括 Na^+、Mg^{2+} 和 Fe^{3+}。研究发现，硅酸盐岩样品经高温电解后，Fe^{3+}、Al^{3+}、Ca^{2+}、Na^{1+} 会沉积在阴极上。电解传导的岩石电

导率通常可以近似表示为

$$\sigma = A_1 e^{-U_1/kT} \tag{1.25}$$

式中：A_1 为参考电导率，由可导电离子的数量及其通过晶格的迁移率决定；U_1 为释放这些离子所需的活化能。

低温传导是由晶体中弱结合的杂质或缺陷引起的。高温电导率是固有的，这是由于来自规则晶格的离子被热搅动所取代。

对岩石和矿物导电性的广泛研究表明，干燥岩石在高温下的导电性主要是温度的函数，在较小程度上是成分的函数，如图 1.8 所示。在相对较低的温度下，外部传导机制很重要，酸性岩石往往比碱性岩石具有更高的电阻率。在固有导电性占主导地位的高温下，由成分差异引起的电导率变化很小。

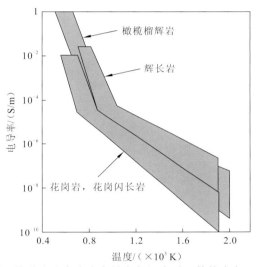

图 1.8　不同化学成分火成岩电导率与温度反函数的广义 Arrhenius 图

岩石可能以熔融状态存在于火山内部和周围，也可能存在于地壳和上地幔深处的强构造活动地区。熔融岩石中的传导机制与固体电解质中的传导机制没有多大区别。在一个周期结构中，熔相中的离子可以很好地占据正常位置，然后通过热能使一些离子从它们在熔体中的首选位置脱位。外电场将使这些错位的离子以电流的形式通过熔体。

3. 岩石的电阻率

岩石是多种矿物的混合介质，且受地质环境与条件影响，其电阻率通常并非特定值。在一定条件下，三大类岩石的电阻率存在一般的规律性：火成岩电阻率较高，一般为 $10^2 \sim 10^5$ $\Omega \cdot m$；变质岩电阻率次之，一般为 $10 \sim 10^4$ $\Omega \cdot m$；沉积岩电阻率最低，一般为 $1 \sim 10^3$ $\Omega \cdot m$。但在特定地质条件下，各种不同组分的岩石电阻率也会变化，如灰岩的电阻率可高达上十万欧姆米。表 1.4 给出了几种常见的冲积物和岩石的电阻率范围。矿物组分和含量固然是岩石电阻率的主要因素，但岩石的孔隙结构、含水量及流体的性质对电阻性也同样起着重要作用。

表 1.4　常见冲积物和岩石的电阻率

类型	名称	电阻率/（Ω·m）	类型	名称	电阻率/（Ω·m）
冲积物	表层土	$50 \sim 10^2$	火成岩	风化基岩	$10^2 \sim 10^3$
	疏松砂	$5 \times 10^2 \sim 5 \times 10^3$		花岗岩	$6 \times 10^2 \sim 10^5$
	砾石层	$100 \sim 600$		玄武岩	$2 \times 10^2 \sim 10^5$
	黏土	$1 \sim 10^2$		正长岩	$10^2 \sim 10^6$
沉积岩	泥岩	$10 \sim 8 \times 10^2$	变质岩	橄榄岩	3×10^3（湿）$\sim 6.5 \times 10^5$（干）
	页岩	$20 \sim 2 \times 10^3$		板岩（各类）	$6 \times 10^2 \sim 4 \times 10^7$
	砾岩	$2 \times 10^3 \sim 10^4$		石墨片岩	$10 \sim 5 \times 10^2$
	砂岩	$10^2 \sim 8 \times 10^3$		片麻岩	6.8×10^4（湿）$\sim 3 \times 10^6$（干）
	灰岩	$5 \times 10^2 \sim 10^7$		大理岩	$10^2 \sim 2.5 \times 10^8$（干）
	白云岩	$3.5 \times 10^2 \sim 5 \times 10^3$		石英岩（各类）	$10 \sim 2 \times 10^8$

4. 影响岩石电阻率的因素

1）矿物组分与结构对岩石电阻率的影响

在大多数岩石中，岩石中所含的水是岩石导电的原因。岩石中导电矿物的存在具有重大的经济意义，但是，关于含有各种矿物的岩石体电阻率的资料，要比含有地下水电解溶液的岩石的资料少得多。

导电性矿物在岩石中的含量、分布方式是岩石体电阻率大小的内在原因。岩石中的导电矿物，其生长习性或结晶方式，对岩石的导电性影响很大。有些矿物有针状习性，常常在宿主岩石中形成树枝状图案。如针状赤铁矿，它在岩石中以相当低的含量形成传导网络。而镜面赤铁矿具有相同的化学成分，但在宿主岩石中结晶为离散的晶体。枝状赤铁矿比镜面赤铁矿要少得多，但能显著降低岩石电阻率，如图 1.9 所示。

石墨也是一种对岩石电阻率有非常重要影响的矿物，通常以非常薄的晶片形式存在，这些薄片覆盖在矿物边界或裂缝表面，为电流传导提供连续的路径。即使只有百分之几的石墨含量，也会使岩石具有很高的导电性。在商业矿床中，石墨和赤铁矿通常不是主要的导电矿物。对于常见的金属硫化物和相关矿物，通常需要有相对较大的矿物浓度，才能显著降低它们所在岩石的电阻率。一般来说，矿化岩石的导电矿物含量必须达到几十个百分点（按重量计算），才会出现体电阻率异常低的情况（图 1.10）。定量描述与计算由导电矿物和宿主岩石混合形成的复合介质的整体导电性十分重要。等效介质理论提供了这个问题的解决方案（Zhdanov，2008；Stroud，1975）。

2）矿物颗粒结构对岩石电阻率的影响

设胶结物电阻率为 ρ_1，矿物的电阻率为 ρ_2，V 为矿物颗粒的体积分数。由等效电阻率理论，不同矿物颗粒结构与宿主岩石混合形成的复合介质的电阻率 ρ 有如下形式。

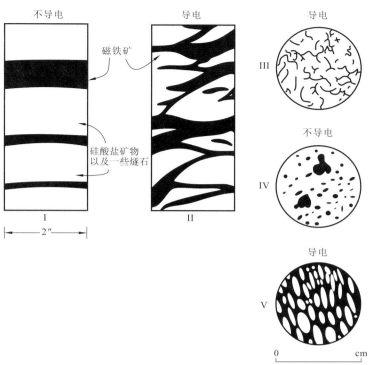

图 1.9　赤铁矿的结晶习性

图中显示为放大后的岩石抛光部分

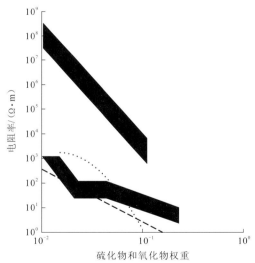

图 1.10　岩石电阻率与导电矿物权重的关系

球状颗粒：

$$\rho = \rho_1 \frac{(\rho_1 + 2\rho_2) - (\rho_1 - \rho_2)V}{(\rho_1 + 2\rho_2) + 2(\rho_1 - \rho_2)V} \tag{1.26}$$

针状颗粒：

$$\rho_n = \rho_1 \frac{(\rho_1 + \rho_2) - (\rho_1 - \rho_2)V}{(\rho_1 + \rho_2) + (\rho_1 - \rho_2)V}, \qquad \rho_t = \rho_1 \frac{\rho_2}{\rho_1 V + (1-V)\rho_2} \tag{1.27}$$

式中：ρ_n 和 ρ_t 分别为垂直于颗粒长轴和平行于颗粒长轴方向的电阻率，两者关系如下：

$$\rho_n - \rho_t = \rho_1 \frac{V(1-V)(1-\mu_{12})^2}{[1+V+\mu_{12}(1-V)]\cdot[V+\mu_{12}(1-V)]} \geqslant 0 \qquad （1.28）$$

式中：$\mu_{12} = \dfrac{\rho_2}{\rho_1}$。由于 $V \leqslant 1$ 及 $(1-\mu_{12})^2 \geqslant 0$，总有 $\rho_n \geqslant \rho_t$，即无论 ρ_1 和 ρ_2 及体积分数 V 等值的大小如何，垂直颗粒长轴方向的岩石电阻率总是大于沿着颗粒长轴方向的电阻率，即岩石表现为电各向异性。

圆片颗粒：

$$\rho_n = \rho_1(1-V) + \rho_2 V, \quad \rho_t = \frac{\rho_1\rho_2}{\rho_1 V + \rho_2(1-V)} \qquad （1.29）$$

同样也有如下关系：

$$\rho_n - \rho_t = \rho_1 \frac{V(1-V)(1-\mu_{12})^2}{V+\mu_{12}(1-V)} \geqslant 0 \qquad （1.30）$$

从式（1.30）可以看出，无论 ρ_1 和 ρ_2 及颗粒体积分数的大小如何，总有 $\rho_n \geqslant \rho_t$。

3）层状结构对岩石电阻率的影响

地电剖面最典型的模型之一是水平分层模型。如多数沉积岩和变质岩会出现明显的层理结构；又如我国大部分含油储层也表现出薄互层结构，并表现出强烈的电各向异性。为方便起见，定义储层总厚度为 H，由 N 个水平层组成，每个水平层的电阻率 ρ_i，厚度为 h_i，如图 1.11 所示。

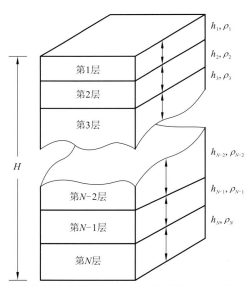

图 1.11　用于定义平均纵向电阻率、横向电阻率和各向异性的层状岩石柱模型

考虑垂直或水平流过层状柱体的电流，利用电阻串联、并联关系可以解决横向电阻与纵向电导的计算问题。对于垂直流过柱体长度的电流，从上到下的总电阻为每一层遇到的电阻之和，可表示为

$$T = \sum_{i=1}^{N} \rho_i h_i \qquad (1.31)$$

式中：T 为岩柱的横向电阻，Ω。据此，在宏观上可以定义流过层理的平均电阻率：

$$\rho_{tr} = T / H = \sum_{i=1}^{N} \rho_i h_i / T = \sum_{i=1}^{N} h_i \qquad (1.32)$$

对于水平流过岩柱的电流，考虑通过每一层的电阻与其他层的电阻并联来计算电阻。总电导就是并联的单个电导之和：

$$S = \sum_{i=1}^{N} h_i / \rho_i \qquad (1.33)$$

同样，假设纵向电导 S 在岩柱体上均匀分布，则平均纵向电阻率为

$$\rho_l = H / S = \sum_{i=1}^{N} h_i / \sum_{i=1}^{N} \frac{h_i}{\rho_i} \qquad (1.34)$$

由式（1.32）和式（1.34）可以看出，纵向平均电阻率小于横向平均电阻率。这种平均电阻率与电流流动方向的关系可以认为是电各向异性的一种形式。为此，定义各向异性系数为

$$\lambda = \sqrt{\rho_{tr} / \rho_l} = \sqrt{ST / H^2} \qquad (1.35)$$

当计算一个层序的平均电阻率时，即使每个层本身都是各向同性的，也会出现各向异性。可将一组地层组合成单个地电单元时产生的视各向异性称为宏观各向异性，以区别于微观各向异性。

4）湿度与孔隙度对岩石电阻率的影响

所有储层岩石都由固体骨架和微孔隙所构成，微孔隙中充满储层流体，这些流体包括烃类气体、石油和水。除了某些黏土矿物，构成储层岩石的固体颗粒（主要为石英、长石和方解石等）均为非导体。同样，两个烃类相，即气和油也是非导体。然而，储层中的矿化水含有溶解盐，如氯化钠（NaCl）和氯化钾（KCl）等，导电性良好。事实上，孔隙水对储层岩石的电性特性影响极强，即使存在极少量的水，也会对岩石的电阻率数值起决定性的作用，所以地下岩石的电阻率值的变化范围也很大。

阿奇（Archie）公式描述了岩石的孔隙和流体特性表征储层岩石直流电阻率的经验关系，是电阻率测井方法的理论基础（Archie，1942），其数学表达式为

$$\rho = a\Phi^{-m}S^{-n}\rho_0 \qquad (1.36)$$

式中：ρ 为岩石的电阻率，$\Omega \cdot m$；ρ_0 为孔隙水的电阻率，$\Omega \cdot m$；Φ 为孔隙度；S 为含水饱和度，$0 \leqslant S \leqslant 1$；$m$ 为孔隙度指数或胶结系数，通常为 1.5～3.0；n 为饱和度指数；a 为比例系数，通常为 0.6～1.5。

阿奇公式表明，电阻率与孔隙度成反比，孔隙度的幂次根据基质颗粒的形状在 1.2～1.8 变化，这在大多数情况下是合理的。对于一般的孔隙度值，线性偏离并不大，如图 1.12 所示。表 1.3 列出了常见岩石和矿物的电阻率，在实地测量中，体电阻率大于 10 000 $\Omega \cdot m$ 或小于 1 $\Omega \cdot m$ 是很少遇到的。

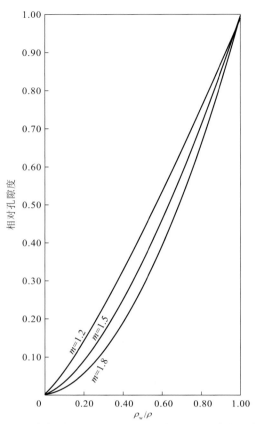

图 1.12　阿奇公式中体电阻率与不导电骨架及孔阳液电阻率的关系图

$m=1.2$ 代表球形颗粒；$m=1.5$ 代表常见不规则颗粒结构；$m=1.8$ 代表板状结构或片状结构

5）温度与压力对岩石电阻率的影响

（1）温度影响。

温度对岩石电阻率的影响视岩石是电子导电还是离子导电而不同。以电子导电为主的岩石，当温度增加时，矿物分子振动能量增加，电子定向移动阻力加大，电阻率增大。而离子导电的岩石在温度升高时，离子活性增加，电离程度变大，岩石中离子浓度增加，电阻率降低。离子导电岩石在实际地层条件下具有普遍性。

图 1.13 给出了灰岩岩样变温复电阻率测试结果。可以看出在常温至 100℃，电阻率随温度升高而减小，但减小幅度平缓。

但在温度达到 0℃以下时，含水岩石的电阻率特征因水结冰，其岩石电阻率随温度降低而急剧升高。图 1.14 是含水砂岩的电阻率随温度变化的实验观测结果。可以看出，在 0℃以上的温度区间，随着温度的升高，电阻率缓慢下降，即常温下温度对岩石电阻率影响不大。但在 0℃以下的温度区间，随着温度的降低，含水岩石的电阻率急剧升高。当温度接近-20℃时，电阻率可达到 $10^6\,\Omega\cdot m$，这是由水结冰导致电性变差所致。

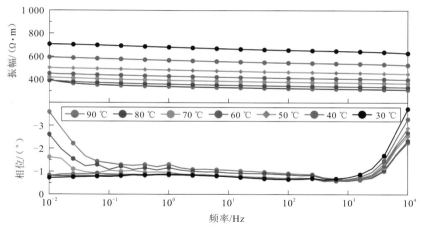

图 1.13　灰岩不同温度条件复电阻率测试曲线

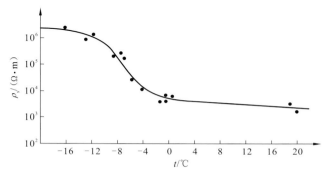

图 1.14　含水砂岩电阻率随温度变化的实测曲线（孔隙度 12%，湿度 1.5%）

我国平均地温梯度约 1 ℃/40 m，东部的地温梯度多在 3.0～4.0 ℃/100 m。其中以东北松辽盆地地温梯度为最高，一般在 3.5～4.0 ℃/100 m，最高可在 6.0 ℃/100 m 以上。这样，在地下 1 600 m 处的地温会比地面高约 40 ℃。在此深度，不含水岩石的电阻率会升高 20%，而含水的岩石电阻率约降低一半。研究含水岩石随温度的变化特征，对地热勘探有重要意义。

通过实验总结，切列缅斯基（1982）给出了电阻率与温度关系的经验公式：

$$\rho = \rho_0 / [1 + \alpha(T - T_0)] \tag{1.37}$$

式中：ρ 为温度 T 时的电阻率；ρ_0 为温度 T_0 时的电阻率；α 为温度系数，与岩石的岩性和其含水矿化度有关，一般取值为 0.02。

（2）压力影响。

岩石受压力作用，其结构甚至化学成分会发生变化，从而对岩石电阻率产生影响。图 1.15 是灰岩在不同压力条件下观测的复电阻率变化曲线。从图中可以看出，在压力不大时，单纯压力变化对岩石电阻率影响不大。

实际上，地下岩石随埋深增加，温度和压力同时增加，岩石电阻率的变化实际上是温度与压力同时作用的结果。图 1.16 是岩样在温度和压力同时变化时，模拟的地层埋深条件下电阻率变化曲线。从图中可以看出，岩石的电阻率总体上还是随埋深缓慢降低的。该结论只是在一定埋深内适用。

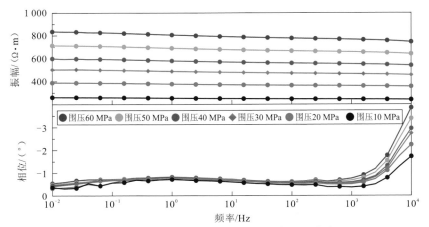

图 1.15 灰岩不同压力条件复电阻率测试曲线

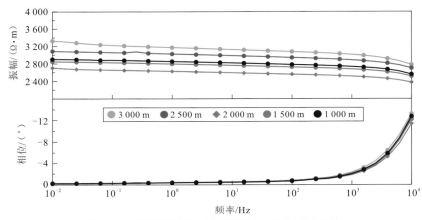

图 1.16 岩石不同地层条件下复电阻率测试曲线

通过大量的实验研究，王俊璇等（2011）和刘文忠等（1995）总结出不同岩性的岩石电阻率与温度压力之间的变化关系。

灰岩和灰质角砾岩电阻率与温度、压力的关系可表示为

$$\rho(P,T)=\rho_0[1-A\ln P/P_0-B(T-10)] \qquad (1.38)$$

砂岩电阻率与温度、压力的关系可表示为

$$\rho(P,T)=\rho_0\{0.971\exp[-0.002\,3P/P_0-0.105(T-30)+0.029]\} \qquad (1.39)$$

式中：ρ 为不同温度和压力条件下电阻率；ρ_0 为常温常压下测得的电阻率值；P 为压力，P_0 取为 1 MPa；T 为测量电阻率时的温度，℃；A、B 为经验系数。

1.3.2 岩（矿）石的激发极化与复电阻率

1. 岩石的激发极化现象

介质中束缚电荷在外加电场作用下会在晶格中发生位移，电子、原子或分子中电荷在外电场作用下位移并建立了一种新的力平衡，即介质产生了极化。这种极化在外场去掉后介质释放能量并回到原来状态，不会发生能量损失，通常称为介电极化。早在 20

世纪初，地球物理学家 Schlumberger 发现，在向地下供电一段时间并关断后，可观测到较长时间衰减的二次电场，该二次电场与介电极化和电磁感应无关，并表现出容抗特征。这一"诱导极化"现象被称为激发极化（induced polarization，IP）。尽管目前对激发极化的极化过程与机理等理论问题还存在争议，但其在金属矿勘查、油气检测及找水中早已广泛应用，已成为一门功能独特、效果优良的电磁勘探方法。

目前普遍认为，岩石激发极化是由传导的自由电荷（电子或带电离子）迁移率在岩石中的各个地方不同造成的，具体有三个方面的原因：一是电子导体与电解液的接触面会发生氧化还原反应；二是当自由电荷的迁移率因地而异时会产生惯性现象；三是岩石中固定电荷浓度引起自由载流子运动速率的局部变化。由于岩石的复杂性，到目前为止，岩石的激发极化机理尚未完全清楚，还停留在机理假说阶段，但普遍认为，岩石的激发极化机理表现为以下三个方面。

1）电子极化机理

岩石存在导电矿物和含水电解质时的激发极化可用电子极化机理解释。当电流流动时，在电解质和固体矿物的边界处，电荷从溶液中的离子转移到固相中的电子。通过界面转移，或者通过还原反应，一个电子从固相放弃形成溶液中的阴离子。通过氧化反应，一个离子在固相矿体中得到一个电子。即使在没有电流流动的情况下，固相与电解液之间也会存在电位差，这是由固相进入溶液的趋势造成的。例如，如果固体是硫化铁矿物黄铁矿，少量的亚铁离子离开黄铁矿颗粒，颗粒就会带负电荷，固体与电解质中一个很远的点之间的电压差就是电极电位。电极电位取决于特定的电子导电固体和与之接触的溶液的性质，以及各种环境因素，如压力和温度。与大多数矿物质一样，固体在与之接触的电解质中相对不容易溶解，离子进入溶液的趋势很快被溶液中类似离子沉淀到固体上的趋势所平衡，从而建立了一个平衡条件，即进入溶液的离子数等于离开溶液的离子数。当电流通过这样的平衡界面时，进入溶液一面的离子数增加，而从另一面出来的离子数减少，电流流动建立了从电解质进入或离开导电固体颗粒界面处的过电压。在大多数情况下，参与这一过程的离子通常是氯离子和氢离子，这些离子在正常地下水中大量存在，这些离子与固相的反应导致在固体导电颗粒的一侧形成盐酸。当关断电流后，在过电位的作用下，离子移动回到原来状态，这个过程即为激发极化。电子导电矿物激发极化电荷分布状态图如图 1.17 所示。

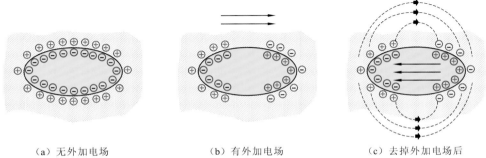

（a）无外加电场　　　　　　　（b）有外加电场　　　　　　　（c）去掉外加电场后

图 1.17　电子导电矿物激发极化电荷分布状态图

2）离子极化机理

在大多数岩石中，即使不含任何导电矿物，也会发生与氧化-还原效应几乎无法区别的极化现象。极化现象是由电荷迁移率的空间变化引起的。在地球物理勘探中，这种极化现象往往掩盖了矿床勘探中最有用的氧化-还原极化效应，因此被称为背景效应。岩石孔隙液中因离子迁移率随地点不同而出现离子区域聚集，就像汽车会在高速公路收费站后面拥堵一样。固体矿物因其晶体结构而带有表面电荷，水分子具有极性，它们被吸引到这些表面并使其湿润；也就是说，水被固体吸收了，其净效应是数个分子厚的水层在对孔隙壁施加一定压力的情况下被保持，结合水层的黏度明显高于自由水的黏度。当离子通过孔隙结构中的一个狭窄区域时，所含的水会变得更加黏稠，从而减慢离子的速度。离子有一种倾向，在收缩的上游一侧堆积，形成收缩一侧的阳离子浓度和另一侧的阴离子浓度，这就产生了与固体导电矿物堵塞孔隙相同的效果。同样，当外加电场时，离子在孔隙空间中分布的浓度不同，需要额外增加电位以确保电流通过，即产生了过电位，如图 1.18（b）所示。当外加电场关断后，过电位通过电解质和固体放电，离子分布恢复到原来状态，激发极化过程完成，如图 1.18（c）所示。

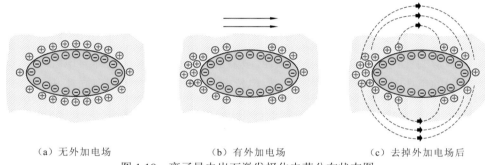

(a) 无外加电场　　　　　　(b) 有外加电场　　　　　　(c) 去掉外加电场后

图 1.18　离子导电岩石激发极化电荷分布状态图

3）薄膜极化机理

薄膜极化发生在离子通过岩石表面有固定电荷的孔隙中。当矿物质与水接触时，它们会发生电解，晶格中交换位置的离子进入溶液。电离后，留下的矿物颗粒形成一个高度带电的、固定的离子，部分地阻碍离子通过它所在的孔隙。矿物颗粒的这种电层结构产生的电场改变了电流流动的正常电位梯度，因而在矿物粒子的一侧有异常低梯度的区域，另一侧有异常高梯度的区域。离子会在低梯度区域缓慢移动，导致浓度增加，形成一个电双层，如图 1.19（a）所示。如果施加电场，正离子云会被扭曲，负离子会进入并被捕获，产生浓度梯度，阻碍电流流动，形成过电位，如图 1.19（b）所示。当施加的电场被移除时，过电位形成的一个反向电流就会流动以恢复原来的平衡，如图 1.19（c）所示。

黏土和其他片状或纤维状矿物表面带负电荷，在孔隙较小的岩石中会引起薄膜极化。对于等效面积的活性表面，电极极化是较强的机制。然而黏土比硫化物丰富得多，大多数观察到的激电效应是由薄膜极化引起的。

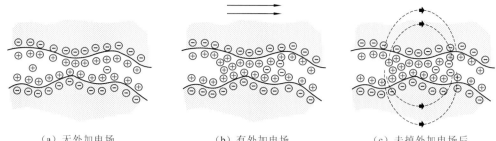

（a）无外加电场 　　　　（b）有外加电场 　　　　（c）去掉外加电场后

图 1.19 　离子导电薄膜极化机理电荷分布状态图

2. 时域激发极化特征

为将问题简单化，在激发极化理论研究中，将极化分为面极化和体极化。面极化是指极化发生在矿体和围岩中的溶液表面上，如致密的金属矿或石墨矿。体极化是指极化单元分布于整个岩矿石中，如浸染状金属矿、矿化岩石和离子导电岩石的激发极化。从微观角度看，所有激发极化均是面极化，而从宏观和实际测量角度看，观测到的激发极化大都是体极化。研究岩矿石面极化特征是揭示激发极化机理的基础，许多学者在这方面做了较深入的研究（刘崧，2000），以下从实际岩石激电测量方面来详述岩石的时域体极化特征。

1）时间特征

以典型的黄铁矿化岩石标本观测的激电现象为例，图 1.20（a）是标本激电测量的装置图。待测黄铁矿化岩石标本置于水溶液的水槽中，标本与槽底及槽边用石蜡或橡皮泥绝缘。槽两端各放一块铜板 A、B 作为供电电极，通过 A、B 向槽内供电。在标本两侧放置不极化电极 M 和 N，用毫伏计观测电位差。

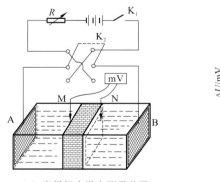

（a）岩样标本激电测量装置

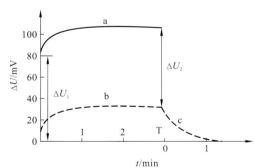

（b）一块黄铁矿岩石标本测量结果

a为实测 $\Delta U(T)$ 曲线；b为减去一次场后的 $\Delta U_2(T)$
充电曲线；c为实测的 $\Delta U_2(t)$ 衰减曲线

图 1.20 　岩样标本激电测量装置和一块黄铁矿岩石标本测量结果

测量过程分两个阶段：一是供电观测，供电时间以 T 表示；二是断电观测，断电时间以 t 表示，测量结果如图 1.20（b）所示。从图中看出，供电开始后，MN 电位差 ΔU（也称总场电位差）从 ΔU_1 以指数级增大，并趋近一渐近值。当电源关断后，MN 电位差

ΔU 从 ΔU_2 以指数衰减，并趋近于 0。这里把 ΔU_1 称作一次电位，是由岩石无极化时，电流流过标本的欧姆电位引起的，在供电过程中不随时间改变。ΔU_2 称作二次电位差，是由标本激化过程中充放电过程引起的，具有指数衰减特征。在供电过程中有

$$\Delta U(T) = \Delta U_1 + \Delta U_2(T) \qquad (1.40)$$

由于 $T=0$ 时 $\Delta U_2=0$，所以有

$$\Delta U(0) = \Delta U_1 \qquad (1.41)$$

$$\Delta U_2(T) = \Delta U(T) - \Delta U(0) \qquad (1.42)$$

这里 ΔU_2 是充电曲线。实际上，在相当大范围内，ΔU_2 与电流大小呈正比，且 $\Delta U_2(T)$ 与供电方向无关，即充电曲线与关断后的衰减曲线呈镜像。

2）极化率的定义

鉴于二次场曲线反映了岩矿石的激电特征，同时考虑曲线与充放电时间有关，在线性条件下，引入参数极化率 $\eta(T,t)$ 来表征体极化的激电性质，定义为

$$\eta(T,t) = \frac{\Delta U_2(T,t)}{\Delta U(T)} \times 100\% \qquad (1.43)$$

式中：$\Delta U(T,t)$ 为供电时间 T、断电时刻 t 测得的二次电位差。极化率是用百分数表示的无量纲参数，并与电流无关。显然，极化率与充、放电时间有关。

3）影响极化率的主要因素

在充放电时间固定的条件下，岩矿石的极化率与岩矿石的成分、含量、结构、颗粒大小、湿度、孔隙度及孔隙液的成分和浓度等多种因素有关，但主要还是与电子导体矿物含量、矿物的成分和结构相关。

（1）电子导体矿物含量。

一般来说，不含电子导电矿物的岩石极化率较小，为 1%～2%。但电子矿物的浸染是岩矿石极化率升高的重要因素，即使是浸染矿物占岩石体积的 1%～2%，也会使岩石的极化率大大超过不含电子导体矿物岩石的极化率。研究表明，浸染分布的球形电子导电矿物的极化率与其在岩石中的体积分数 ξ 之间有如下近似关系（刘崧，2000）：

$$m^* = \frac{\beta \xi}{1 + \beta \xi} \qquad (1.44)$$

式中：β 为与电子矿物成分、构造及其与围岩电阻率差异有关的系数。在电子矿物含量不大、颗粒较小的情况下，β 约为 4.5。这时 1% 的电子矿物浸染大约可以产生 4.5% 的极化率。

（2）矿物的成分和结构。

矿物颗粒越小，极化率越大。因为颗粒越小，比面会越大，而激发极化与表面积大小呈正比。矿物颗粒的形状与排列方向也影响岩石的极化率。沿矿物颗粒排列方向的极化率远大于其垂直方向的极化率，表现出极强的各向异性。另外，岩石的致密程度越高，极化率越大。

表 1.5 给出了根据实验室测试数据统计的一些常见岩矿石的极化率参数范围。从表中可以看出：电子导电类矿石的激发极化效应的主控因素是矿物颗粒的电极极化，具有最大的极化率，块状 >20%，浸染状 >10%，最高可达 50% 以上；石墨化岩石的极化率

参数的分布范围最大，大小取决于石墨颗粒的含量；离子导电矿物如黏土、沉积岩类，极化率均不超过 2%。

表 1.5　常见岩矿石的极化率

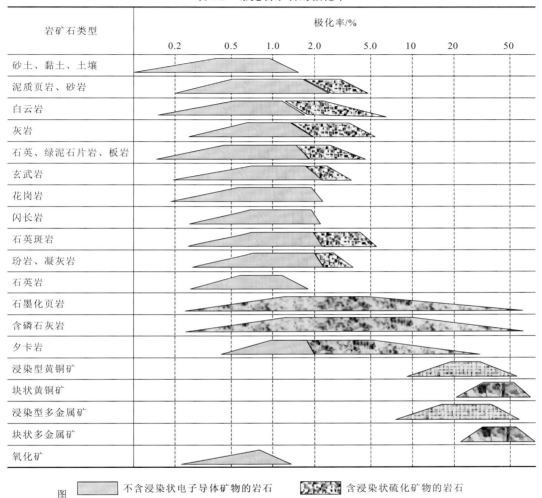

4）时变电阻率

实验表明，当保持供电电流不变时，岩矿石标本上测得的电位差会随供电时间 T 增加而增大，即岩石的电阻率随供电时间的增加而增大。这是由于岩石的激发极化产生的双电层阻碍了电流流动。由极化率的定义式（1.42）与式（1.43）有

$$\Delta U(T) = \frac{\Delta U(0)}{1 - \eta(T,0)} \qquad (1.45)$$

因而，岩石中激电效应存在时的电阻率与无激电效应时的直流电阻率关系可表示为

$$\rho(T) = \frac{\rho(0)}{1 - \eta(T,0)} \qquad (1.46)$$

如用 ρ^* 表示断电前瞬时电阻率，ρ 表示供电瞬间电阻率（实际上无激电效应），则有如下关系：

$$\rho^* = \frac{\rho}{1-\eta} \qquad (1.47)$$

综上所述，岩石激电效应表现为：在充电时岩石电阻率随充电时间增加而增大；在断电后存在随时间而衰减的二次场。

3. 岩石的频谱激电与复电阻率特征

1934 年，研究者观测到了岩（矿）石的复电阻率现象（Wait，1959），即向地下或岩石标本供以低频交变电流，测到的电位差为一复量，并且是频率的函数。

图 1.21 是在不同矿物标本上供以交变电流后观测到的电位差幅频曲线，从图中可以看出，振幅随频率的增大而减小，在高频和低频时均趋于稳定值；交流电位差与供电电流还存在相位滞后，相位总体表现为负值，在高频和低频时均趋于 0，而在中间某个频率时出现极值，并与幅频曲线的拐点相对应。这一现象表明，岩矿石在交频电流场中表现为复电阻率特征。从图 1.21 中还可以看出，虽然各种岩矿石的幅频或相频曲线的基本形态一致，但不同岩矿石具有不同的频率特征。在时间域充、放电较快的岩（矿）石，

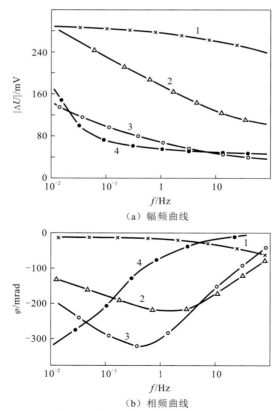

（a）幅频曲线

（b）相频曲线

图 1.21　不同矿物标本上观测的电位差频率特征曲线

1—黄铁矿；2—辉钼矿；3—黄铜矿；4—石墨

在频率域中便具有高频特征，即在较高频率上总场幅值衰减得快，并取得相位极值；反之，在时间域充、放电较慢的岩（矿）石，在频率域中则具有低频特征，即在较低频率上总场幅值衰减和相位极值出现在较低频率上。

在岩样标本电阻率测量时，若供电电流为 $I(\mathrm{i}\omega)$，观测电位差为 $\Delta U(\mathrm{i}\omega)$，则岩样的 $\tilde{\rho}(\mathrm{i}\omega) = K \dfrac{\Delta \tilde{U}(\mathrm{i}\omega)}{\tilde{I}(\mathrm{i}\omega)}$ 视复电阻率 $\rho(\mathrm{i}\omega)$)可以表示为

$$\tilde{\rho}(\mathrm{i}\omega) = K \frac{\Delta \tilde{U}(\mathrm{i}\omega)}{\tilde{I}(\mathrm{i}\omega)} \tag{1.48}$$

式中：K 为装置系数。若将上述复数写成指数形式，则有

$$\tilde{I}(\mathrm{i}\omega) = I(\omega)\mathrm{e}^{\mathrm{i}\varphi_I(\omega)} \tag{1.49}$$

$$\Delta \tilde{U}(\mathrm{i}\omega) = \Delta U(\omega)\mathrm{e}^{\mathrm{i}\varphi_U(\omega)} \tag{1.50}$$

$$\tilde{Z}(\mathrm{i}\omega) = A(\omega)\mathrm{e}^{\mathrm{i}\varphi(\omega)} \tag{1.51}$$

式中

$$\varphi(\omega) = \varphi_U - \varphi_I \tag{1.52}$$

$$\rho(\omega) = K \frac{\Delta U(\omega)}{I(\omega)} \tag{1.53}$$

当大地激发极化时，电位差相位总落后于电流相位，$\varphi(\omega)$ 不为 0。当在标本上观测时得到的是岩样的复电阻率，而在大地上观测时，得到的是视复电阻率。

复电阻率的振幅频谱的导数与相位有着如下关系（Zonge et al.，1972）：

$$\varphi(\omega) \approx \frac{\pi}{2} \frac{\mathrm{d}\ln\rho(\omega)}{\mathrm{d}\ln f} \tag{1.54}$$

为了方便地利用频谱曲线对岩石的频谱激电进行定量描述，在保持电流大小不变的前提下，通常用观测总场的幅值在高低频率范围内的变化率来反映激电效应的大小变化，给出频散率参数的定义：

$$P(f_\mathrm{D}, f_\mathrm{G}) = \frac{|\Delta U(f_\mathrm{D})| - |\Delta U(f_\mathrm{G})|}{|\Delta U(f_\mathrm{D})|} \tag{1.55}$$

式中：$|\Delta U(f_\mathrm{D})|$ 和 $|\Delta U(f_\mathrm{G})|$ 分别为在 f_D 和 f_G 测得的总场电位差的振幅。也可用高低频率范围内复电阻率的振幅变化率来反映激电效应的大小变化，这时的频散率定义为

$$P(f_\mathrm{D}, f_\mathrm{G}) = \frac{|\rho(f_\mathrm{D})| - |\rho(f_\mathrm{G})|}{|\rho(f_\mathrm{D})|} \tag{1.56}$$

式中：$|\rho(f_\mathrm{D})|$、$|\rho(f_\mathrm{G})|$ 分别为在低频和高频测得的复电阻率的振幅。频散率 $P(f_\mathrm{D}, f_\mathrm{G})$ 反映了这两个频率间复电阻率的相对变化。频散率通常用百分数，称为百分频率效应（percent frequency effect，PFE）。关于高频、低频的选取，从频散率的定义来看，似乎低频选得低一些，高频选得高一些，这样 PFE 值明显。但低频过低会影响工作效率，同时也易受大地电流的影响。高频选得太高，又易受电磁耦合干扰。通常 f_D 和 f_G 选在 0.1～10 Hz，且频差为 10 倍为宜。

综上所述，岩（矿）石发生激发极化时，观测到的复电阻率振幅变化越大，相位幅值越大，极化程度越强。频散率 $P(f_\mathrm{D}, f_\mathrm{G})$ 是极化程度的定量表征。

4. 复电阻率模型

1）Cole-Cole 模型

表征岩矿石激发极化特征的参数主要是极化率（时间域）和频散率（频率域）。这些参数与充放电或高低频的选取有关。大量的实验与野外观测表明，许多非矿地质体、矿化岩石等都会产生与矿体激发极化非常相似的异常。仅用极化率和频散率来区别矿与非矿存在极强的不确定性，于是人们开始寻找能评价激电异常源性质的二级标志参数。Wait（1959）、Marshall 等（1959）提出利用激电时间谱（二次场衰减曲线）和频谱（复电阻率振幅与相位曲线）来区分矿化类型。Pelton 等（1978）通过大量的实验与理论研究，引入 Cole 和 Cole（1941）描述复介电常数和张弛模型，基于等效电路方法，较好地描述了极激发极化机理，提出了 Cole-Cole 激电模型，实现了观测结果与岩矿石的微观激发极化特征的统一，为激电法的广泛应用奠定了理论基础。

Pelton（1978）采用的 Cole-Cole 激电模型如下：

$$\rho(i\omega) = \rho_0 \left\{ 1 - m \left[1 - \frac{1}{1 + (i\omega\tau)^c} \right] \right\} \tag{1.57}$$

式中：ρ_0 为直流电阻率；m 为极化率；τ 为时间常数；c 为频率相关因子（也称松弛系数）。上述 4 个激发极化参数称为激电真参数，它们有效表征了岩石低频频散特征，并与岩石的组分、矿物含量、结构等因素关系密切，其主要含义如下。

（1）ρ_0：直流条件下足够长时间后的电阻率，主要反映岩石的导电性能，与岩石中的导电介质含量及结构密切相关。岩石中通常与高导孔隙流体直接相关，阿奇公式直接反映了这一点。

（2）m：描述岩石极化程度的物理量，为岩石高低频电阻率相对差异，可表示为

$$m = \frac{\rho(0) - \rho(\infty)}{\rho(0)} = \frac{\rho_0 - \rho_\infty}{\rho_0} \tag{1.58}$$

m 与岩石各组分的含量、比面、空间结构等相关，从频散曲线形态上表征了频散变化的大小。

（3）τ：时间常数，单位为 s，从频散曲线形态上表征了频散现象发生的时刻。决定 τ 的因素较多，通常与极化界面相关的矿物颗粒大小及高导流体离子扩散能力相关。

（4）c：频率相关因子，无量纲参数，为 0～1，从频散曲线形态上表征频散过程的缓急。通常认为其与岩石孔隙或矿物颗粒的均质性及连通性有关。在实际岩石中，由于矿物颗粒大小形态存在一定随机性，c 的典型变化范围是 0.1～0.6。

图 1.22 给出了 Cole-Cole 模型复电阻率实部与虚部曲线形态随激电参数变化的特征。从图中可以看出：极化率会对复电阻率实部曲线的高频渐近线产生影响，即极化率增大，则高频实部值降低；时间常数的变化会对复电阻率虚部曲线极值产生水平位移，即时间常数增大，虚部曲线极值点向高频平移，反之亦然；频率相关系数对复电阻率虚部曲线极值的幅值影响较大，即复电阻率虚部曲线极值随频率相关系数增大而增大。

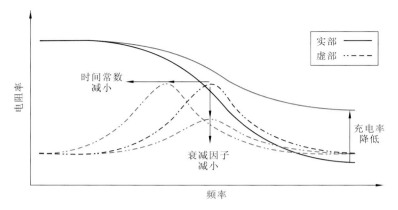

图 1.22　Cole-Cole 模型激电参数对复电阻率曲线的影响特征

图 1.23 是改变不同激电参数并时域变换后的 Cole-Cole 模型的时域电阻率曲线图。从图中可以看出：电阻率变化为随时间的单调递增函数；随着时间常数 τ 的增大，IP 效应发生在较晚的时间内；极化率 m 增大，对早期电阻率影响最大，且早期 IP 效应幅度大于晚期 IP 效应幅度；频率相关因子 c 值越大，电阻率随时间变化曲线越陡峭。

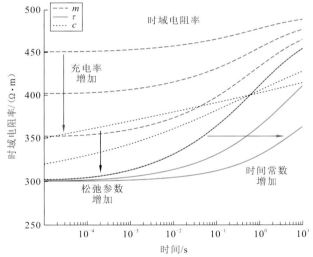

图 1.23　Cole-Cole 模型激电参数对时域电阻率曲线的影响特征

岩石在观测频段内通常存在多种极化机制，在麦克斯韦-瓦格纳（Maxwell-Wagner，M-W）界面极化和电化学极化的共同作用下，岩石电频散形态会存在两个或多个明显有差异的极化，难以通过一个 Cole-Cole 模型准确描述。Pelton 认为，双 Cole-Cole 模型是解决这一问题的有效方式：

$$\rho(\mathrm{i}\omega)=\rho_0\left\{1-m_1\left[1-\frac{1}{1+(\mathrm{i}\omega\tau_1)^{C_1}}\right]\right\}\cdot\left\{1-m_2\left[1-\frac{1}{1+(\mathrm{i}\omega\tau_2)^{C_2}}\right]\right\} \tag{1.59}$$

式（1.59）与式（1.58）的 IP 参数具有相同的物理意义，式中下标 1 和 2 对应不同频段时独立的极化。通常将其中一组参数用于表征电化学极化，另一组参数用于表征 M-W 界面极化，以此类推。岩石电频散形态上存在独立的多个极化时，可以通过增加参数的维度进一步表征。

2）Dias 模型

Dias（2000）根据麦克斯韦方程建立了描述极化介质在低频电频散现象的 Dias 模型，适用于湿润或半干燥状态下孔隙介质。Dias 试图统一地表征 M-W 界面极化及电化学极化，表达式为

$$\rho(\mathrm{i}\omega)=\rho_0\left\{1-m\left[1-\frac{1}{1+\mathrm{i}\omega\tau'(1+\mu^{-1})}\right]\right\} \tag{1.60}$$

式中：$\mu=\mathrm{i}\omega\tau+(\mathrm{i}\omega\tau')^{1/2}$。Dias 通过 μ 综合了 Warburg 模型和 Debye 模型，用 Debye 模型表征 M-W 界面极化，用 Warburg 模型表征电化学极化。在一定条件下几个模型也可以互相转换。

3）Brown 模型

Brown（1985）也尝试将勘探过程中的地层电磁耦合效应引入模型，在 Cole-Cole 模型的基础上建立如下表达式：

$$\rho(\mathrm{i}\omega)=\rho_0\left[1-m\left(1-\frac{1}{1+\mathrm{i}\omega\tau_1}\right)+\mathrm{i}\omega\tau_2\right] \tag{1.61}$$

式中：τ_2 为测量装置与空气耦合形成的电容项。

4）GEMTIP 模型

近年来，针对含油气储层的结构、矿物组分、泥质含量、孔隙度及孔隙液特点，Zhdanov（2008，2006）进行了大量的理论与实验研究。通过多相与混合介质在波恩近似下的等效电阻率模型、混合介质激发极化理论及电磁感应理论的引入，提出了等效介质激电理论（generalized effective-medium theory of the IP，GEMTIP）模型。该理论模型是严格基于混合介质的麦克斯韦方程导出的，其模型参数与岩石的结构、矿物颗粒大小、形状、导电性、面极化率、孔隙度、各向异性矿物颗粒的体积分数等密切关联，能更好地描述油气储层的激电响应特征。与常用的 Cole-Cole 模型相比，该模型在描述多相介质方面更具优势，效果更为明显。

（1）频域模型。

岩石在低频电磁场的作用下发生电磁感应和激发极化，此时的欧姆定律应有如下修改：

$$j(t)=\sigma(0)\left[E(t)-\int_0^t E(t-\lambda)\frac{\mathrm{d}m(\lambda)}{\mathrm{d}\lambda}\mathrm{d}\lambda\right] \tag{1.62}$$

基于式（1.62），同时引入等效电阻率和混合介质极化，Zhdanov（2008）提出了 GEMTIP 模型，如图 1.24 所示，通过严格的数据推导，给出了频域中混合多相介质的复电阻率数学表达式：

$$\rho_{\mathrm{ef}}(\omega)=\rho_0\left\{1+\sum_{l=1}^{N}\left[f_l m_l\left(1-\frac{1}{1+(-\mathrm{i}\omega\tau_l)^{C_l}}\right)\right]\right\}^{-1} \tag{1.63}$$

式中：$m_l=3\dfrac{\rho_0-\rho_l}{2\rho_l+\rho_0}$，$\tau_l=\left[\dfrac{a_l}{2\alpha_l}(2\rho_l+\rho_0)\right]^{1/C_l}$，其他参数说明见表 1.6。

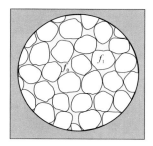 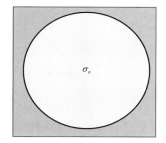

（a）混合多相介质中，岩石骨架体积
分数f_0，泥质含量体积分数为f_1

（b）GEMTIP模型，等效电阻率为σ_e

图 1.24　多孔复杂介质及其等效电阻率模型

表 1.6　GEMTIP 模型参数说明

参数符号	单位	名称
ρ_{ef}	$\Omega \cdot m$	有效电阻率
ρ_0	$\Omega \cdot m$	围岩电阻率
f_1	—	矿物体积分数
m_1	—	矿物极化率
ω	Hz	角频率
τ_1	s	时间常数
C_1	—	衰减系数
ρ_1	$\Omega \cdot m$	矿物电阻率
a_1	m	矿物颗粒半径
α_1	—	矿物面极化系数

　　从式（1.63）及表 1.6 可以看出，该模型中尽管参数较多，但只有面极化系数、频率衰减系数和体积分数最能反映复电阻率特征。GEMTIP 模型可方便描述多相介质，且模型参数与岩性、物性能够较好地关联，在多相介质条件下优于 Cole-Cole 模型，为激发极化法在油气勘探中的储层激电真参数反演提供了可靠的正演模型，并为激发极化法油气检测资料解释提供了理论基础。

　　（2）时域模型。

　　为了在时域对时频电磁法资料进行处理和解释，研究时域 GEMTIP 模型十分必要。实验研究表明，含油气储层岩石的频率相关系数 c 在 0.5 左右变化，而取 c＝1.0 时 GEMTIP 模型变为布朗模型，主要反映电磁耦合特征。当储层岩石含油水时，可考虑为双相介质。于是对式（1.63）分别取 c＝0.5 和 1.0，然后进行拉普拉斯逆变换，得到 GEMTIP 模型的时域表达式：

$$\rho(t) = \frac{\rho_0}{1-m'}\left[1 - \frac{f_1 m_1}{1+f_1 m_1} e^{-\frac{t}{(1+f_1 m_1)^2 \tau}} \text{Erfc}\left(\frac{1}{1+f_1 m_1}\sqrt{\frac{t}{\tau}}\right)\right] \qquad (1.64)$$

和

$$\rho(t) = \frac{\rho_0}{1-m'}\left[1 - \frac{f_1 m_1}{1+f_1 m_1} e^{-\frac{t}{(1+f_1 m_1)\tau}}\right] \qquad (1.65)$$

式中

$$m' = \frac{3f_1(\rho_0 - \rho_1)}{2\rho_1 + \rho_0 + 3f_1(\rho_0 - \rho_1)}, \quad m_1 = 3\frac{\rho_0 - \rho_1}{2\rho_1 + \rho_0}, \quad \tau = \left[\frac{a_1}{2\alpha_1}(2\rho_1 + \rho_0)\right]^2,$$

Erfc 为余误差函数。

从式（1.64）可以看出，反应极化能力的主要是面极化系数、衰减系数和导电矿物体积分数，这三个参数也是反映储层岩石含油或水的关键参数。

图 1.25～图 1.28 为改变矿物颗粒半径、面极化系数、矿物体积分数和矿物频率衰减系数所计算的时间域 GEMTIP 模型电阻率的变化曲线。从图中可看出，时域电阻率随着矿物颗粒增大而减小，随表面极化系数的增大而增大，随矿物体积分数增大而增大，随矿物衰减系数增大而减小。

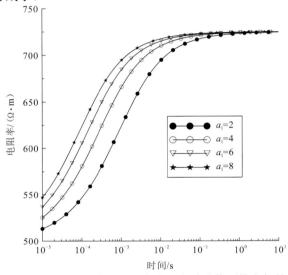

图 1.25　时间域 GEMTIP 模型的时变电阻率随矿物颗粒半径的变化曲线

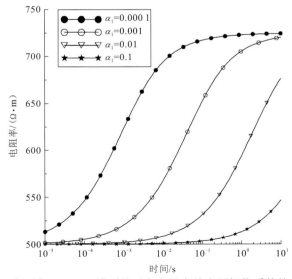

图 1.26　时间域 GEMTIP 模型的时变电阻率随表面极化系数的变化曲线

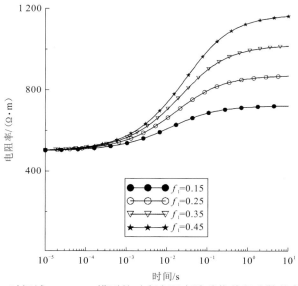

图 1.27　时间域 GEMTIP 模型的时变电阻率随矿物体积分数的变化曲线

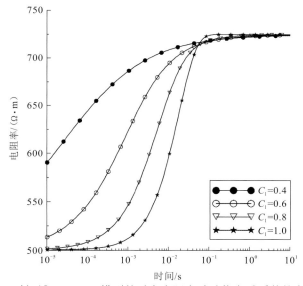

图 1.28　时间域 GEMTIP 模型的时变电阻率随矿物衰减系数的变化曲线

　　表征岩石复电阻率的模型还有早期的 Wait 模型、Ward and Fraser 模型、Madden and Cantwell 模型、Zonge 模型等，各模型总体建立在一维问题基础上，试图通过改变与频率相关的时间常数和频率相关因子对岩石极化特征进行定量描述。Cole-Cole 模型由于其相对简洁的形式及对频散曲线的有效表达，在实际岩样描述与激电勘探中应用最为广泛。而 GEMTIP 模型因其在多相致密岩石储层激电描述方面具有独到之处，近年来也开始在油气勘探与储层评价中有所应用。

第 2 章　岩石重磁电物性测量方法与技术

地球物理学是一门研究各种地球物理场和地球物理性质、结构、形态及其中发生的各种物理过程的学科。地球物理方法是以物理学原理为核心,对地球内部及外部物质产生的各种物理场的分布特征及变化规律进行探测,研究地球自身及地表空间的物质结构、构造,物质组成及其演化过程,推测这些演化特征及变化规律。在此理论基础上对地球内部物质的组成、结构和构造特征进行研究,进而精确地定位地下埋藏的各种能源和矿产资源。依据相应的地球物理场对地下地质体进行反演解释是地球物理方法的本质,依靠反演解释推断产生这种物理现象的地质情况,间接地研究地质问题是地球物理方法的特征。数学物理理论是地球物理解决地质问题的根本手段,即利用测量所得的地球物理数据反演场源体的岩石物性特征,利用少量的数据获取更多的岩石物性参数,但这种方法最终会导致所得的结果存在多解性和非唯一性。在地球物理方法研究中多解性和非唯一性是普遍存在的,不同的反演解释方法最终得到的结果就不一样,这就是利用地球物理方法很难准确获取地下地质体分布特征的原因。为了约束反演解,尽量让解释结果与地下地质体分布特征相符,目前主要有两种方法:一种方法是利用多种地球物理方法进行综合研究,取各种方法所长,结合区域地质调查结果进行综合分析解释;另外一种方法就是利用研究区域内各种岩石的物性参数作为约束反演的条件,使最终反演结果更加符合地下地质体分布的实际情况。

岩石物性包括岩石的电性、磁性、密度、地震波传播速度和光谱反射率等,不同类型的岩石其岩石物性也会不同。电性不同的岩石在相同的电压作用下,具有不同的电流分布;磁性不同的岩石,将会引起磁场强度发生变化;密度不同的岩石,可以引起重力的差异;在不同的岩石中地震波的传播速度不同,可以接收到不同地震波反射信号。因此,岩石的物性变化会引起地球物理场的变化。岩石的物性变化是识别地球物理异常场的根本,地球构造物理演化过程最终也会反映在岩石物性的空间和时间变化特征上。岩石物性在地球物理学和地质学研究中具有极为重要的意义,它将地球物理学与地质学紧密地联系在一起。岩石物性是地下地质体的两个基础属性之一,各种地质事件的发生、矿产资源的演化和分布都与其密切相关,越来越多的地质学家和地球物理学家对岩石物性参数之间的关系投入了极大的关注(裴浩辰 等,2020;臧凯 等,2020;王大兴 等,2019;郭曼 等,2018;余翔宇 等,2015;贺芙邦 等,2011;王怀生 等,2009;杨海军 等,2007;Al-Ramadan et al.,2005;Worden et al.,2003;Booler et al.,2002)。岩石物性作为一个物理性质的变量,会随着地质年代的推进及地质条件的改变而改变,大地构造的形成、演化及对应地质条件的变化会直接或间接地反映在岩石物性的变化上,岩石物性的变化也是各种地质和地球物理作用过程体现在岩石物性上的结果。大量地质学家、地球物理学家和岩石学家从不同角度对岩石物性进行研究、分析,找寻岩石物性参数在不同地质事件和矿物岩石中的变化规律,以及物性变化导致的地质特征(臧凯 等,2020;袁永真 等,2019;李琼 等,2017;陈晓 等,2016;王镜惠 等,2012;赵百民 等,2009;

马宝军 等，2006；Geng et al.，2006；Meng et al.，2006；Xie et al.，2006；Cloetingh et al.，2005；Marques et al.，2004；Casas et al.，2001）。

　　岩石物性在地质和地球物理研究中起着至关重要的作用，扎实可靠的岩石物性资料是地质解释的基础。将区域岩石物性资料与相应的地质构造特征相结合，可使岩石物性作为地质和地球物理综合解释的基础资料。岩石物性的研究主要有两个目的：一是使地球物理勘探解释更符合客观事实并具有实际地质意义，将岩石物性与地球物理场建立起对应关系，由地球物理模型去建立相对应的地质模型；二是把岩石物性参数作为主要的勘探方法进行物性研究，并根据物性参数研究解决地质构造、岩石特征等地质问题。

　　岩石物性测定就是测定岩石、矿物的物理性质。例如重力勘探中测定岩石、矿石的密度，磁法勘探中测定岩石、矿石的磁化率，电法勘探中测定岩石、矿石的电阻率、极化率等。在地球物理学研究中，岩石物性往往被用作地球物理数据反演过程中的约束条件。不同类型的岩石对应的物性参数也各不一样，此外根据地下岩石界线和地质构造变化的位置不同，岩石物性参数也会发生剧烈的变化。对岩石物性参数的研究极大地丰富了地质信息，增加了地质研究的深度与精度。将各类岩石物性与岩相学相结合建立理论经验公式，可利用岩石物性参数去判别岩石类型，使地球物理方法在地质问题解决中得到广泛的应用。岩石物性的研究是解释深部地球岩石分布和地质构造特征的重要手段。

2.1　岩样采集要求

　　岩石标本是指在原生岩体采集的具有代表性特征，供观察鉴定、实验分析、研究或展示陈列的岩石块体。岩石采样是指从地层岩石中采集岩石块体。采集的岩石标本通过矿物学、岩石学和矿相学的方法，研究其矿物成分、含量、粒度、结构构造及次生变化等，为确定岩石的种类、分析地质构造提供资料依据，此外还可以测定岩石的物理性能，如密度、磁性、导电性等。

　　岩石样品主要由地质人员根据地质露头情况进行采样。采样时，要根据地质任务和有关要求确定采样的层位、岩性和数量。露头样品为块样，一般要求固结坚实，尺寸上不小于 10.0 cm，并能够用于取心机钻取，测量岩心直径≥2.54 cm、长度≥2.5 cm。

2.1.1　地质要求

　　由于石油、天然气勘探开发的需求，针对三大盆地寒武系及其以上地层的岩石物性，前人均有不同程度的研究（池美瑶，2019；范佳鑫 等，2018；郑剑锋 等，2014；屈燕微，2008；邓礼正，2003；钟森 等，1994；林天端 等，1993），但震旦系及其以下地层由于普遍埋深较大及勘探和钻探技术的制约，在以往油气勘探中涉及较少。随着非常规油气勘探技术和方法的逐渐成熟及钻井技术的突破和完善，深部地层油气勘探逐渐成为油气勘探突破的新热点。因此，开展三大盆地寒武系以下地层的岩石标本采集和岩石物性参数测试，综合地球物理参数测试与分析，深入研究重磁电物性参数与地层关系，建立综合地球物理参数与地质层位及储层参数间的关系模型，为深层油气重、磁、电方法高精度反演与解释提供物性依据是非常有必要的。

1. 采样目的

采集三大盆地寒武系以下地层岩石标本，测试岩石密度、磁化率、电阻率、孔隙度和渗透率等物性参数，为建立全盆地重、磁、电模型提供基础数据。

2. 采样原则和要求

所采集的岩样来源于盆地周边寒武系以下地层的地质露头。所采集的标本应有充分的代表性，采集标本时要尽量采集新鲜的岩石，并做好野外地质观察描述工作。标本规格以 10 cm×10 cm×10 cm 最佳，应敲去棱角保证标本外观整齐。

采集到的岩石标本应在原始记录上注明采样时间、位置、地层年代和编号。对所采标本进行编号整理，然后用标本袋装好，统一保管。

标本采集时，以地层为单位，每套地层至少应采集 30 块标本，因此，每个盆地的采样数量超过 1 000 块。采样按照计划任务，三大盆地总计采样数不少于 2 000 块，其中四川盆地采样数不少于 700 块，鄂尔多斯盆地采样数不少于 700 块，塔里木盆地采样数不少于 600 块。

2.1.2　重磁电要求

重磁电物性测量工作主要针对岩石的密度、磁化率、电阻率参数进行测量。在具体工作中，岩石标本可以取自露头、坑道、探槽、浅井及钻孔，对每一块标本都要进行编号整理，并记录采集的时间、地点、所处地层及其年代、岩石名称等信息。

1. 露头标本尺寸

标本大小规格以 10 cm×10 cm×10 cm 为标准，用地质锤敲去棱角，敲出新鲜面，风化面越少越好，而且标本外观整齐。标本既要保证其钻取后满足重磁电物性测量要求，还要考虑碎样可能会用于薄片分析、矿物成分鉴定等其他测试需求。

2. 编号与记录

采集的标本应立即贴上胶布，用签字笔标注编号，或用记号笔直接在标本上标注，在野外记录本上记录标本采集时间、地点、坐标、采样标号，还要包括采样地层及其年代、分布特点、周围岩石特征、岩性等信息。

3. 特殊样品

对于勘探目标和异常区应进行特殊处理。如对于勘探目标和异常区采取与一般岩体相同的标本采集密度，则有可能会因为物性约束问题影响后期重、磁、电解释工作的开展，因此在采样过程中应加大采集密度，并完善采样全套地层和岩性。对于拟进行某些岩石物性研究的标本（如拟开展磁性测量），还要记录标本在其母岩体中的位置和方位。

2.2　岩石密度测量

2.2.1　测量仪器

主要测量器材：高精度电子秤、高精度量筒、烧杯、烘箱。其中高精度电子秤精度 0.1 mg，量筒量程 250 ml。

2.2.2　测量方法

原则上，确定岩石密度是简单的，但在实践中，这些测量可能是复杂的，有时会产生重大的误差。问题来自岩石的非均质性，以及难以对脆性样品和那些分布不规则、高孔隙的样品进行精确测量。地层密度测量一般有三种方法：实验室测量、重力测量、相关属性的测量。还要一种方法是在已知一般岩石类型的矿物或化学成分的情况下计算密度，但在地球物理勘探中很少使用这种方法，因为对岩石成分的了解很难足够准确。每种方法都有其相对的优点和缺点，针对特定的勘查问题选择适当的方法时，必须考虑每种方法的优点和缺点。

样品的实验室测量是最简单和最便宜的方法，可以从现场收集该地区有代表性的岩石样品，然后送到实验室进行测量。密度测量选用的方法是排水法，在室内常温常压下进行，实验分为以下几个步骤。

步骤 1：打开电子秤，先进行校准，读取空烧杯的质量 m_1（g）。

步骤 2：将干燥后的圆柱状岩心放入烧杯中，读取总质量 m_2（g）。

步骤 3：在量筒中加水至某一刻度 V_1（ml）处，然后将岩心封蜡，放入量筒，直到岩心全部淹没为止，读数，记录刻度，得到总体积 V_2（ml）。

步骤 4：根据 $\dfrac{m_2 - m_1}{V_2 - V_1}$ 计算岩石的体密度。

分别测量砂岩、白云岩、灰岩、火成岩、变质岩等不同岩性的岩石密度，测量时需要注意以下问题。

（1）岩心烘干后再进行测量，电子秤测量前必须校准。

（2）测量岩心排水体积时，必须重新读数，记录准确的体积 ΔV。

2.3　岩石磁化率测量

2.3.1　测量仪器

岩石磁性包括感应磁化强度和剩余磁化强度，本节用于物性测量的仪器是 KM-7 磁化率仪和 JR-6A 型旋转磁力仪。

KM-7 磁化率仪，灵敏度为 1×10^{-6}，测量范围为（$-999.9 \sim 999$）$\times 10^{-3}$，自动调节范围，精确度自动调节，仪器工作温度为$-20 \sim 60$ ℃，仪器尺寸为 165 mm×68 mm×28 mm，如图 2.1 所示。KM-7 是测量岩石磁学性质的便携式磁化率仪，可用于野外岩石露头标本和实验室岩心标本磁化率的测量，测量结果为感应磁化强度。

图 2.1　KM-7 磁化率仪

JR-6A 型旋转磁力仪，灵敏度为 2×10^{-6} A/m，旋转速度为高速 87.7 rad/s、低速 16.7 rad/s，测量范围为 $0 \sim 12\,500$ A/m，电源为 100 V、120 V、230 V。样品尺寸要求：圆柱样直径为 25.4 mm，长度为 22 mm，立方样边缘 20 mm。尺寸及重量：测量单元 310 mm×190 mm×185 mm，24 kg。JR-6A 型旋转磁力仪主要应用于古地磁学、考古学、磁法勘探和矿物学，如图 2.2 所示。

图 2.2　JR-6A 型旋转磁力仪

2.3.2　测量方法

磁化率和剩余磁化强度是磁法勘探的两个重要磁特性。前者控制感应磁化，后者是存在于零外场中的磁化，两者结合起来就构成了总磁化强度，这是磁异常的来源。

1. 感应磁性测量

多年来，人们通过多种技术来测量磁化率，包括磁平衡和电感电桥，另外，也可以简单地通过测定岩样对磁针位置的影响来测量磁化率。目前，更普遍和更准确的方法是根据磁性岩样对电感电桥的影响来进行测量。将岩样放置在绕组电桥的一端，或放置在它附近，岩样的磁性会造成电桥的不平衡，然后通过对相关材料或已知流体的磁化率进行校准或标定来确定岩样的磁化率，测量的结果为感应磁性。

KM-7 磁化率仪有三种测量模式，分别为单点（single）模式测量、扫描（scan）模式数据连续测量和远程扫描（scan remote）模式连续测量。仪器的基本部分是一个 10 kHz 的 LC 振荡器，其介电常数由一个位于仪器工作面的测量线圈体现。磁化率测量有三个步骤：首先，保持线圈离岩样之间的距离至少为 30 cm（初步测量，空气测量 1），然后将线圈移动到岩石表面，最后再次将线圈放在离岩样至少 30 cm 的距离测量，这样能得到更好的灵敏度。根据频率的不同，计算出磁化率。对于实验室钻取的圆柱状岩样，采用单点模式测量。在主菜单中选择测量（measure），选择单点（single）模式，分三步完成测量。

（1）初步测量，先将仪器置于距离岩样最少 30 cm（空气测量 1），按确认。

（2）将测量仪器磁化率计黑色端靠近岩样表面（岩样测量），按确认。

（3）最终测量，将仪器置于距离岩样最少 30 cm 处（空气测量 2），按确认。

当光标 M 亮起时不要移动仪器（采集信号时间 0.5 s），按确认保存显示的值，取消不保存。重复以上三步继续测量，按取消键结束测量。

2. 剩余磁化强度测量

剩余磁化强度对地球物理勘探具有重要意义，通常用旋转磁力仪法测量，但是测量过程对岩样有一定的要求。所有待测岩样都需要仔细挑选，在地壳内提取它们前先确定其方向，如地层的产状、方位角等。通过将岩样绕不同轴旋转并测量其合成正弦输出，确定岩样剩余磁化强度的大小和方向。当然，随着仪器的不断进步和发展，现在实验室也可以用超导磁力仪法进行剩余磁化强度测量。

JR-6A 旋转磁力仪由一套测量单元和微处理器控制单元组成。测量单元最重要的部件是一副赫姆霍兹线圈，所有功能以微处理器控制。微处理器控制单元执行信号的数字滤波，控制和测量岩样旋转的速度。JR-6A 旋转磁力仪自动执行错误校验，测量和处理完全由计算机控制。

JR-6A 旋转磁力仪是目前非常灵敏和精确的基于常规（非超导）原理测量岩石剩余磁化强度的仪器，具有双速旋转特点，高速适用于高灵敏度测量，低速适用于软样品测量，甚至可用于磁化强度非常弱的石灰岩测量。岩样以固定的角速度在测量单元内的一副赫姆霍兹线圈内旋转，在线圈内激发形成交流电压，它的幅度和相位取决于剩余磁化强度向量的大小和方向。

2.4 岩石直流电阻率测量

2.4.1 测量仪器

岩石直流电阻率测量采用岩心样本物性（sample core induced polarization，SCIP）测试仪，它是最便携的电物性测量仪，兼容实验室和野外使用。该系统由电池供电，用于测量岩心的电阻率和极化率。测量模式包括标本测量及小四极测量，工作温度范围为 $-30 \sim 60 \, ℃$，测试仪如图 2.3 所示。

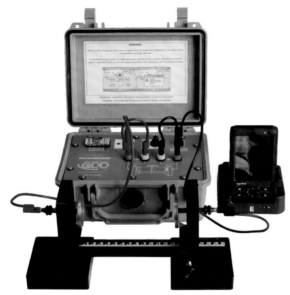

图 2.3 SCIP 测试仪

2.4.2 测量方法

电阻率是电流垂直通过单位截面积、单位长度岩石时所受阻力的大小，表示岩石导电能力，以 ρ 表示，单位为 $\Omega \cdot m$。影响岩石电阻率的因素很多，其内部因素包括岩石的矿物组分、颗粒形状、结构、胶结物，以及岩石的孔隙度、裂隙度、含水情况等；外部因素包括岩石的温度和所承受压力及观测时的供电频率等，当外部条件差异不大时，内部因素起主要作用。

对岩心进行直流电阻率测量，是在岩样两端供入一定大小的电流或加载一定电压，测定出岩样的电阻值，并根据式（2.1）计算出岩样的等效电阻。直流电阻测试的基本原理是在被测回路上施加某一直流电压或电流，根据电路两端电压和电路中电流的数量关系，测出回路电阻，根据阻值大小判断电路连接和接触是否完好，并根据式（2.2）计算直流电阻率。

$$Z = \frac{\Delta U}{I} \tag{2.1}$$

$$\rho = \frac{RS}{L} \tag{2.2}$$

式中：ΔU 为电路两端电压差，V；I 为电路中的电流，A；ρ 为电阻率，$\Omega \cdot m$；R 为测量阻抗，Ω；S 为岩心截面积，m^2；L 为岩心的长度，m。

2.5 岩石复电阻率测量

2.5.1 测量仪器

1. 阻抗分析仪

测量仪器为 SI 1260 阻抗分析仪，全称为 1260 阻抗/增益相位分析仪。它是频响分析仪，具有极宽的频率范围，从 10 μHz 到 32 MHz，仪器可在常温常压下完成岩样的阻抗测量，仪器如图 2.4 所示。

图 2.4　SI 1260 阻抗分析仪

2. 高温高压实验系统

AutoLab1000 是美国新英格兰研究公司专门针对石油领域的油藏物性研究而研发的设备系统。AutoLab100 是一个结构紧凑，功能齐全的自动伺服岩石电性和岩石力学实验测试系统，该系统可在模拟地层温度及上覆层压力和孔隙压力的条件下测量纵横波速度、渗透率、复电阻率等参数。

为模拟岩样所在的地层条件，实现高温高压下的岩样阻抗测量，以 AutoLab1000 高温高压岩石物理实验系统为平台，如图 2.5 所示，借助 SI 1260 阻抗分析仪的宽频带功能，实现模拟地层温度 120 ℃和地层压力 80 MPa，能在 0.01～1 MHz 对岩样进行宽频带复电阻率参数的准确测量。

图 2.5   AutoLab1000 高温高压岩石物理实验系统

2.5.2   测量方法

1. 常温常压复电阻率测量

使用 SI 1260 阻抗分析仪进行阻抗测量时，在岩样两端施加一个交变（交流）电压，其电压与电流的比值为阻抗，阻抗随施加（电流）电压频率的变化而改变，这种变化是由岩石内在的物理结构或由内部发生的化学过程或由两者的联合作用所引起。

采用四极测量法，供电电极和测量电极选择不极化电极，常用的测量电极为铂金、银和氯化银等不极化电极。如图 2.6 所示，A、B 电极是供电电流的输入端，M、N 为测量电极，测量岩样两端的电势差，实验过程中设置 A、B 电极的供电模式为恒流或恒压。

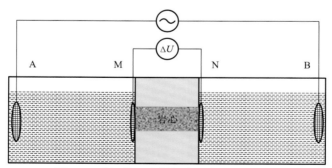

图 2.6   常温常压岩样复电阻率测量原理图

测量时，阻抗分析仪通过供电电极 A 和 B 向岩石两端供入不同频率的交流电，同时，由阻抗分析仪测量岩样两端 M 和 N 的电位差。测量频率为 0.01～10 kHz，阻抗分析仪扫频测量完成后，测量系统通过供电电流和岩样两端测得的电势差自动计算出岩样阻抗，并记录测量频率及其对应的阻抗幅值（Z）和相位（φ），表达式为

$$Z(\omega) = \frac{\Delta U(\omega)}{I(\omega)} \qquad (2.3)$$

$$\dot{Z}(\omega) = Z(\omega)\mathrm{e}^{-\mathrm{i}\varphi} \qquad (2.4)$$

式中：$Z(\omega)$ 为阻抗幅值，Ω；$\Delta U(\omega)$ 为岩样两端测量电位差，V；$I(\omega)$ 为供电电流，A；$\dot{Z}(\omega)$ 为复阻抗，Ω；φ 为相位，mrad。

2. 高温高压复电阻率测量

测量仪器为 SI 1260 阻抗分析仪和 AutoLab1000，测量频率为 0.01～10 kHz。岩石复电阻率测试采用四极测量法，如图 2.7 所示，A 和 B 为供电电极，M 和 N 为测量电极，要求测量电极为不极化电极。

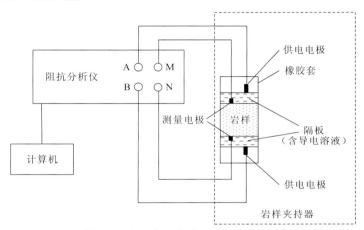

图 2.7　高温高压复电阻率测量原理图

在高温高压条件下测量，根据测试要求，设置测试的压力和温度，通过高温高压设备给岩样夹持器加压加温，待压力和温度值稳定（压力变化小于 0.1 MPa，温度变化小于 1 ℃并持续 30 min 以上）后，运行阻抗分析仪进行测试。仪器记录不同测量频率下的阻抗幅值和相位，测量结果包括频率、阻抗、相位、测试温度和压力等信息。

3. 岩样复电阻率测试数据计算

复电阻率振幅由岩样的测试阻抗、长度、截面积三个参数计算获取，通过式（2.5）计算：

$$\rho(\omega) = Z(\omega) \times \frac{S}{L} \qquad (2.5)$$

式中：$\rho(\omega)$ 为电阻率幅值，Ω·m；$Z(\omega)$ 为阻抗幅值，Ω；L 为岩心长度，m；S 为岩心截面积，m^2。

第3章　重磁电物性数据处理与解释

3.1　重磁电物性测量质量控制与统计方法

3.1.1　重复测量

重复测量指对样本在短时间内进行多次的同类型测量，是一种常见的质量控制的方法。重复测量的资料常用方差分析作为统计分析方法。

3.1.2　质量检查

已测试完成的岩样，至少应抽取 3%（1 块）的样品进行质量检查。质量检查要求使用同一台仪器，在相同的测量条件下对同一块岩样进行测量。

对于密度、磁化率测量结果，按测量总岩样抽取不少于 3%的样品进行质量检查。测定岩石密度的绝对误差应不大于 0.02 g/cm³，测定岩石磁化率的相对误差应小于 5%。

对于复电阻率测试结果，测量时如发现测量数据有异常，必须进行重复测量，直到曲线形态平滑，并计算均方根误差。阻抗均方根误差应小于 5 Ω，相位误差均方根应小于 5 mrad，测定并计算得到的岩样电阻率相对误差应小于 5%。

3.1.3　统计方法与技术

正态分布，又名高斯分布，在统计学中应用广泛。随机变量 X 服从一个数学期望为 μ、方差为 σ^2 的正态分布，记为 $X \sim N(\mu, \sigma^2)$，X 的概率密度函数可表示为

$$f(X) = \frac{1}{\sigma\sqrt{2\pi}} \exp\left[-\frac{(X-\mu)^2}{2\sigma^2}\right], \quad -\infty < X < \infty \tag{3.1}$$

式中：μ 为 X 的总体均数；σ 为总体标准差。

在统计过程中，将数值变量编制频数表后绘制频数分布图，又称直方图。频数分布图表现为中间最多，左右两侧基本对称，越靠近中间频数越多，离中间越远，频数越少，一般认为该数值变量服从或近似服从数学上的正态分布。根据以上统计理论方法，对测量的岩样密度、磁化率、电阻率、极化率等物性参数进行统计分析，得到不同地层和不同岩性标本物性参数的分布范围及均值。

3.1.4 不同条件测量结果的一致性分析及改正

岩石电阻率受多种物理因素（温度 T、压力 P、流体矿化度 K、流体饱和度 S 等）影响，实际岩石测量通常具有不同物性条件，测量结果无法直接进行对比。结合电阻率模型和岩石电性实验可以实现不同条件测量结果的一致性。以岩石流体矿化度为变化条件，可以对测量岩石一致性进行分析。

如果岩石内不含连续性较好的低阻矿物（主要为泥质），岩石电性特征符合阿奇公式，饱和岩石电阻率可以表示为

$$\rho_r = a\rho_w \varphi^{-m} = \rho_w F \tag{3.2}$$

式中：ρ_w 为饱和溶液电阻率；φ 为岩石孔隙度；a 和 m 分别为岩性系数和胶结指数；F 为地层因子，与溶液物性无关。对砂岩进行不同溶液矿化度的实验，测试保持温度 25 ℃，压力保持常压不变，流体饱和度为 100%。分别在 0.01 mol/L、0.02 mol/L、0.1 mol/L 和 0.2 mol/L 的流体矿化度下进行测试，流体电阻率与流体矿化度关系在 25 ℃满足关系式：

$$\rho_w = 0.079\,2K^{-0.979} \tag{3.3}$$

式中：K 为流体矿化度，mol/L。复电阻率测量结果如图 3.1 所示。已知 0.02 mol/L 条件下岩石测量结果，可根据阿奇公式估计岩石地层因子，将其他流体矿化度测量电阻率换算为 0.02 mol/L 的电阻率。

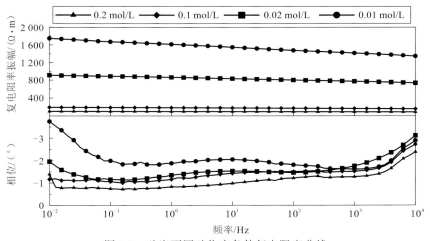

图 3.1 砂岩不同矿化度条件复电阻率曲线

将地层因子 F 作为待估计参数，通过参数估计获得零频电阻率 $\rho_r(i)$，i 对应不同矿化度条件，岩石电阻率与流体电阻率关系如图 3.2 所示。由图可见，岩石零频电阻率与流体电阻率的线性关系基本符合阿奇公式，地层因子可由不同矿化度流体电阻率与岩石零频电阻率关系式（3.4）计算：

$$F = \frac{\sum_i \rho_r(i)\rho_w(i)}{\sum_i \rho_w(i)^2} = 245.51 \tag{3.4}$$

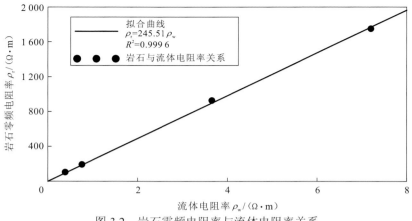

图 3.2 岩石零频电阻率与流体电阻率关系

由此可以直接利用阿奇公式估计不同矿化度条件下岩石电阻率，将 0.02 mol/L、0.01 mol/L、0.1 mol/L 电阻率校正为 0.2 mol/L 条件下的岩石电阻率，见表 3.1。

表 3.1 不同矿化度条件电阻率校正至 0.2 mol/L 结果表

流体矿化度/（mol/L）	岩石零频电阻率/（Ω·m）	流体电阻率/（Ω·m）	校正零频电阻率/（Ω·m）
0.01	1 750.256 0	7.198 2	93.195 1
0.02	927.325 7	3.651 8	97.326 8
0.1	193.125 4	0.755 5	97.978 5
0.2	105.074 3	0.383 3	—

3.2 重磁电物性与地质关系

3.2.1 重磁电物性与地层的关系

1. 地层与密度的关系

从岩石类型看，沉积岩由黏土质层（岩）→碎屑岩→碳酸盐岩，其密度呈渐增趋势。正常沉积的细碎屑-粗碎屑岩类的密度较低，变化范围为 2.69~2.71 g/cm³，变化量不大。变质岩的物性取决于原岩的岩性与变质差异。变质岩的密度变化与原岩及其变质程度密切相关，且具有普遍大于原岩密度的特点，其密度的变化范围为 2.55~3.76 g/cm³。同岩性岩石随成岩年代由早到晚其密度呈递减趋势。盆地地层密度变化的另一个特点是密度随埋深的增加总体上是变大的（不排除个别层位的密度小于上覆盖层）。这主要是组成地层的物质，受自身的地球重力作用而产生上下分异的结果，即密度大的物质下沉，密度小的物质被迫上升。当然，随着深度的增加，地下物质承受上层物质的压力也会加大，而压力增大，物质的密度也会增加。

四川盆地地层与密度关系表现为：中新生代地层密度较低，变化较大；古近系和新近系—侏罗系岩石密度< 2.50 g/cm³，属于低密度层；三叠系—上古生界岩石平均密度为

2.58 g/cm³，属于中偏低密度层；下古生界—中元古界上部地层属于中等密度层，地层密度约为 2.65 g/cm³；中元古界下部岩石属中高密度层；震旦系、前震旦系密度差较小且埋深较大，分离困难。盆地中三个主要密度界面为：泥盆系—志留系与奥陶系—中上寒武统密度界面，密度差为 0.19 g/cm³，是引起盆地局部异常的主要界面；奥陶系—中上寒武统与下寒武统密度界面，密度差为 0.08 g/cm³，是引起盆地局部异常的次要界面；下寒武统与震旦系密度界面，密度差为 0.05 g/cm³，埋藏较深，该界面是引起区域重力异常的主要界面。

塔里木盆地东北地区地层密度特征表现为：新生界密度为 2.31～2.42 g/cm³；中生界为 2.37～2.55 g/cm³；古生界为 2.59～2.68 g/cm³；元古宇—太古宇为 2.71～2.79 g/cm³。该区主要密度界面为中生界与古生界密度界面，其密度差为 0.13～0.23 g/cm³；其次是上新生界与中生界密度界面，密度差为 0.06～0.13 g/cm³；再其次是古生界与元古宇—太古宇密度界面。由于中生界与古生界的界面密度差高达 0.20 g/cm³，古生界顶面的起伏变化成为引起局部重力场的主要因素。塔里木盆地西南地区地层密度特征表现为：主要密度界面是前中生界顶面与中生界之间的密度界面。前中生界的平均密度约为 2.70 g/cm³，中生界平均密度约为 2.52 g/cm³，两者密度差为 0.18 g/cm³，在缺失中生界沉积或是中生界很薄的地区，如巴楚隆起地区和柯坪隆起地区，新生界直接超覆在前中生界之上，两者的密度差一般都大于 0.25 g/cm³。除地壳厚度变化外，上述界面是引起重力异常的主要因素。

2. 岩石磁性与地层的关系

沉积岩基本表现为无磁性或弱磁性。如正常沉积的细碎屑粗碎屑岩类，磁化率约为（38～1 601）×10⁻⁵、剩余磁化强度为 0～1.8×10⁻³ A/m。变质岩的磁性取决于原岩的岩性和变质程度的差异，总体上表现为无磁性到弱磁性，以板岩和片岩最弱，角闪岩最强，磁化率为（60～656）×10⁻⁵，剩余磁化强度为（15～50）×10⁻³ A/m。但也有变质岩受原岩和强变质作用而富含矿物，并具有较高的磁化率[（3 055～157 754）×10⁻⁵]、剩余磁化强度[（2 165～57 967）×10⁻³ A/m]，尤其以磁铁矿的磁性最强。

沉积盆地的地层磁性受地质作用等多种因素影响，表现为区域特点。如塔里木盆地及邻区的岩石磁性具有东、西差异性分布特征。盆地西部存在 4 个区域磁性层：①前寒武系变质杂岩，其磁化率约为 1 000×10⁻⁵；②震旦系辉绿岩层磁化率约为 1 500×10⁻⁵；③二叠系玄武岩磁化率较高，可达约 3 000×10⁻⁵ 或更高；④比较薄的侏罗系磁化率达 1 600×10⁻⁵。此外，上古近系和新近系地层也具较弱的磁性，磁化率在 100×10⁻⁵ 左右变化。盆地东部有明显的三个磁性层：太古宇变质杂岩地层（磁化率达 1 000×10⁻⁵ 以上）、二叠系玄武岩层（磁化率较高达约 3 000×10⁻⁵）和侏罗系强磁性层（库车以北的库台克力克分布的侏罗系砂岩、泥灰岩具较强的磁性，其磁化率最大达 4 600×10⁻⁵，平均值约为 1 000×10⁻⁵）。塔里木侏罗系砂岩、泥灰岩具有较强磁性这一现象较为特殊，并不多见，在塔里木盆地分布也极少，其强磁性的原因还有待深入研究。塔里木盆地前震旦系结晶变质杂岩地层是区域性磁性岩层。但这一区域磁性岩层的磁性分布并不均衡，其磁性因地点、原岩组分及其变质程度的不同而存在着较大的差异性。前震旦系磁性较强地层主要分布于盆地的南缘，如若羌、瓦石峡、红柳沟、米兰、巴什兰干和且末等地，其磁化率最大可达 5 300×10⁻⁵，一般为（380～760）×10⁻⁵。盆地北缘具有较强磁性的前震旦系仅在库鲁克塔格及兴地—铁门关附近出露，为灰绿色片麻岩类及片麻花岗岩，其平均磁化率约为 $100×10^{-5}$。元古宇中含铁石英岩也具有比较强的磁性，其磁化率变化范围为 $(80～4\,580)×10^{-5}$，最大值可达 $7\,160×10^{-5}$。分布在盆地北缘的中新元古界变质砂岩、大理岩、千枚岩、片麻岩及片岩类一般都是弱磁性或是无磁性，其磁化率仅为 $0～30×10^{-5}$，最大也不超过 $50×10^{-5}$。另外，库尔勒以北地区的古元古界片麻岩类也是弱磁或是无磁性的。震旦系的辉绿岩具较强磁性。在阿克苏西部就有三层厚度达 $60\,m$ 左右的辉绿岩层，其磁化率为 $(3\,900～4\,590)×10^{-5}$。震旦系地层中含辉绿岩的地段有限，因此它只能引起范围有限的局部异常，叠加在前震旦系结晶基底所引起的区域异常背景之上。

四川盆地二叠系峨眉山玄武岩磁性较强，分布较广，其他沉积地层磁性较弱。古元古界深变质岩及火山质的岩石磁性相对较强，规模较大，即所谓的结晶基底。通过大量的岩石磁性测量与分析，基本确定了盆内 3 个磁性层：深变质结晶基底为强磁性层；前寒武至中新元古界褶皱基底为中-弱磁性；二叠系峨眉山玄武岩为强磁性层。

鄂尔多斯盆地中的沉积地层磁化率普遍较低，可视为无磁性或弱磁性，太古宇及古元古界变质岩系具有较强的磁性，与上覆沉积地层有明显的磁性差异。因此，鄂尔多斯盆地结晶基底是强磁性层，磁异常主要反映结晶基底构造形态。

从上述三个盆地中地层磁性分析可以看出，磁性参数一般无法对沉积地层进行有效的划分，其主要作用是对盆地基底的空间形态、沉积层内火山质碎屑沉积层进行有效识别。

3. 电阻率、极化率与地层的关系

正常沉积的细碎屑-粗碎屑岩类，多表现为低极化（1.1%～1.8%）和低到中等电阻率（88～329 Ω·m）。灰岩为高阻（>3\,000 Ω·m）不极化地层，变质岩总体上表现为：极化率 1.9%～3.2%、电阻率 2\,500～6\,800 Ω·m。变质岩的物性取决于原岩的岩性与变质差异，原岩的极化率一般为 10.9%～21.5%，电阻率处于较低范围（10～964 Ω·m）。大量的岩石物理测试与电法勘探表明，三大克拉通盆地的地电结构具有纵向分层、横向分块的特征。横向上的电性块段结构，基本上与盆内隆起带和拗陷区的构造格局相对应。纵向上：表层至侏罗系，一般电阻率不高；三叠系至二叠系、泥盆系受沉积环境控制，多为砂岩、泥岩与灰岩互层，电阻率变化较大；奥陶—中上寒武系多以灰岩沉积，表现为高阻，电阻率为 1\,500～5\,000 Ω·m；志留系以页岩、泥岩为主，电阻率在 100 Ω·m 以下；下寒武统系多为砂岩、页岩，电阻率也较低，为 50～200 Ω·m；震旦系及前震旦系的电阻率>5\,000 Ω·m。由此分析可以看出，我国克拉通盆地地层的电性变化有较强的规律性，存在 5～7 个电性界面。这一特征为电法研究盆地内部结构、断层分布和基底形态提供了较好的物性基础。

3.2.2　重磁电物性与火成岩的关系

火成岩按成因分为两类：一类是岩浆出露地表冷却而形成的火山岩（喷出岩）；另一类是岩浆侵入地壳内部，在地表以下缓慢冷却而形成的侵入岩。侵入岩类和火山岩类物性参数变化量较大，总体趋向于随岩石镁铁质成分的增加，酸性岩→中性岩→基性岩密度增大，如火山岩中由从凝灰岩的 $2.69\,g/cm^3$ 变化到玄武岩的 $2.81\,g/cm^3$，侵入岩从花岗岩的

2.62 g/cm³ 变化到超镁铁质岩的 2.93 g/cm³。在磁性方面,火山碎屑岩的磁性受基质和胶结物成分的影响比较大,表现为无磁性、弱磁性到中等磁性。火山岩和侵入岩的磁性特征总体上比较相似,表现出酸性岩→中性岩→基性岩→超基性岩磁性逐渐增高的特点;电阻率一般随镁铁质成分的增加而减小,即酸性岩→中性岩→基性岩电阻率逐渐减小。

火山岩磁性变化较大,磁化率为 $0 \sim 4\,069 \times 10^{-5}$,剩余磁化强度为 $0 \sim 3\,213 \times 10^{-3}$ A/m,电阻率为 $1\,740 \sim 88\,000$ Ω·m。侵入岩的磁性相对稳定,磁化率变化范围为 $0 \sim 4\,069 \times 10^{-5}$,剩余磁化强度变化范围为 $(25 \sim 7\,600) \times 10^{-3}$ A/m,极化率为 1.6%~3.0%,电阻率为 $1\,183 \sim 5\,480$ Ω·m。盆地及周缘地区的花岗岩类和闪长岩类磁性变化比较复杂,期次不同、岩性不同,其磁性也不同,即便是同期次、同岩性,其磁性也具较大的差异性。

通过以上分析可以发现,火山岩的物性既有共性,也有其各自的特殊性。要提高物性对火山岩的分辨能力,还是要具体地质问题具体分析,建立解决地质问题的物性与地质关系模型。因此,在进行重磁电资料处理与反演解释时,应分地质层位收集或采集大量岩石标本,开展密度、磁化率、电阻率与极化率测量,从统计分析的角度,建立重磁电物性与地层的对应关系,特别是重磁电物性的统一介面与岩石界面。

3.3　基于复电阻率的激电参数反演

3.3.1　基于贝叶斯算法的复 Cole-Cole 模型参数估计

常规的 Cole-Cole 模型参数估计是基于高斯-牛顿算法的,由于模型参数的非线性特征,从初值出发,算法通过上一次的估计结果更新雅可比矩阵进行迭代计算下一次的估计结果,最终估计结果高度依赖初值。无法保证全局最优是高斯-牛顿算法的主要局限。当考虑比 Cole-Cole 模型具有更多模型参数的复 Cole-Cole 模型时,高斯-牛顿算法更无法保证计算过程的有效性和估计结果的准确性。

目前,用于复 Cole-Cole 模型的全局优化算法包括贝叶斯算法、遗传算法、自适应正则化鲁棒算法等,这里介绍一种基于贝叶斯理论的马尔可夫链蒙特卡罗(Markov chain Monte Carlo,MCMC)算法(Jinsong et.al,2008)。MCMC 算法可以在概率空间通过随机采样估计参数的后验分布,在处理估计参数具有高维复杂分布函数的问题时具有明显优势。

1. 复 Cole-Cole 模型的参数估计

由于岩矿石的复杂性,特别是多种矿物混合时,单个 Cole-Cole 模型较难拟合实际观测的复电阻率曲线。通常用复电阻率的复 Cole-Cole 模型来进行反演与解释。复 Cole-Cole 模型由式(3.5)给出:

$$\rho(\omega) = \rho_0 \left\{ 1 - \sum_{l=1}^{L} m_l \left[1 - \frac{1}{1 + (\mathrm{i}\omega\tau_l)^{c_l}} \right] \right\} \tag{3.5}$$

式中:ω 为测量频率;L 为 Cole-Cole 模型的个数,通常为 $1 \sim 3$,其中 $L=1$ 时模型对

应 Cole-Cole 模型；模型 IP 参数 ρ_0、m_l、τ_l、c_l 分别为模型的零频电阻率、第 l 个 Cole-Cole 模型的极化率、时间常数和频率相关因子。

测量观测可以获得不同圆频率 ω_k 条件下的复电阻率值 $\rho(\omega_k)$，复电阻率值 $\rho(\omega_k)$ 通常为复数，可以通过实部和虚部表示：

$$\mathrm{Re}[\rho(\omega_k)] = \rho_0 \left[1 - \sum_{l=1}^{L} m_l \left(1 - \frac{R_l}{R_l^2 + I_l^2} \right) \right] \tag{3.6}$$

$$\mathrm{Im}[\rho(\omega_k)] = -\rho_0 \sum_{l=1}^{L} m_l \frac{I_l}{R_l^2 + I_l^2} \tag{3.7}$$

式中：$R_l = (\omega_k \tau_l)^{c_l} \cos(c_l \pi / 2) + 1$，$I_l = (\omega_k \tau_l)^{c_l} \sin(c_l \pi / 2)$；$k = 1, 2, \cdots, n$ 对应不同测量观测频点，n 为频点总数，通过观测数据对模型 IP 参数进行估计。

2. 贝叶斯理论

根据贝叶斯理论框架，建立需要求取的 IP 参数的后验分布，模型中 IP 参数服从一定规律的概率分布（先验信息），在给定观测数据概率的情况下后验分布为

$$P(A \mid B) = \frac{P(B \mid A)P(A)}{P(B)} \propto P(B \mid A)P(A) \tag{3.8}$$

式中：A 对应模型 IP 参数；B 对应给定观测数据。确定 IP 参数的后验分布需要知道 IP 参数的先验分布 $P(A)$ 及观测数据的似然函数 $P(B \mid A)$。

式（3.8）成立的前提是 $P(B) \neq 0$，考虑观测数据与理论模型存在误差，将实部与虚部误差分别作为模型参数引入并假设相对误差满足正态分布且实部与虚部误差相互独立，得到针对复 Cole-Cole 模型的贝叶斯模型：

$$P(\rho_0, m, b, c, u_{\mathrm{Re}}, u_{\mathrm{Im}} \mid \{\mathrm{Re}[\rho^{\mathrm{obs}}(\omega_k)], \ \mathrm{Im}[\rho^{\mathrm{obs}}(\omega_k)], \ k = 1, 2, \cdots, n\})$$

$$\propto \prod_{k=1}^{n} P(\mathrm{Re}[\rho^{\mathrm{obs}}(\omega_k)] \mid \rho_0, m, b, c, u_{\mathrm{Re}}) \times \prod_{k=1}^{n} P(\mathrm{Im}[\rho^{\mathrm{obs}}(\omega_k)] \mid \rho_0, m, b, c, u_{\mathrm{Im}}) \tag{3.9}$$

$$\times P(\rho_0, m, b, c, u_{\mathrm{Re}}, u_{\mathrm{Im}})$$

式中：m, b, c 分别为 $(m_1, m_2, \cdots, m_L), (\tau_1, \tau_2, \cdots, \tau_L), (c_1, c_2, \cdots, c_L)$；$u_{\mathrm{Re}}$ 和 u_{Im} 分别为模型电阻率与观测电阻率实部虚部相对误差的方差。实部相对误差满足：

$$\mathrm{e}_{\mathrm{Re}}^k = \frac{\mathrm{Re}[\rho^{\mathrm{obs}}(\omega_k)] - \mathrm{Re}[\rho(\omega_k)]}{\mathrm{Re}[\rho^{\mathrm{obs}}(\omega_k)]} \sim N(0, u_{\mathrm{Re}}) \tag{3.10}$$

根据实部相对误差，可以获得观测数据实部似然函数：

$$P_k^{\mathrm{Re}} = P\{\mathrm{Re}[\rho^{\mathrm{obs}}(\omega_k)] \mid \rho_0, m, b, c, u_{\mathrm{Re}}\}$$

$$= \sqrt{\frac{u_{\mathrm{Re}}}{2\pi}} \exp\left(-\frac{u_{\mathrm{Re}}}{2} \left(\frac{\mathrm{Re}[\rho^{\mathrm{obs}}(\omega_k)] - \mathrm{Re}[\rho(\omega_k)]}{\mathrm{Re}[\rho^{\mathrm{obs}}(\omega_k)]} \right)^2 \right) \tag{3.11}$$

同理可得到观测数据虚部似然函数：

$$P_k^{\mathrm{Im}} = P(\mathrm{Im}[\rho^{\mathrm{obs}}(\omega_k)] \mid \rho_0, \boldsymbol{m}, \boldsymbol{b}, \boldsymbol{c}, u_{\mathrm{Im}})$$

$$= \sqrt{\frac{u_{\mathrm{Im}}}{2\pi}} \exp\left(-\frac{u_{\mathrm{Re}}}{2} \left(\frac{\mathrm{Im}[\rho^{\mathrm{obs}}(\omega_k)] - \mathrm{Im}[\rho(\omega_k)]}{\mathrm{Im}[\rho^{\mathrm{obs}}(\omega_k)]} \right)^2 \right) \tag{3.12}$$

模型参数的先验分布 $P(\rho_0, m, b, c, u_{\text{Re}}, u_{\text{Im}})$ 需要通过模型相关的理论获得，在 IP 参数估计上，模型参数相互独立，先验信息中 ρ_0, m, b, c 分别服从均匀分布 $U(a,b)$（b 在对数意义下服从均匀分布），$u_{\text{Re}}, u_{\text{Im}}$ 服从伽马分布 $\Gamma(\alpha, \lambda)$。

3. MCMC 采样

从复杂的高维联合概率分布中进行抽样需要结合 MCMC 方法，MCMC 方法允许通过简单的条件概率分布抽样出发逐渐实现复杂的联合概率分布抽样，因此，在复 Cole-Cole 模型参数估计中只需计算各参数的条件概率函数，即可实现对贝叶斯模型的采样并判断其稳定性。

分别对模型参数进行后验分布的计算，可以得到

$$\begin{cases} P(\rho_0 \mid \cdot) \propto P(\rho_0) N(\mu^*, u^*) \\ P(m \mid \cdot) \propto P(m) \prod_{k=1}^{n} P_k^{\text{Re}} P_k^{\text{Im}} \\ P(b \mid \cdot) \propto P(b) \prod_{k=1}^{n} P_k^{\text{Re}} P_k^{\text{Im}} \\ P(c \mid \cdot) \propto P(c) \prod_{k=1}^{n} P_k^{\text{Re}} P_k^{\text{Im}} \\ P(u_{\text{Re}} \mid \cdot) \propto \Gamma(\alpha + 0.5n, \lambda + 0.5 S_{\text{Re}}) \\ P(u_{\text{Im}} \mid \cdot) \propto \Gamma(\alpha + 0.5n, \lambda + 0.5 S_{\text{Im}}) \end{cases} \quad （3.13）$$

式中

$$u^* = u_{\text{Re}} \sum_{k=1}^{n} \left(\frac{\text{Re}[\rho(\omega_k) / \rho_0]}{\text{Re}[\rho^{\text{obs}}(\omega_k)]} \right)^2 + u_{\text{Im}} \sum_{k=1}^{n} \left(\frac{\text{Im}[\rho(\omega_k) / \rho_0]}{\text{Im}[\rho^{\text{obs}}(\omega_k)]} \right)^2$$

$$\mu^* = \frac{1}{u^*} \left(u_{\text{Re}} \sum_{k=1}^{n} \frac{\text{Re}[\rho(\omega_k) / \rho_0]}{\text{Re}[\rho^{\text{obs}}(\omega_k)]} + u_{\text{Im}} \sum_{k=1}^{n} \frac{\text{Im}[\rho(\omega_k) / \rho_0]}{\text{Im}[\rho^{\text{obs}}(\omega_k)]} \right)$$

$$S_{\text{Re}} = \sum_{k=1}^{n} \left(\frac{\text{Re}\left[\rho^{\text{obs}}(\omega_k)\right] - \text{Re}\left[\rho(\omega_k)\right]}{\text{Re}\left[\rho^{\text{obs}}(\omega_k)\right]} \right)^2$$

$$S_{\text{Im}} = \sum_{k=1}^{n} \left(\frac{\text{Im}[\rho^{\text{obs}}(\omega_k)] - \text{Im}[\rho(\omega_k)]}{\text{Im}[\rho^{\text{obs}}(\omega_k)]} \right)^2$$

在计算过程中选择先验分布具体参数：

$$P(\rho_0) \propto U(1, 1\,000)$$
$$P(m_l) \propto U(0,1)$$
$$P(\log(\tau_l)) \propto U(-5,5) \text{或} U(-5,0)$$
$$P(c_l) \propto U(0,1)$$
$$P(u_{\text{Re}}) \propto \Gamma(0.001, 0.001)$$
$$P(u_{\text{Im}}) \propto \Gamma(0.001, 0.001)$$

即可进行 MCMC 采样。由于条件概率分布自动满足细致平稳条件，直接采用 Gibbs 采样，采样步骤如下。

（1）通过先验分布产生参数初值 $\rho_0^{(0)}, m^{(0)}, b^{(0)}, c^{(0)}, u_{\text{Re}}^{(0)}, u_{\text{Im}}^{(0)}$，$t = 1$。

（2）根据 $m^{(t-1)}, b^{(t-1)}, c^{(t-1)}, u_{\text{Re}}^{(t-1)}, u_{\text{Im}}^{(t-1)}$ 从后验分布 $P(\rho_0 | \cdot)$ 抽取 $\rho_0^{(t)}$。

（3）根据 $\rho_0^{(t)}, b^{(t-1)}, c^{(t-1)}, u_{\text{Re}}^{(t-1)}, u_{\text{Im}}^{(t-1)}$ 从后验分布 $P(m | \cdot)$ 抽取 $m^{(t)}$。

（4）根据 $\rho_0^{(t)}, m^{(t)}, c^{(t-1)}, u_{\text{Re}}^{(t-1)}, u_{\text{Im}}^{(t-1)}$ 从后验分布 $P(b | \cdot)$ 抽取 $b^{(t)}$。

（5）根据 $\rho_0^{(t)}, m^{(t)}, b^{(t)}, u_{\text{Re}}^{(t-1)}, u_{\text{Im}}^{(t-1)}$ 从后验分布 $P(c | \cdot)$ 抽取 $c^{(t)}$。

（6）根据 $\rho_0^{(t)}, m^{(t)}, b^{(t)}, c^{(t)}, u_{\text{Im}}^{(t-1)}$ 从后验分布 $P(u_{\text{Re}} | \cdot)$ 抽取 $u_{\text{Re}}^{(t)}$。

（7）根据 $\rho_0^{(t)}, m^{(t)}, b^{(t)}, c^{(t)}, u_{\text{Re}}^{(t)}$ 从后验分布 $P(u_{\text{Im}} | \cdot)$ 抽取 $u_{\text{Im}}^{(t)}$。

（8）令 $t = t+1$，如果 $t > T$，停止循环，否则回到步骤（2），其中 T 为最大循环次数。

由此每个参数可以产生一条长度为 T 的马尔可夫链，参数链后端（约 $0.5\,T$）应满足高维联合密度分布 $P(\rho_0, m, b, c, u_{\text{Re}}, u_{\text{Im}} | \{\text{Re}[\rho^{obs}(\omega_k)], \text{Im}[\rho^{obs}(\omega_k)],\ k = 1, 2, \cdots,\ n\})$ 的抽样结果，进而对各模型参数进行统计分析，可以得到参数估计的结果。

判断参数链收敛的方法采用比率诊断法。根据随机初值产生 m 条以上的马尔可夫链，记录各链的方差估计结果，计算方差的均值 W 和链间方差 B，按式（3.14）计算：

$$R = \sqrt{\frac{(m-1)W / m + B / m}{W}} \qquad (3.14)$$

R 值趋于 1，表明 MCMC 算法收敛比较稳定，通常 $R < 1.2$，表明收敛性好，否则需要增大模拟次数，增加链的长度。

4. 模拟测试

将已知参数的理论数据作为观测数据进行后验分布测算，可以获得参数的马尔可夫链并进行统计，估计结果，与已知参数进行对比。

通过已知模型参数建立 $0.01 \sim 10^4\,\text{Hz}$ 频段的观测数据进行测试，其中 $T = 40\,000$，观测数据在实部和虚部引入 2% 的随机误差，可以获得各参数马尔可夫链。以时间常数为例，图 3.3 为 τ_1、τ_2 在 MCMC 算法抽样下的参数链，可以看到数据在初值附近振动后，迅速收敛稳定在理论值附近。

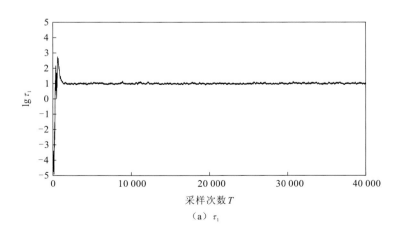

（a）τ_1

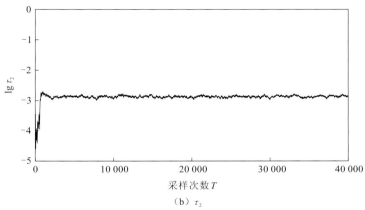

（b）τ_2

图 3.3 τ_1、τ_2 在 MCMC 算法抽样下的参数链

观测参数和估计参数结果见表 3.2，图 3.4 是观测数据与估计参数后的数据对比，综合了参数估计和实部、虚部拟合的结果。从结果来看，基于 MCMC 算法对高维问题参数估计具有较好的估计结果，可有效应用于复 Cole-Cole 模型的参数估计。

表 3.2   观测数据实际参数与估计参数

类型	$\rho_0/$（Ω·m）	m_1	m_2	τ_1/s	τ_2/s	c_1	c_2
观测参数	200.00	0.100 0	0.500 0	1.000 0	0.001 00	0.500 0	0.800 0
估计参数	199.86	0.103 0	0.485 2	1.003 0	0.001 38	0.508 4	0.803 4

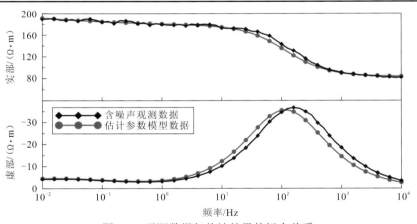

图 3.4   观测数据与估计结果的拟合关系

3.3.2   基于 GEMTIP 模型的激电参数估计

1. 激电参数估计方法

基于简化后的 GEMTIP 复电阻率模型公式（Zhdanov，2006）可以转换为电导率模型：

$$\sigma_e = \sigma_0 M_0 \left\{ 1 + \sum_{l=1}^{N} \eta_l \left[1 - \frac{1}{i\omega\tau_l + 1} \right] \right\} \qquad (3.15)$$

式中：$M_0 = 1 - \sum_{l=1}^{N} \dfrac{3}{2} f_l$，$\eta_l = \dfrac{f_l}{M_0} \dfrac{9\sigma_l}{4\sigma_0 + 2\sigma_l}$，$\tau_l = \dfrac{a_l}{2\alpha_s^l} \left(\dfrac{2}{\sigma_l} + \dfrac{1}{\sigma_0} \right)$。其形式与谱 Debye 模型一致，可以通过德拜分解（Debye decompo，DD）反演方法得到模型参数。

式（3.15）中，记 $a_l(\omega) = \dfrac{\tau_l(\mathrm{i}\omega)}{\tau_l(\mathrm{i}\omega) + 1}$，$y(\omega) = \dfrac{\sigma_e(\omega)}{\sigma_0 M_0} - 1$ 可得线性关系式：

$$\sum_{l=1}^{N} a_l(\omega)\eta_l = y(\omega) \tag{3.16}$$

根据测量频段数据得到一系列数据，对应于 $y(\omega_m)$，可得到以 η_l 为未知数的线性方程组 $\boldsymbol{A\eta} = \boldsymbol{Y}$，式中

$$\boldsymbol{A} = \begin{bmatrix} a_1{}'(\omega_1) & \cdots & a_N{}'(\omega_1) \\ \vdots & & \vdots \\ a_1{}'(\omega_m) & \cdots & a_N{}'(\omega_m) \\ a_1{}''(\omega_1) & \cdots & a_1{}''(\omega_1) \\ \vdots & & \vdots \\ a_1{}''(\omega_m) & \cdots & a_N{}''(\omega_m) \end{bmatrix}; \quad \boldsymbol{\eta} = \begin{bmatrix} \eta_1 \\ \eta_2 \\ \vdots \\ \eta_N \end{bmatrix}; \quad \boldsymbol{Y} = \begin{bmatrix} y'(\omega_1) \\ \vdots \\ y'(\omega_m) \\ y''(\omega_1) \\ \vdots \\ y''(\omega_m) \end{bmatrix}$$

$a_l{}'(\omega_m) = \mathrm{Re}[a_l(\omega_m)]$；$a_l{}''(\omega_m) = \mathrm{Im}[a_l(\omega_m)]$；$y'(\omega_m) = \mathrm{Re}[y(\omega_m)]$；$y''(\omega_m) = \mathrm{Im}[y(\omega_m)]$

通过求解方程组 $\boldsymbol{A}^{\mathrm{T}}\boldsymbol{A\eta} = \boldsymbol{A}^{\mathrm{T}}\boldsymbol{Y}$，$\eta_l > 0$，$l = 1, 2, \cdots, N$，可以获得对应的一系列 τ_l 和 η_l。

实际计算过程中，直流电导率 $\sigma_0 M_0$ 可以通过直流测量获得，也可以通过迭代赋值 $b\sigma_e[\min(\omega_m)]$，$b < 1$，去除低频成分（高时间常数）获得有效的直流电导率：

$$\sigma_0 M_0 = \dfrac{b\sigma_e[\min(\omega_m)]}{1 - \eta_H} \tag{3.17}$$

式中：$\eta_H = \sum_{\tau_l \in \Gamma_H} \eta_l$，$\Gamma_H = (\tau_H, \infty)$。计算得到的时间常数谱 τ_l 及其对应的极化率 η_l，可以提取 Cole-Cole 模型等效的独立参数，但需要在固定的频率范围内，即定义实验中考虑的激发极化频率对应的时间常数谱区间 $\Gamma_{\mathrm{IP}} = (\tau_L, \tau_H)$。由此获得对应的激发极化等效极化率及等效时间常数：

$$\eta_{\mathrm{IP}} = \sum_{\tau_l \in \Gamma_{\mathrm{IP}}} \eta_l, \quad \tau_{\mathrm{IP}} = \exp\left[\sum_{\tau_l \in \Gamma_{\mathrm{IP}}} \dfrac{\eta_l \ln(\tau_l)}{\eta_{\mathrm{IP}}} \right] \tag{3.18}$$

结合去除低频成分后的直流电导率 $\sigma_0 M_0 = \sigma_e(\omega_m)/(1 - \eta_L)$，获得岩石 IP 参数。DD 反演方法流程图如图 3.5 所示。

2. 参数估计误差分析

在只考虑单一极化的情况下，DD 反演方法的参数估计效果较好。图 3.6 为基于理论模型的参数估计拟合结果，其中蓝色圆点为原始数据，红十字为增加 5%噪声后的数据，红色线为基于噪声数据进行参数估计后的拟合曲线。原始数据及参数估计结果见表 3.3。从图 3.6 中的参数估计相对误差结果看出，拟合曲线可以有效表征原始数据，反演方法的抗噪效果显著。这一结论也可以通过表 3.3 中数值模拟的结果得到验证。

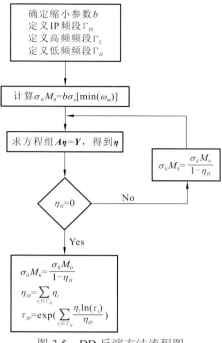

图 3.5 DD 反演方法流程图

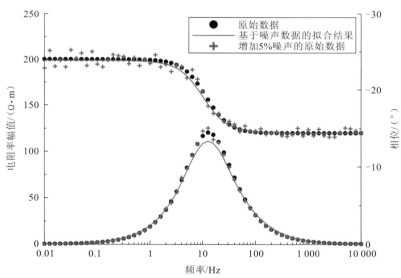

图 3.6 基于理论模型的参数估计拟合示意图

表 3.3 参数估计误差表

复电阻率参数	原始数据	基于原始数据的估计	原始数据估计相对误差/%	基于噪声数据的估计	噪声数据估计相对误差/%
零频电阻率/（Ω·m）	200.00	199.90	−0.050	198.79	−0.603
极化率	0.400 0	0.399 7	−0.082	0.396 3	−0.936
时间常数/s	0.0159 2	0.015 85	−0.400	0.015 85	−0.390

3.4 渗透率预测方法

储层因素包括储层的岩性、物性、含油气性和流体性质。储层因素体现在储层参数上包括孔隙度、渗透率、孔隙结构、次生孔隙度、含油气饱和度、泥质含量等。通常，储层定量评价主要是依据测井和地震资料。测井方法有一定的局限性，而地震方法则成本高昂。电磁勘探方法能经济有效地探测储层的电性参数（电阻率和极化率等），可通过电阻率和极化率等参数实现对储层的评价。特别是在解决低孔低渗岩石的渗透率预测方面，激电参数可以发挥重要作用，为非常规油气储层评价、高效开采提供重要的参数依据。

岩石的渗透率包括沉积时因孔隙连通性造成的原生渗透率和因构造作用形成的裂缝，以及因断层引起的次级渗透率。一旦岩石被压实或经受高温，原生渗透率通常得不到保留。因此，非常规油气与地热储层通常依靠次生渗透率来获得足够的流量用于油气和热能的开发（Cumming，2009；Barton et al.，1998）。当电导率的提高可以归因于裂缝中所含的流体时，就有可能利用电阻率来估计渗透率。即首先在多孔介质中通过使用阿奇公式来确定孔隙度（Glover，2010；Archie，1942），然后通过诸如Kozeny-Carman 关系模型获得渗透率。然而，对于低孔低渗的非常规油气致密储层，孔隙度、渗透率与电阻率关系表现为较强的非线性关系，此时应用常规的阿奇公式和Kozeny-Carman 关系模型研究孔隙度、电阻率与渗透率的关系已不适用。Weller 等（2015）研究发现，致密岩石的 IP 现象与渗透率密切相关，其复电阻率的虚部与岩石孔隙比面高度相关。长江大学岩石物理实验室以高温高压岩石物理实验系统（AutoLab1000）为手段，通过测量致密岩石的复电阻率的振幅与相位，反演获取岩石的激电参数。以激发极化理论为指导，提出一种基于修正 GEMTIP（MGEMTIP）模型的致密岩石极化率预测渗透率的方法。该方法利用修正 GEMTIP 模型中扰动介质与电极不连通的假设与实际岩石流体存在渗透特性的差异，通过理论极化率、测量极化率与岩石渗透率建立半定量关系，结合地区岩石的实验结果，确定关系式中的待定参数，形成针对研究区的致密储层渗透率预测方法。

3.4.1 MGEMTIP 模型的极化率

1. MGEMTIP 模型

考虑 GEMTIP 模型的边界为低阶近似（采用无边界条件的格林函数），格林函数对第二类边界条件在低频极限为 0 的存在性问题（极限条件的自洽），结合非常规油气致密储层的电性特征，通过改变边界极化因子得到 MGEMTIP 模型。MGEMTIP 模型与GEMTIP 模型参数对比见表 3.4。

表 3.4　GEMTIP 模型与 MGEMTIP 模型参数对比

参数	GEMTIP 模型	MGEMTIP 模型
表面极化因子	$k_l=\alpha_l(\mathrm{i}\omega\tau_l)^{-C_l}$	$k_l=\alpha_l[1+(\mathrm{i}\omega\tau_l)^{C_l}]^{-1}$
电阻率频散公式（$C_l=1$）	$\rho_e=\rho_0\left\{1+\sum\limits_{l=1}^{N}\eta_l\left[1-\dfrac{1}{(\mathrm{i}\omega\tau_l)+1}\right]\right\}^{-1}$	$\rho_e=\dfrac{\rho_0}{M_0}\left\{1+\sum\limits_{l=1}^{N}\eta_l\left[1-\dfrac{1}{(\mathrm{i}\omega\tau_l)+1}\right]\right\}^{-1}$
零频率电阻率	$\rho_e=\rho_0$	$\rho_e=\dfrac{\rho_0}{M_0}$
极化率	$\eta=\sum\limits_{l=1}^{N}\eta_l=\sum\limits_{l=1}^{N}f_l\dfrac{3(\rho_0-\rho_l)}{2\rho_l+\rho_0}$	$\eta=\sum\limits_{l=1}^{N}\eta_l=\sum\limits_{l=1}^{N}f_l\dfrac{9\rho_0}{4\rho_l+2\rho_0}$
时间常数	$\tau_l=\dfrac{a_l}{2\alpha_l}(2\rho_l+\rho_0)$	$\tau_l=\dfrac{a_l}{2\alpha_l}(2\rho_l+\rho_0)$

注：ρ_0 和 ρ_l 分别为背景介质及第 l 种扰动介质的电阻率；a_l 为第 l 种扰动介质的球体半径；f_l 为第 l 种扰动介质的体积含量；$M_0=1-\dfrac{3}{2}\sum\limits_{l=1}^{N}f_l$；$\alpha_l$ 为面极化系数；$\omega=2\pi f$ 为圆频率；C_l 为频率相关系数，$C_l=1$ 对应 Debye 模型，$C_l<1$ 的情况可以通过一系列 Debye 模型线性组合逼近。

MGEMTIP 模型的优势包括以下几个方面。

（1）有效改善 GEMTIP 模型无法描述存在高阻扰动体时的岩石频散特性，两种模型频散关系如图 3.7 所示。

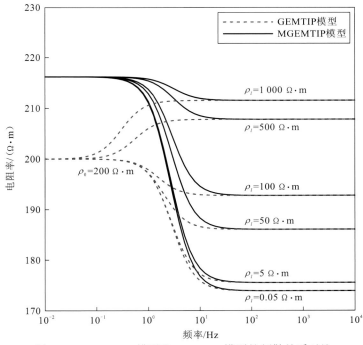

图 3.7　MGEMTIP 模型和 GEMTIP 模型的频散关系对比

（2）修正模型零频率电阻率包含了边界效应下不连通扰动体充当绝缘体的特性，即使扰动体为高导介质。

（3）高导扰动介质提供的极化率 $\eta_l \approx 9f_l/2$，与其他相关研究结论相符。

 2. 理论极化率与实测极化率分析

根据表 3.4，只要知道岩石骨架电阻率（背景电阻率）、所含矿物颗粒电阻率和矿物组分的体积分数，就可计算出理论极化率。激电模型假设介质不具有流动性，且空间独立与电极不连通，而实际岩石中，孔隙流体具有一定的连通性，会破坏模型假设，使实际岩石极化特性降低，这导致理论极化率与实测极化率存在差异。显然，差异大小与渗透率有关。

图 3.8 给出了岩石中存在多种介质的分布情况。MGEMTIP 模型中的扰动介质与导电介质构成的边界存在封闭性（考虑的等效介质不存在外边界或不与外边界相连），而实际岩石样品在测量过程中存在确定结构的外边界并与测量电极直接相连，实际岩石除了包含理论模型的悬浮结构，还存在与电极连通的连续分布。

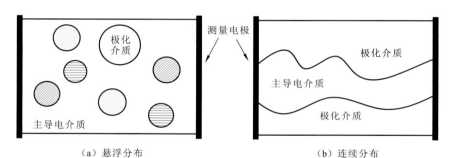

（a）悬浮分布　　　　　　　　　　　　　　　（b）连续分布

图 3.8　岩石中存在的多种介质分布情况

与理论模型提供的极化率不同，除去符合模型假设的胶体悬浮模型[图 3.8（a）]，实际岩石也存在宏观的裂隙或连通较好的孔隙[图 3.8（b）]，使一部分理论极化率消失或无法被测量（极化频段低于 0.01 Hz）。在 MGEMTIP 模型中，介质内不存在流动性，即对应零渗透率的情况。与砂岩等常规储层具有高渗透率相比，页岩等致密岩石内部更符合 MGEMTIP 模型。因此，实测极化率通常低于理论极化率，两者的相对差异是孔隙渗透能力的一种表征。这就是基于极化率进行渗透率预测的理论基础。

3.4.2　基于激电参数的储层渗透率预测方法

 1. 极化率与渗透率的定量关系

基于上述分析，致密砂岩、含金属页岩等低孔低渗岩石中的导电及极化介质更符合悬浮分布模型，而岩石中少量连续分布的结构（产生渗透能力）可以视为实际岩石对理论模型的一种扰动，这种扰动可以有效判别低孔低渗含金属岩石渗透率大小。因此，提出一个半经验的渗透率预测公式：

$$k^* = k_0 \left(\frac{\eta_\mathrm{t}}{\eta_\mathrm{e}} - 1 \right)^{T_0} \qquad (3.19)$$

式中：η_t 与 η_e 分别为测量岩石的理论极化率与实测极化率；k_0、$T_0 > 0$ 分别为岩石特征渗透率和特征指数，通过实验确定。实测极化率与理论极化率相近时 $\frac{\eta_\mathrm{t}}{\eta_\mathrm{e}} \to 1$，岩石渗透率 $k \to 0$，岩石接近无联通假设的理论状态；实测极化率极小时 $\frac{\eta_\mathrm{t}}{\eta_\mathrm{e}} \to +\infty$，岩石渗透率 $k \to +\infty$，岩石接近全连通（无极化）的极限状态。

针对预测公式的相对误差分析，考虑理论与实测极化率对预测渗透率的影响，对式（3.19）求全微分，得到相对误差关系：

$$\frac{\delta k^*}{k^*} = \frac{T_0 \delta \eta_\mathrm{t}}{\eta_\mathrm{t} - \eta_\mathrm{e}} + \frac{-T_0 \eta_\mathrm{t} \delta \eta_\mathrm{e}}{(\eta_\mathrm{t} - \eta_\mathrm{e}) \eta_\mathrm{e}} \qquad (3.20)$$

由式（3.20）可知：当 $\eta_\mathrm{e} \to 0$ 或 $\eta_\mathrm{t} - \eta_\mathrm{e} \to 0$ 时，预测渗透率相对误差会迅速放大；当 $\eta_\mathrm{e} \to 0$ 时对应较大的岩石渗透率，公式失效；$\eta_\mathrm{t} - \eta_\mathrm{e} \to \infty$ 时对应极小的岩石渗透率，相对误差来源于渗透率 $k^* \to 0$。由此可得，式（3.20）对中低孔低渗岩石的渗透率预测精度更高。

2. 预测公式参数的确定

式（3.19）中，需要计算或确定的参数包括岩石理论极化率 η_t、测量极化率 η_e、特征渗透率 k_0 和特征指数 T_0。

岩石实测极化率 η_e 可通过实验测量数据和 3.3.2 小节 DD 反演方法求取实测极化率，实验测量的温度、压力环境与岩石孔渗测量的温压环境一致，保证岩石在结构上的一致性。

原则上准确描述岩石理论极化率 η_t 需要完整的岩石空间结构、矿物组成及各空间介质的电性特征。基于 MGEMTIP 模型，高阻扰动体相对低阻扰动体提供的极化效应极小，同时考虑扰动介质含量较少的情况下，理论极化率可以近似为

$$\eta = \sum_{l=1}^{N} \frac{f_l}{M_0} \frac{9 \rho_0}{4 \rho_l + 2 \rho_0} \approx \sum_{l=1}^{N} \frac{9}{2} f_l \qquad (3.21)$$

式中：f_l 为低阻扰动介质相对导电介质的体积分数。

虽然式（3.21）只包含体积分数，但确定这一体积分数需要先确定各导电介质与扰动介质的空间与边界相关性。导电介质考虑岩石孔隙度及组分分析，结合饱和溶液前后电阻率变化，判断岩石主导电介质（前后变化小，主导电介质为连通导电矿物；前后变化大，主导电介质为孔隙流体），考虑饱和岩石内具有低阻特性的三种组分：黏土矿物、黄铁矿、孔隙溶液。极化介质主要考虑相对导电介质存在接触的低阻介质（比导电介质电阻更低或相近）。f_l 考虑相应的导电介质与极化介质的空间相关性。f_l 通常难以准确获得，借助电镜扫描或数字岩性技术可以对岩石内导电介质与介质间的相关性进行估计。

特征渗透率 k_0 和特征指数 T_0 可通过对研究区一定数量的岩样进行测试，统计分析并拟合确定。

3. 渗透率预测技术方案

1）岩心预处理

对研究区岩石进行采样，获取致密岩心若干。对岩心进行洗油、洗盐、干燥，测量几何参数（直径、高度）、干燥电阻率。对部分典型样品进行组分分析、电镜扫描、孔渗测量。

2）岩心复电阻率测试

对岩石进行饱和加压，采用溶液为确定电阻率的 NaCl 溶液，在孔渗测试相同的温压条件下进行复电阻率测试，获得岩石 $10^{-2}\sim10^4$ Hz 频段复电阻率频散曲线。

3）测量极化率 η_e 获取

通过基于 MGEMTIP 模型的反演步骤，得到激发极化频段对应的测量极化率 η_e。

4）理论极化率 η_t 获取

MGEMTIP 模型理论极化率在小体积扰动的情况下，可表示为

$$\eta_t = \sum_{l=1}^{N} \frac{f_l}{M_0} \frac{9\rho_0}{4\rho_l + 2\rho_0} \approx f_c \frac{9\rho_b}{4\rho_c + 2\rho_b} \qquad (3.22)$$

式中：下标 c 为主极化界面的介质；下标 b 为主导电的介质。为确定理论极化率，需要确定主导电介质的电阻率、主极化界面的电阻率及极化介质相对导电介质的组分。

（1）主导电介质。结合岩石孔隙度数据及组分分析结果，结合饱和溶液前后电阻率变化，判断岩石主导电介质（前后变化小，主导电介质为连通导电矿物，前后变化大，主导电介质为孔隙流体），考虑饱和岩石内具有高导特性的三种组分：黏土矿物、黄铁矿、孔隙溶液。

（2）主极化介质。提供有效极化率的极化介质电阻率需比主导电介质小或相近，由此考虑的极化介质主要为岩石内不连通的高导矿物或溶液，同时极化介质需要与导电介质间存在接触界面。

（3）极化体组分。在组分分析完成后，结合电镜结果对扰动体组分进行分析。如果极化介质与导电介质空间信息弱相关（例如流体与高导矿物），在均匀意义下，极化体组分为整体空间组分 $f_c = V_c / \sum_l V_l = V_c$，$V_l$ 为第 l 种介质的体积含量。如果极化介质与导电介质空间信息强相关，极化体组分约为 $f_c = V_c / V_b$。若岩石内提供极化率的介质不止一种且体积分数相近，考虑多种极化介质的极化率叠加 $\eta_t = \sum_n \eta_{tn}$。

综合组分信息、干燥饱和电阻率变化和电镜信息中各矿物相关性，可得到理论极化率 η_t。

5）特征渗透率 κ_0 获取

对研究区 N 块岩石进行常规渗透率测量，获得一系列真渗透率 κ^i，结合相同条件下测量的测量极化率 η_e^i 及理论极化率 η_t^i，通过线性估计函数

作用，岩层发生了剧烈形变，且发育多个滑脱层。盆地东南缘的七耀山背斜滑脱层最深可达下震旦统底部。

多层滑脱叠加区：位于盆地南缘，它是由北东向、南北向和东西向展布的三组构造所组成的三角区。北东向和南北向的中高陡背斜是华蓥山构造带呈帚状撒开向南延伸的部分，该区南北向和北东向构造褶皱减弱，并与东西向的构造在平面上组成构造的横跨，呈"十"字形叠加。据研究，南北向和北东向构造形成时期早于东西向的构造。多层滑脱叠加区缺失中下三叠统的膏盐层，有别于前述深浅层的构造叠置。

2）川中平缓褶皱带

川中平缓褶皱带是指龙泉山深断裂带以东，华蓥山深断裂带以西，北抵大巴山、米仓山山前带，南抵乐山—宜宾的菱形断褶区，面积约 $8×10^4$ km，是扬子地台区残留的最稳定的地块区，与内蒙古自治区鄂尔多斯地块相似。该带大部位于川中加里东古隆起上。由于结晶基底固化程度高，盖层中滑脱层不发育，特别是盆缘地区水平地应力传递到此时，已是强弩之末，故盖层受力弱，形成的构造极为平缓，一般倾角只有 $1°～5°$，褶皱幅度为几十米至三百米，多属低平构造；断层少，构造定向性差；盐拱作用产生构造纵向变异，地下存在多个潜伏构造；局部地区因受深层地应力作用，形成了基底卷入式褶皱。该带构造分区如下。

盐拱区位于川北凹陷区。由膏盐层的局部加厚所形成的盐拱构造，含膏盐层系局部厚达千余米，膏盐层下伏层段无构造显。地表除邻近大巴山前缘受其影响，构造轴线有一定方向外，其余规律性差，且深、浅层轴线不一致。

平缓褶曲区由川中隆起和威远凸起构成。基底由固化程度高、磁性强、层速度大的太古界组成，地质历史上较长时期处于相对隆起部位，缺失地层多，滑脱层不发育，加之受力较弱，形成了一些低丘状或弯隆状的十分平缓的简单褶皱构造及局部地区的盐拱构造。

平缓滑褶区主体为自流井凹陷，与前两区的共同点是发育了一些低缓的弯隆或短轴背斜。此区与前两区的差别在于构造方向性强，形成了一组北东向展布的构造；局部构造普遍发育一些小型逆冲断层，伴生一系列褶皱；三叠系膏盐层不发育，下奥陶统的泥质岩较发育，形成褶皱滑脱层。

3）川西中、低背斜带

川西中、低背斜带位于龙门山推覆构造前缘，主要受龙门山推覆带的影响，形成了一系列大致与之呈平行的北东向展布的构造，这些构造中大多数为低缓背斜，少数为褶皱较强的背斜。该带紧靠龙门山推覆带，晚三叠世至第四系持续沉降，陆相地层厚度巨大，滑脱层埋藏深，变形强度相对较弱，主要发育简单褶曲。

2. 盆地断裂构造

前人根据四川盆地重、磁物探资料，联系区域地质划出数十条深断裂（包括岩石圈断裂、基底断裂和盖层断裂），这些断裂除控制盆地边缘的龙门山、荣经—沐川、七耀山和城口等断裂因后期错动有大的断距外，在盆地内部一般均未见到基底落差大的可信断裂，多表现在地球物理场异常上。深断裂按走向可划分为北东向、北西向和南北向三组[图 4.3，魏继生（2005）]，下面将主要断裂分述如下。

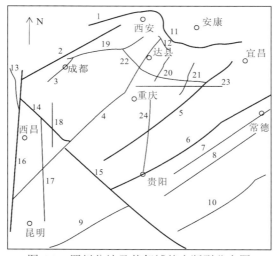

图 4.3　四川盆地及其邻域基底断裂分布图

1.阳平关断裂；2.龙门山断裂；3.龙泉山断裂；4.华蓥山—宁会断裂；5.七曜山断裂；6.贵阳断裂；7.施洞口断裂；8.革东断裂；9.南盘山断裂；10.三江断裂；11.城口断裂；12.万源断裂；13.鲜水河断裂；14.峨眉—瓦山断裂；15.垭都—紫云断裂；16.安宁河断裂；17.甘洛—小江断裂；18.峨眉—金阳断裂；19.浦江—通江断裂；20.明月山断裂；21.方斗山断裂；22.广元—利川断裂；23.合川—利川断裂；24.綦江断裂

1）北东向深断裂

龙门山断裂带为盆地西缘边界断裂岩石圈断裂，在各种地球物理场上均有明显的异常。中三叠世以前为扬子板块西缘被动大陆边缘上的正断层，印支运动之后由于扬子板块向青藏板块推挤才发生反转成为逆断层。后期变形显著，形成国内有名的推覆和滑覆构造带，控制后期盆地内沉积盖层由西向东发育。

龙泉山—三台—巴中—镇巴断裂带主要是根据川中正磁异常与川西负磁异常特征划分出来的，没有明显的基底错断，但它是控制中生代川西前陆盆地发育的一条重要边界。

键为—安岳断裂位于川中地区的南端，在航磁上作为划分大足和乐至二个磁力高的界线，位于威远构造的南翼，对乐山—龙女寺古隆起的形成和威远构造后期的变形有控制作用。

华蓥山断裂带在航磁上处于川中南充正高异常向川东负异常的剧变带上，重力场上处于北东向大足重力高向川东重力低过渡带上，在石油地震剖面上因地表影响常为反射空白区，但通过川中和川东震旦系对比，未见有明显的落差。这条断裂带在后期地史上较活跃，澄江运动期有火山岩喷发，晚二叠世有玄武岩喷溢，中生代成为川东断褶带和川中平缓构造区的分界线。断裂带的南端可能存在南北向分支断裂。

七耀山断裂带一般作为划分四川盆地东界岩石圈断裂，地球物理场上两侧有明显的差异，地学断面上可见岩石因被断裂错开，但基底断裂并无明显落差现象。

2）北西向深断裂

荣经—沐川断裂带为盆地西南缘的边界断裂岩石圈断裂，可能作为早古生代分割康滇南北向古隆起和北东向乐山—龙女寺古隆起的分隔断裂。

乐山—宜宾断裂平行于荣经—沐川断裂带，对后期天宫堂等北西向构造变形有控制作用。

什郁—隆昌断裂作为后期分隔自流井拗陷和川中隆起的边界。

三台—潼南断裂在其西北端作为划分川西拗陷和川北拗陷的边界。

南部—大竹断裂在川中控制川中隆起和力北拗陷的分界，在川东可能为后期雷音铺和梁平等构造上玄武岩喷发的通道。

城口断裂带是东秦岭地槽褶皱带与扬子古板块的分界断裂（岩石圈断裂），也是大巴山褶皱带向盆地内活动的冲断带。

3）南北向深断裂

綦江断裂带为划分川东与川南的分界断裂。它与东邻的南川断裂构成川黔断裂带，与大凉山地区南北向川滇断裂带对应。

另外在盆地内还发育有很多与上述深断裂相伴生的次级断裂和盖层断裂，但各地区断裂的表现形式和分布密度也是有差异的。例如在川东地区断裂主要以逆断层的形式表现出来，且密度大，而在川中地区则以隐伏断裂的形式表现出来，且密度小。

3. 盆地演化

四川盆地位于扬子准地台的西北部，介于龙门山—大巴山台缘拗陷与滇黔川鄂台褶带之间，盆地呈北东向菱形展布。四川盆地属扬子准地台的一部分，是中生代发育起来的大型内陆盆地，也是一个周边被构造活化了的克拉通盆地，其形成时间为晚三叠世至新生代。四川盆地西缘为龙门山前陆推覆冲断带，北缘为大巴山前陆推覆冲断带。因此，受特提斯构造域和太平洋构造域的双重交替影响，中新生代四川盆地不是单一的前陆盆地，而是扬子地台内克拉通盆地与前陆盆地叠合的复合前陆盆地。其中，川中隆起可视为前陆盆地中的一个共有的前隆。根据地质构造演化特点及其作用，四川盆地演化主要经历 5 个阶段，即基底形成阶段、内陆克拉通阶段、前陆盆地阶段、拗陷盆地阶段及构造盆地阶段（刘建华 等，2005）。四川盆地地质演化见表 4.2。

表 4.2 四川盆地地质演化

地质年代	构造旋回	盆地演化阶段		主要地质构造事件
新生代	喜马拉雅运动	构造盆地		大面积隆升、剥蚀，形成略向南东倾斜的夷平面，龙泉山断裂以西形成成都第四纪盆地，以东地区强烈抬升、隆起
晚白垩世—早侏罗世	燕山运动	拗陷盆地		发育陆相地层，并以湖、湖沼—辫状三角洲、三角洲—河流沉积序列填充
晚三叠世	印支运动末期	前陆盆地		秦岭海槽、特提斯海槽闭合，龙门山和大巴山台缘拗褶带发生逆冲推覆，盆山转化，形成前陆盆地，海陆交互相—陆相沉积
中三叠世—古生代	印支运动早期海西运动加里东运动	内陆克拉通	克拉通伸展拗陷	发育伸展拗陷盆地，以陆表海碳酸盐岩沉积为主，黏土、碎屑沉积次之
新元古代	澄江运动		克拉通形成	挤压造山成陆及拉张裂陷，扬子克拉通形成

地质年代	构造旋回	盆地演化阶段		主要地质构造事件
	晋宁运动	基底(陆块)形成	古裂谷发育	康滇、川西、川东等古裂谷及川中、川鄂古地块形成，陆块边缘俯冲带开始形成
古元古代	吕梁运动		原始陆块形成	原始扬子陆块形成
新太古代	五台运动		古陆核形成	川中古陆块及周边变质地体雏形形成

1）基底形成阶段

早在新太古代和古元古代，上扬子地域出现了以康定群为代表的经中—高级变质作用的混合片麻岩，形成扬子准地台的川中古陆核，构成了该区的结晶基底。古元古代早期开始，川中古陆核受南北向断裂带控制形成裂陷槽，构成围绕古老陆块分布的活动带，沉积作用有所加强，但仍伴有大规模的海底火山喷发，具有优地槽性质。中元古代早期陆核继续裂解，形成一系列大型陆内裂陷槽和陆缘裂陷带。在陆内裂陷盆地形成过渡型冒地槽沉积，在陆缘裂陷带形成优地槽沉积。新元古代的晋宁运动，使裂解的扬子古陆依次聚合造山，产生了强烈褶皱、岩浆侵入和区域变质作用，早期结晶基底和地槽沉积褶皱回返，陆壳增生。这些均标志着地壳的结晶和逐渐硬化，构成稳定的克拉通地台，奠定了上扬子准地台盖层发展的基础。

2）内陆克拉通阶段

震旦纪早期，扬子陆块边缘裂陷形成磨拉石-酸性火山岩建造；晚期冰积物分布广泛。此后的古生代，在幅员广阔的扬子陆块上沉积了稳定型内源碳酸盐岩及陆源碎屑岩建造，沉积厚度达 3 000～7 000 m。其间出现海退到海浸的巨大旋回，除盆地北西部外普遍缺失上志留统、泥盆系和石炭系，下二叠统、中三叠统曾遭受剥蚀。晚二叠世有基性岩浆喷溢，层系内部多为整合、假整合接触，体现了较稳定的克拉通盆地沉积特征。

3）前陆盆地阶段

晚三叠世，四川盆地地壳呈楔形嵌入龙门山地区，形成推覆褶皱山系前缘的晚三叠世前陆盆地。同时，不断隆升的推覆褶皱山系使海水从四川盆地西部退出。晚三叠世初是盆地发育鼎盛时期，受其影响，盆地西部海侵，形成陆棚浅海相沉积，其后逐渐演变为海陆交替相至陆相沉积。

在盆地边缘形成拗陷的同时，山前拗陷不断地被大量陆源碎屑物质所堆积，沉积盆地逐渐向东扩大，最终成为上叠于海相碳酸盐岩台地之上的前陆盆地。它往南与康滇古陆晚三叠世早期南北向断陷盆地连成一体，成为川、滇、黔大型含煤系沉积盆地。

4）拗陷盆地阶段

前陆盆地形成之后，壳幔调整作用使盆地处于较稳定时期。对前陆盆地的继承性作用，使四川盆地进入了拗陷盆地阶段。侏罗纪早期地壳运动相对宁静，盆地内广泛发育湖相沉积，厚度不大。早中侏罗世之交的燕山运动和盆周山系的活动使盆地沉积有所动荡，发育了砂、泥互层的中、上侏罗统河流相与湖泊相沉积。白垩纪盆地区域性隆升加快，沉积范围逐渐萎缩，局限在山前拗陷。盆地不断萎缩，逐渐发展为互不联系的独立沉积盆地。晚白垩世—古新世，盆地演变为封闭的内陆盐盆。

5）构造盆地阶段

喜马拉雅运动时期，周缘山系向盆地递进挤压，盆地总体抬升，结束了自晚三叠世以来的大范围的沉积历史，并产生构造变形，改造了沉积盆地，使之进入构造盆地阶段。

4.1.3 古生界—新生界地层重磁电物性特征

岩矿石的密度、磁性、电阻率对重磁电数据处理与解释至关重要，在综合研究过程中是必要的物性参数，也是地球物理方法的依据。地壳中岩矿石密度、磁性、电性的物性差异形成了重力异常、磁异常和电性异常。因此依据岩石密度、磁化率、电性参数特征建立的地质-地球物理模型是正确解释地球物理异常的关键，并能减少反演的多解性，提高解释的精度。

1. 岩石密度特征

四川盆地地层密度变化总趋势是由新到老逐渐增大，上古生界巨厚的海相碳酸盐岩有较大的密度，变质岩密度具有随变质程度由浅到深、由小变大的趋势。其中含有泥岩、页岩等组成的下三叠统、志留系、寒武系等地层都表现为较小的密度值，与相邻层位的密度值相差较大。依据陕、湘、鄂、川地区的区域重磁成果资料，总结整个上扬子地区的地层密度特征，见表 4.3（张燕，2013）。

根据区域地质资料，四川盆地古生界—新生界地层密度可以分成三个密度层，分别为第四系—古近系和新近系、白垩系—侏罗系、三叠系—寒武系。岩浆岩在龙门山、米仓山、大巴山地区均有出露，包括酸性、中酸性、基性和超基性岩，米仓山一带基性岩密度为 $2.86 \sim 2.98$ g/cm^3，中性岩密度为 $2.73 \sim 2.86$ g/cm^3，酸性岩密度为 $2.43 \sim 2.64$ g/cm^3，因此，中性、基性和超基性岩浆岩属于高密度，酸性岩属于中低密度。研究区砂岩、页岩和砾岩密度一般为 $2.12 \sim 2.43$ g/cm^3，属低密度岩类，灰岩及白云岩密度值为 $2.68 \sim 2.78$ g/cm^3，属于较高密度岩类（张燕，2013）。

2. 岩石磁性特征

上扬子地区沉积岩不具有磁性或磁性微弱，变质岩磁性次之，侵入岩磁性较高，沉积盖层基本不具有磁性。岩浆侵入岩类磁性一般按照酸性岩、中性岩、基性岩、超基性岩逐渐升高，其中酸性岩类有比较明显的磁性差异，具有无磁、中等磁性的变化趋势，中性岩类一般具有中强磁性，基性和超基性岩类具有强磁性特征。研究区地层磁性参数统计和岩浆入侵岩磁性参数统计见表 4.4 和表 4.5（张燕，2013）。

表 4.3　上扬子地区地层密度参数统计表

（单位：g/cm³）

界	系		龙门山 平均密度	汉南—米仓山 平均密度	四川盆地 平均密度	北大巴紫阳 平均密度	南大巴 平均密度	黄陵—八面山 平均密度	鄂西北 平均密度	湘黔区 平均密度	密度界面 密度差
新生界	第四系		—	—	2.05	—	—	—	—	2.22	—
	新近系和古近系		—	—	2.48	—	—	2.55	2.38	2.53	
中生界	白垩系		—	—	2.41	2.57	—	2.46	2.44	2.52	2.41~2.54
	侏罗系		—	—	2.53	2.60	2.62	2.57	—	2.56	
	三叠系	上	2.60	2.56	2.55	2.66	—	2.58	2.70	2.69	
		中	2.80	2.70	2.71		2.68	2.67	—		
		下	2.66	2.71	2.68		2.68		—		
古生界	二叠系	上	2.70	2.65	2.87	2.69	2.69	2.69	2.66	2.64	
		下	2.71	2.70	2.68	2.70			—		
	石炭系		2.71	—	2.68	2.65	—	2.69	2.69	2.72	2.65~2.68
	泥盆系	上	2.71	—	2.67	—	—	2.62	2.63	2.69	
		中	2.70	—		—	—		—		
		下	2.65	—		—	—		—		
	志留系		2.63	2.68	2.64	2.73	2.65	2.61	2.57	2.63	
	奥陶系		2.69	2.70	2.64	2.71	2.71	2.71	2.69	2.63	
	寒武系	上	—	—	2.68	2.66	2.78	2.71	2.71	2.59	
		中	—	2.75			2.60		—		
		下	2.57	2.67			2.67		—		

表 4.4　研究区地层磁性参数统计表　　　　　　　（单位：×10⁻⁵）

界	系	龙门山		西乡		湖南涟源		湖北黄陵	
		标本块数	磁参数（变化范围）	标本块数	磁化率（变化范围）	标本块数	磁化率（变化范围）	标本块数	磁化率（变化范围）
新生界	第四系	—	—	—	—	—	—	—	—
	新近系和古近系	—	—	—	—	—	0～6	—	—
中生界	白垩系	—	—	—	—	—	0～6	—	—
	侏罗系	—	—	—	0～6	—	—	—	—
	三叠系	146	—	24	0～5	—	—	—	—
古生界	二叠系		峨眉山玄武岩 2 700～9 294	—	—		0～13	—	—
	石炭系	—	—	—	—	—	—	—	—
	泥盆系	1	—	18	0～9	—	0～13	—	—
	志留系	—	—	85	4～1 378	—	0～38	—	—
	奥陶系	—	—	13	50～7 021	—	0～13	—	6～13
	寒武系	—	—	72	0～21	—	0～25	—	6～25
新元古界	震旦系	13	—	25	26～65	—	—	—	—

表 4.5　研究区岩浆侵入岩磁性参数统计表　　　　　　（单位：×10⁻⁵）

岩石名称	龙门山		大巴山（西乡、镇巴）		湖南涟源		湖北黄陵	
	标本块数	磁化率（变化范围）	标本块数	磁化率（变化范围）	标本块数	磁化率（变化范围）	标本块数	磁化率（变化范围）
花岗岩	—	3～2 405	—	—	800	2 047	—	0～188
花岗闪长岩	—	—	—	—	—	1 835	—	—
闪长岩	—	10～2 709	—	—	97	865	—	1 331～2 638
基性—超基性	—	585～17 584	295	84～10 048	330	2 612	—	2 512～5 024
玄武岩	—	—	—	—	350	3 818	—	—
钠长斑岩类	—	—	—	—	84	234	—	—

　　岩浆侵入岩类出露在上扬子周边的造山带，酸性中性基（超基）性均有出露。研究区超基性岩类磁化率平均值为（2 399～5 024）×10⁻⁵，中性岩为（1 331～2 638）×10⁻⁵，花岗岩磁化率为 0～188×10⁻⁵，属弱磁性，二叠系峨眉山玄武岩磁化率一般为 2 700×10⁻⁵，具有较强的磁性。在四川盆地内较多的钻孔中均可见峨眉山玄武岩，如威远、宜宾一带和华蓥山区、达县、开江一带。沉积层磁化率平均值均低于 63×10⁻⁵，属于无磁性，部分地层因含磁铁矿物，具有一定的磁性，如川西和川中地区的飞仙关组地层为一套紫红色页岩、砂泥岩和泥灰岩因含有较多的磁铁矿颗粒，磁化率达到 337×10⁻⁵（张燕，2013）。

　　上扬子区上古生界磁化率低于 10×10⁻⁵，中生界磁化率低于 10×10⁻⁵，三叠系飞仙关组、碎屑岩磁化率为（240～720）×10^{-5}，火成岩中基性—超基性岩类磁性强，花岗岩磁性弱。盆地内主要有 4 个明显的磁性层：古元古界深变质结晶基底，为强磁性层；中新元古界浅变质岩系褶皱基底，为中—弱磁性层；峨眉山玄武岩，为强磁性层；岩浆岩磁性范围变化较大，分布最为普遍的花岗岩为弱磁性，岩浆侵入岩为中强磁性层（周稳生，2016；井向辉，2009）。

3. 岩石电性特征

张绍云（2009）在宁强、西乡地区采集了 53 个地层组及 8 个岩体，共 2011 块岩石样品，平均每个地层组岩石样品达 30 块以上。对每一个岩石样品测定密度、磁化率及电阻率，其中岩石电阻率按三种状态进行测定，即干燥状态、含水状态、含盐水状态。测定取得各物性参数按时代、按层组进行密度、磁化率及电阻率统计和整理。据王家映（2005，2004）的研究，结合藏东—川西地层岩石物性统计，研究区的岩石电阻率参数统计见表 4.6。

表 4.6　研究区岩石电阻率参数统计表

系	干燥岩石电阻率/（Ω·m）	含水岩石电阻率/（Ω·m）	含盐水岩石电阻率/（Ω·m）
古近系	368.19	284.22	160.36
白垩系	114.14	58.81	12.69
侏罗系	476.00	192.00	28.10
二叠系	26 419.00	6 344.20	118.60
三叠系	35 608.10	9 801.40	262.20
志留系	1 708.30	612.80	43.90
奥陶系	10 233.60	2 219.10	189.20
寒武系	13 198.90	3 192.50	63.20

岩石电阻率受诸多因素影响，与岩石的组成、结构、孔隙和裂隙、温度和压力、孔隙中充填流体性质和含量密切相关。因此，大地电磁测深所获得的地层电阻率是多种因素综合的结果。根据表 4.6 电阻率参数统计，对研究区电性特征有以下认识。

（1）古近系岩石电阻率在各种状态下均为高于白垩系电阻率，属于中高阻地层。

（2）白垩系岩石电阻率相对古近系和侏罗系都较小，含盐水岩石电阻率为 12.69 Ω·m，可作为良好的电性界面。

（3）中生代侏罗系岩石电阻率无论在干燥、含水或含盐水状态下均小于古生界岩石电阻率，含水岩石电阻率 192.00 Ω·m，干燥岩石电阻率为 476.00 Ω·m，约为含水状态 2.5 倍。中生界底界面可以作为良好的电性界面。

（4）志留系岩石电阻率为古生界最低电阻率，干燥岩石电阻率为 1 708.3 Ω·m，含水岩石电阻率为 612.8 Ω·m，含盐水岩石电阻率为 43.90 Ω·m。志留系上覆三叠系干燥岩石电阻率为 35 608.10 Ω·m，约为志留系相同状态下 21 倍。三叠系含水岩石电阻率为 9 801.4 Ω·m，是志留系含水电阻率 16 倍。志留系下伏奥陶系干燥岩石电阻率为 10 233.6 Ω·m，约为志留系的 6 倍。奥陶系含水岩石电阻率为 2 219.1 Ω·m，约为志留系电阻率 3.6 倍。志留系顶界或底均可以作为好的电性界面，它是加载三叠系与奥陶系之中一个相对较低的电性层。

（5）研究区内以不同时代的灰岩电阻率为最高，干燥状态下最高电阻率为 221 273 Ω·m，最小为 1 287 Ω·m，含水状态下最高电阻率为 107 539 Ω·m，最小为 210 Ω·m。白云岩的岩石电阻率较高，平均值为 2 500 Ω·m，其中相对较高者为 4 854 Ω·m，较小者为 1 863 Ω·m。石灰岩和白云岩一旦水饱和后，它们电阻率会明显下降。以奥陶系宝塔组灰岩、白云岩为例，干燥状态下最高值为 160 078 Ω·m，最低值为 4 321 Ω·m，被水填充后最高电阻率为 58 936 Ω·m，最小为 210 Ω·m，前后相差 3～21 倍。被含盐水充填后电阻率下降更明显，最大为 18 510 Ω·m，最小为 12.4 Ω·m。

（6）工区内碎屑岩电阻率较低，包括砂岩、粉砂岩、泥页岩、粉砂质泥岩、砂质泥岩。这些岩石电阻率平均小于 200 Ω·m，其中灰质页岩、泥质岩等，平均电阻率仅几十欧姆米，岩石属于低阻层。

综合分析，研究区内按含水状态自下而上可划分 5 个电性层：第一电性层为古近系，电阻率为 284.22 Ω·m，为中阻层；第二电性层为白垩系与侏罗系，电阻率为 58.81～192 Ω·m，为低阻层；第三电性层为三叠系—二叠系，电阻率大于 5 000 Ω·m，为高阻层；第四电性层为志留系，电阻率大于 500 Ω·m，小于 1 000 Ω·m，为中阻层；第五电性层为奥陶系—元古宇，电阻率小于 5 000 Ω·m，为中高阻层。

4.2　前寒武系地层岩样采集

4.2.1　岩样采集区概况

根据项目设计和采样计划，本次采样主要采集四川盆地周缘震旦系以下的地层岩石及出露的岩浆岩。根据四川盆地及周边 1：50 万和 1：250 万地质图显示，采样地层主要分布于四川盆地边缘，在盆地边缘的北部、西部和西南部地区均有出露，本次野外采样主要在以上三个区域展开。

1. 四川盆地北部地区

四川盆地北部地区采样区采样线路为安康—汉中—青川。陕西南部安康地区采样地层主要为新元古界震旦系、南华系、青白口系及中元古界地层，岩浆岩出露有流纹斑岩、辉绿玢岩及粗玄岩等。安康—汉阴一线及岚皋县附近以出露中、新元古界地层为主，少量出露震旦系地层，可见极少量流纹斑岩出露。城口县和镇巴县附近主要出露震旦系和南华系地层。汉中地区采样地层主要为新元古界震旦系、南华系及古元古界、新太古界地层，中元古界地层在本区出露较少。岩浆岩出露有花岗岩（属三叠系）、花岗斑岩、辉长岩等，均较少。汉中—勉县—略阳一线主要出露新太古界—古元古界和震旦系、南华系地层，辉长岩零星出露。宁强县附近则以出露震旦系、南华系地层为主。青川地区采样地层主要为新元古界震旦系、南华系和中元古界地层。岩浆岩出露有花岗岩、花岗闪长岩、石英闪长岩等。

2. 四川盆地西部地区

四川盆地西部地区采样区采样线路为雅安—汉源—甘洛。雅安地区采样地层主要为新元古界震旦系、南华系及古元古界、新太古界。雅安—泸定一线主要出露新元古界震旦系、南华系，泸定—康定一线则主要出露古元古界、新太古界康定群。岩浆岩出露主要是花岗岩。汉源地区采样地层主要为新元古界震旦系、南华系及中元古界。

3. 四川盆地西南部地区

四川盆地西南部地区采样区采样线路为会理县—通安镇。会理地区采样地层主要为新元古界震旦系、南华系地层及中元古界地层，采样地点为会理县通安镇附近。岩浆岩在本区出露有花岗岩、辉长岩、闪长岩等。

4.2.2 岩样采集成果

四川盆地周缘岩样采集工作获取露头标本共 748 块，采样地点、采样点坐标、地层岩性统计情况见表 4.7，标本加工钻取后，岩心分层统计情况见表 4.8。

表 4.7 四川盆地野外岩石标本采样统计表

岩心编号	采样地点	采样点坐标		地层		岩性	采样块数
		N	E	代号	地层		
S01	陕西平利县	32°19'06.62"	109°19'51.90"	Pt₂	武当山群	灰色、灰黑色片岩	34
S02	陕西平利县洛河镇	32°26'32.70"	109°10'9.95"	Pt₃	观音崖组	碳质页岩	3
S03	陕西平利县洛河镇	32°26'53.69"	109°10'18.96"	Pt₂	武当山群	灰色、灰黑色片岩	6
S04	陕西汉阴县沈坝镇	32°51'12.14"	108°35'51.37"	Pt₃	耀岭河群、郧西群	流纹岩	4
S05	陕西汉阴县旋涡镇	32°45'30.45"	108°23'51.71"	Pt₃	耀岭河群、郧西群	流纹岩	4
S06	陕西汉阴县旋涡镇	32°47'20.36"	108°25'26.36"	Pt₃	耀岭河群、郧西群	霏细岩	5
S07	陕西汉阴县旋涡镇	32°47'45.23"	108°27'45.15"	Pt₃	耀岭河群、郧西群	霏细岩	6
S08	重庆城口县北屏乡	31°59'51.83"	108°48'12.97"	—	鲁家坪组	黑色板岩	5
S09	重庆城口县北屏乡	31°58'11.35"	108°45'58.51"	Nh	南华系南沱组	青色、紫红色砂岩	14
S10	重庆城口县明月乡	31°58'30.38"	108°33'49.15"	Nh	南华系南沱组	青色、紫红色砂岩	29
S11	重庆城口县明月乡	31°58'28.72"	108°33'26.92"	Nh	南华系南沱组	青色、紫红色砂岩	12
S12	重庆城口县明月乡	31°56'57.44"	108°35'51.45"	Nh	南华系南沱组	青色、紫红色砂岩	30
S13	重庆城口县北屏乡	31°58'22.85"	108°46'14.78"	Nh	南华系莲沱组	青色板岩、砂岩	7
S14	重庆城口县北屏乡	31°57'53.75"	108°45'19.86"	Nh	南华系莲沱组	青色板岩、砂岩	7
S15	陕西镇巴县—星子山剖面	32°30'44.31"	107°57'36.35"	Nh	南华系南沱组、大塘组	灰绿色含砾砂岩、灰绿色砂岩、泥质砂岩、黄绿色石英砂岩、粉砂质泥岩	50

岩心编号	采样地点	采样点坐标 N	采样点坐标 E	地层 代号	地层 地层	岩性	采样块数
S16	陕西镇巴县—星子山剖面	32°30'49.65"	107°57'25.41"	Nh	南华系古城组、莲沱组	粉砂含砾砂岩、中砂细砂少砾砂岩、红色砂岩	70
S17	陕西宁强县胡家坝剖面	33°00'34.90"	106°28'26.76"	Nh	南华系	灰绿色砂岩	40
S18	四川青川县	32°37'38.37"	105°13'43.88"	Pt₂	桐木梁群	青灰色片岩	45
S19	四川雅安市—泸定县	29°57'54.67"	102°25'25.30"	Pt₂	元古界	岩浆岩（花岗岩、花岗斑岩、闪长岩）	45
S20	四川康定—泸定	30°04'46.84"	102°04'51.36"	Ar₃-Pt₁	康定群	杂岩	60
S21	四川汉源县	29°17'50.76"	102°39'31.53"	Z	震旦系灯影组	灰岩、白云岩	10
S22	四川汉源县	29°17'56.54"	102°38'54.00"	Z	震旦系灯影组	灰岩、白云岩	16
S23	四川汉源县	29°16'55.42"	102°38'34.49"	Z	震旦系灯影组	灰岩、白云岩	44
S24	四川甘洛县—汉源县	29°03'05.93"	102°48'30.52"	Z	震旦系陡山沱组	砂岩	30
S25	四川甘洛县—汉源县剖面	29°05'06.60"	102°49'11.51"	Nh	南华系列古六组	紫红色砂岩	66
S25	四川甘洛县—汉源县剖面	29°06'06.74"	102°50'21.30"	Nh	南华系开建桥组	红紫色砂岩	25
S25	四川甘洛县—汉源县剖面	29°06'33.86"	102°50'28.96"	Nh	南华系苏雄组	凝灰岩、流纹岩	32
S26	四川会理县—通安镇	26°21'19.55"	102°20'28.28"	Nh	南华系莲沱组	紫红色砂岩	49
S27	湖北十堰	32°31'56.62"	110°50'26.78"	Pt₂	武当山群	片岩	42
S28	湖北房县	32°22'49.30"	110°32'16.32"	Pt₂	武当山群	片岩	91
S29	陕西紫阳县	32°18'4.60"	108°14'16.42"	Pt₂	武当山群	辉绿岩	44

表 4.8 四川盆地岩心分层统计表

地层 界	地层 系	地层 统	地层 组	岩性	采样数量	取心数量
新元古界（Pt₃）	震旦系（Z）	上统	灯影组	灰岩、白云岩	70	66
新元古界（Pt₃）	震旦系（Z）	下统	陡山沱组、观音崖组	砂岩/页岩	38	38
新元古界（Pt₃）	南华系（Nh）	—	南沱组、列古六组	灰绿色含砾石英砂岩	128/66	188
新元古界（Pt₃）	南华系（Nh）	—	大塘坡组、开建桥组	紫红色泥岩	15/25	40
新元古界（Pt₃）	南华系（Nh）	—	古城组	灰绿色含砾石英砂岩	75	75
新元古界（Pt₃）	南华系（Nh）	—	莲沱组	灰绿色石英砂岩	90	87
新元古界（Pt₃）	青白口系（Qb）	—	苏雄组	凝灰岩、流纹岩	32	29
新元古界（Pt₃）	青白口系（Qb）	—	耀岭河群、郧西群	流纹岩、霏细岩	19	19
中元古界（Pt₂）	蓟县系 长城系	—	武当山群、通木梁群	片岩、辉绿岩、花岗岩、闪长岩	364	335
古元古界（Pt₁）	—		康定群	杂岩（混合岩、片麻岩）	60	60
新太古界（Ar₃）	—		康定群	杂岩（混合岩、片麻岩）	60	60
合计					982	937

4.3 前寒武系地层重磁电物性特征分析与建模

4.3.1 前寒武系地层重磁电物性资料分析

上扬子克拉通在中—新元古界形成了两套含油气系统：震旦系含油气系统（也可称为后冰川期含油气系统）和南华系含油气系统（也可称为间冰川期含油气系统）。前者发育多套烃源岩和大面积分布的储集层，是被证实的含油气系统，也是近期该区天然气勘探的重点领域；后者受裂陷（谷）盆地分布控制，发育优质烃源岩，是潜在的油气勘探领域（汪泽成 等，2014）。近年来的研究认为，四川盆地震旦系天然气勘探获得重大发现，揭示了上扬子克拉通盆地新元古界具备寻找原生型大气田的条件（赵文智 等，2018）。四川盆地南华系大塘坡组野外露头剖面及岩石学测试分析结果证实，川中南华纪裂谷具有发育大塘坡组烃源岩的可能性，对深层油气勘探具有重要价值。四川盆地震旦系油气勘探实践证实了上扬子克拉通盆地中—新元古界具有形成原生油气成藏的条件，但油气勘探和认识程度较低，对该领域油气资源潜力与分布的认识尚不清楚，油气资源潜力及分布有待进一步研究评价（谢增业 等，2017）。四川盆地内震旦系的下地层，分析认为可能为砂泥岩，这套沉积岩可能成为天然气的烃源岩和储集层，目前还是未知领域，可能曾经发生过油气生成、运移和聚集。

1. 按地层统计分析

将露头标本加工成标准岩心（直径 2.5 cm，长度 2～5 cm），按测试规范进行密度、磁化率、复电阻率、剩余磁化强度参数的测试分析，并对复电阻率数据进行处理，反演得到零频电阻率、极化率等激电参数。根据测试结果，分别对参数进行统计分析，包括极小值、极大值和平均值。

1）密度统计分析结果

按地层分类得到岩心密度测量结果如图 4.4 所示。下寒武系地层岩石密度平均值为 $2.6～2.8$ g/cm^3，震旦系陡山沱组、南华系地层密度相对较低。南华系、蓟县系、长城系地层密度分布范围较广，其他地层岩石密度分布相对集中。

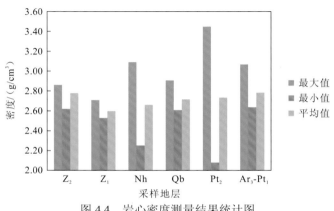

图 4.4 岩心密度测量结果统计图

2）磁化率统计分析结果

按地层分类得到岩心磁化率测量结果如图 4.5 所示。岩石磁化率变化范围较大，因岩石岩性的差异性，而且受所含铁磁成分的不均匀性，磁性差异明显。从统计图中可以看到，武当山群、通木梁群和康定群岩石具有较高的磁化率，平均磁化率超过 100.0×10^{-5}。新元古界地层磁化率较低或无磁性，平均磁化率为（$1.0\sim10.0$）$\times10^{-5}$。按地层岩性分类得到岩心样品剩余磁化强度强度测量结果，如图 4.6 所示。

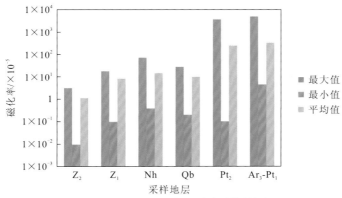

图 4.5　岩心磁化率测量结果统计图

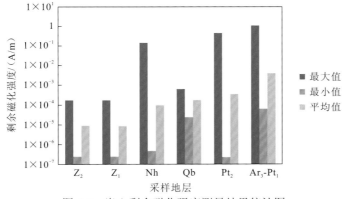

图 4.6　岩心剩余磁化强度测量结果统计图

3）电阻率、极化率统计分析结果

在电阻率测量过程中，分别在清水和 4%的饱和盐水条件下进行测量，并对复电阻率测量数据进行反演，获取电阻率和极化率两个电性参数，如图 4.7～图 4.9 所示。

由图 4.7 和图 4.8 可知，在电阻率方面，震旦系的灯影组和元古宇康定群具有高电阻率特征，其他地层具有中、低电阻率特征，在所有采样地层中，南华系岩石电阻率最低。从图 4.9 中可以看出，仅有震旦系（Z_1）陡山沱组和观音崖组具有较高的极化率，属于中高极化层，其他地层极化率相对稳定，都在 10%左右，属于低极化层。

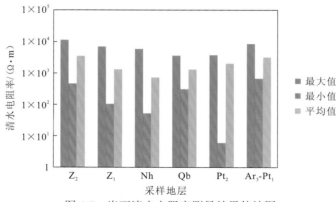

图 4.7　岩石清水电阻率测量结果统计图

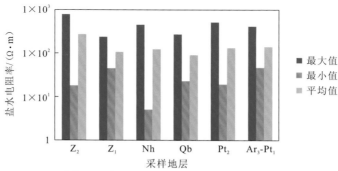

图 4.8　岩石盐水电阻率测量结果统计图

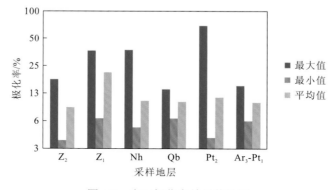

图 4.9　岩石极化率结果统计图

4）前寒武系采样地层物性参数统计成果

根据 746 块岩心的密度、磁化率、电阻率、极化率和剩余磁化强度数据，按照正态分布的统计方法，获取每个地层的物性参数均值，物性统计结果见表 4.9。

2. 按岩性统计分析

对前寒武系古老地层主要岩石类型的各种物理性质进行统计，包括密度、磁化率、电阻率、极化率、剩余磁化强度、孔隙度和渗透率，均值结果见表 4.10。

表 4.9　古老地层岩石物性参数统计表

地层			岩性	样本数	电阻率/(Ω·m)	极化率/%	密度/(g/cm³)	磁化率/(×10⁻⁵)	剩余磁化强度/(A/m)
界	系	组							
新元古界 (Pt₃)	震旦系 (Z)	灯影组	灰岩、白云岩	66	4 887.5	8.9	2.78	1.2	3.23×10⁻⁵
		陡山沱组、观音崖组	砂岩/质岩	38	486.1	23.2	2.58	10.2	
	南华系 (Nh)	南沱组、列古六组	灰绿色含砾石英砂岩	188	728.8	10.1	2.70	16.8	
		大塘坡组、开建桥组	紫红色泥岩	40	1 003.5	9.8	2.68	7.1	1.46×10⁻³
	青白口系 (Qb)	古城组	灰绿色含砾石英砂岩	75	751.5	9.8	2.67	19.3	
		莲沱组	灰绿色石英砂岩	87	656.4	11.9	2.58	36.2	
		苏雄组	凝灰岩、流纹岩	29	1 251.9	9.9	2.69	4.5	2.78×10⁻⁴
		耀岭河群、郧西群	流纹岩、霏细岩	19	1 474.1	10.3	2.78	22.2	
中元古界 (Pt₂)	蓟县系、长城系	武当山群、通木梁群	片岩、辉绿岩、花岗岩、闪长岩	335	2 120.5	10.8	2.74	255.3	3.12×10²
古元古界 (Pt₁)	康定群		杂岩（混合岩、片麻岩）	60	3 225.8	10.0	2.80	329.6	7.04×10²
新太古界 (Ar₃)									

表 4.10 四川盆地古老地层主要类型岩石物性参数

岩性	样本数	密度/ （g/cm³）	磁化率/ （×10⁻⁵）	电阻率/ （Ω·m）	极化率/%	剩余磁化强度/ （A/m）	孔隙度 /%	渗透率/ mD
花岗斑岩	10	2.67	461.5	1 917.0	9.53	3.63×10^{-2}	1.36	6.35
花岗岩	34	2.71	997.5	1 916.0	11.18	2.02×10^{-1}	1.78	0.16
灰岩	57	2.76	1.3	4 774.0	8.92	4.99×10^{-5}	2.89	7.07
混合岩	39	2.75	343.2	2 918.0	10.05	3.82×10^{-2}	1.28	0.05
流纹岩	14	2.65	19.7	1 649.0	9.35	3.43×10^{-4}	2.61	0.11
片麻岩	21	2.88	304.4	3 798.0	10.12	1.34×10^{-1}	1.33	0.02
片岩	84	2.80	34.2	2 121.0	11.57	8.53×10^{-3}	2.32	0.55
砂岩	424	2.66	20.0	724.0	11.33	1.35×10^{-3}	2.23	1.50
白云岩	9	2.79	0.6	5 608.0	9.02	2.31×10^{-5}	2.46	3.28
霏细岩	11	2.88	24.1	1 347.0	11.16	3.24×10^{-4}	2.21	0.12
凝灰岩	25	2.69	4.5	1 252.0	9.89	3.18×10^{-3}	1.46	0.05
辉绿岩	36	3.00	869.6	1 792.8	10.16	1.62×10^{-1}	1.56	0.03

从表 4.10 中可以看出：变质岩密度相对较高，灰岩次之，火成岩相对较低，砂岩最低；花岗岩、花岗斑岩、混合岩、片麻岩具有中强磁性，其他均为弱—无磁性；灰岩电阻率最高，其他岩石均为中高阻，极化率基本一致；孔渗物性特征普遍偏低，灰岩、流纹岩、片岩和砂岩具有相对较高的孔隙度，而且灰岩和砂岩的渗透性相对较好。

在以上不同岩性的岩石统计分析基础上，对前寒武系古老地层主要岩石类型的密度、磁化率、电阻率参数的相关性和分布进行分析，三个参数的交会结果如图 4.10 所示。

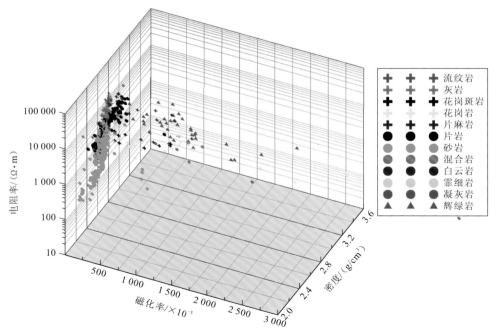

图 4.10　不同岩性岩石密度、磁化率、电阻率交会图

由图 4.10 可知，密度主要分布在 2.60~2.80 g/cm^3，电阻率主要分布在 700~3 000 Ω·m，磁化率主要分布在（0~100）×10^{-5}，花岗岩、辉绿岩、部分混合岩具有强磁特征。砂岩、片岩与混合岩电性与密度关联性较好，而与磁性关联性差。

从统计分析结果（表 4.11 和图 4.11）可以发现，样品整体岩石密度在 2.08~3.45 g/cm^3 变化，呈正态分布的特点，岩石密度的均值为 2.70 g/cm^3，标准差不大，岩石密度的变化具有一定的规律。其中，火成岩的密度平均值为 2.71 g/cm^3，在 2.08~3.45 g/cm^3 变化，标准差为 0.14 g/cm^3。火成岩样品密度变化范围略大，呈现正态分布的趋势，说明部分火成岩样品在成岩之后受到外界作用的影响，导致岩石密度发生了一定的变化。沉积岩的密度均值为 2.67 g/cm^3，在 2.26~3.09 g/cm^3 变化，标准差只有 0.10 g/cm^3，密度变化相较火成岩和变质岩略小。变质岩密度平均值为 2.79 g/cm^3，在 2.38~3.11 g/cm^3 变化，标准差为 0.14 g/cm^3，密度变化不大。

表 4.11　四川盆地前寒武纪岩石样品密度统计表　　　　（单位：g/cm^3）

岩石	样品数	密度平均值	密度标准差	密度最小值	密度最大值
所有岩石	730	2.70	0.12	2.08	3.45
火成岩	92	2.71	0.14	2.08	3.45
沉积岩	489	2.67	0.10	2.26	3.09
变质岩	149	2.79	0.14	2.38	3.11

岩石经历后期变质变形的改造后变得更加致密，可能使岩石密度增大，也可能使岩石中孔隙度增加，或者岩石中重金属元素含量降低，使岩石密度减小。从整体上来看，沉积岩的密度最低，变质岩的密度最高，而火成岩密度介于两者之间（表 4.11）。从上述统计结果可以发现，各类岩石密度均在一定范围内变化，但是变化幅度不同。图 4.12 给出了岩石密度分布直方图，虽然总体上看基本符合正态分布特征，但是可以看出有向偏正态分布的变化趋势。偏正态趋势特征说明每种类型岩石并不一定是均匀的、同性的，说明在成岩过程中可能经历了复杂的地质构造影响：可能是在沉积岩的背景下，含有一定的火山物质；或在成岩过程或之后经历了不同的变质变形作用，导致同一种岩石成分及其所具有的特征发生变化，从而改变了岩石的密度；或在火成岩的背景之下，经历后期的沉积作用使岩石被压实，密度发生变化。

三大类岩石密度的大致规律如下。火成岩的密度大小主要由上面所列举的第一类因素决定，因为这类岩石的孔隙度很小（一般不超过 1%~2%），它几乎影响不到密度的大小。同样是火成岩，通常酸性侵入岩密度较低，而基性侵入岩密度稍高。例如：从花岗岩向辉长岩类、橄榄岩类过渡，密度值会随岩石中较重的铁镁矿物含量的增加而变大。沉积岩一般具有较大的孔隙度，例如某些石灰岩、砂岩、白云岩的孔隙度可达 30%~40%。因此，沉积岩的密度在很大程度上取决于其孔隙度，而与物质的成分关系不甚明显（某些化学沉积岩石除外）。对于多孔岩石，有水填充后比干燥时的密度要大。沉积岩的密度还受其年代、所经历的地质构造作用，以及在地表以下所处的深度等沉积环境影响。显然，埋藏在重负荷下的岩石将变得致密并固结起来，其致密情况和固结的程度取决于负荷的规模和持续的时间。因此，密度随着埋藏深度和时间而增加，这一作用对页岩比对

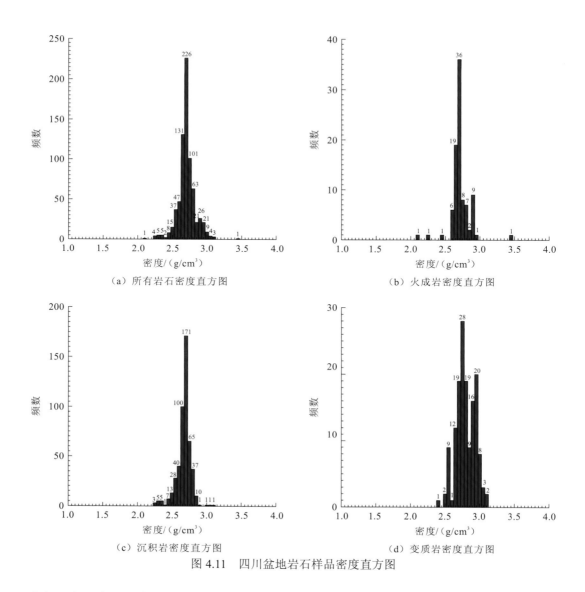

（a）所有岩石密度直方图

（b）火成岩密度直方图

（c）沉积岩密度直方图

（d）变质岩密度直方图

图 4.11　四川盆地岩石样品密度直方图

砂岩、白云岩和石灰岩的作用效果更为明显。变质岩的变质作用有助于岩石孔隙的充填并使岩石以更致密的形式再结晶，所以它们的密度往往随变质程度的加深而增大。因此，经过变质的沉积岩，如大理岩、板岩和石英岩一般比原生石灰岩、页岩和砂岩致密。对于火成岩的变质类型，如片麻岩与花岗岩、角闪岩与玄武岩等，尽管密度差异不如沉积岩及其变质类型大，但通常也会出现相同的情况。和火成岩的密度一样，正变质岩的密度通常也与原岩密度的变化规律相似，但由于变质过程的复杂性，其密度的变化与沉积岩和火成岩相比更加的不稳定。

将四川盆地所采集的样品按沉积岩、火成岩和变质岩三大类进行统计分析，其磁化率统计结果见表 4.12，磁化率直方图如图 4.12 所示。

表 4.12　四川盆地前寒武纪岩石样品磁化率统计表 　　　　（单位：×10⁻³）

岩石	样品数	平均值	标准差	最小值	最大值
所有岩石	730	0.929	3.660	0	50.120
火成岩	92	4.248	7.099	0.002	37.280
沉积岩	489	0.124	0.121	0	0.743
变质岩	149	1.521	5.018	0.001	50.120

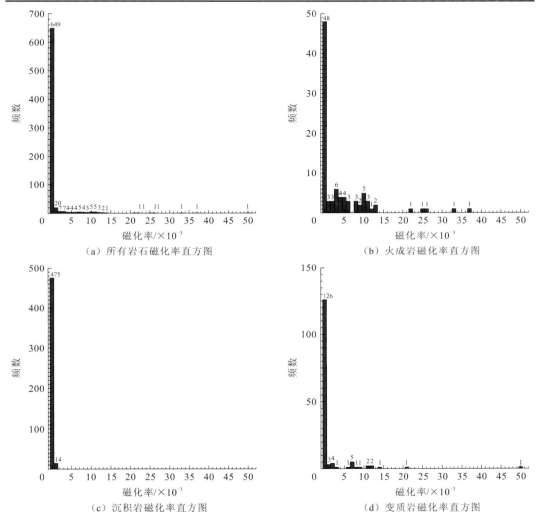

图 4.12　四川盆地岩石样品磁化率直方图

　　从统计结果来看，四川盆地采集的岩石样品的磁化率在（0～50.12）×10⁻³变化，均值为 0.929×10⁻³，标准差为 3.660×10⁻³。说明不同类型岩石磁化率的变化很大，这也间接说明磁性矿物和与磁化率相关度较大的地球化学元素对岩石的磁化率有着很大的影响。不同岩石中磁性矿物的含量及岩石所处的地质构造环境有很大不同，磁化率可以作为岩石中磁性矿物成分的定性判断标准。图 4.12 给出了火成岩、沉积岩和变质岩的统计分布规律。从这些统计分布规律中可以看出，沉积岩的岩石磁性最弱，变质岩的岩石磁性居中，而火成岩的岩石磁性最强。

通过具体分析可以看出，火成岩磁化率的平均值为 4.248×10^{-3}，浮动范围为（0.002～37.280）$\times 10^{-3}$，标准差为 7.099×10^{-3}，岩石磁化率的变化非常剧烈，说明不同类型火成岩中磁性矿物的含量变化非常大，且不同时代的同种火成岩可能具有不同的磁性，此外，同一岩体的不同岩相带也可能表现出不同的磁性。沉积岩的磁化率在（0～0.743）$\times 10^{-3}$ 变化，均值为 0.124×10^{-3}，且磁化率的变化较小。这是因为如果沉积岩中不含铁质矿物，磁化率可以认为接近于零；在含有少量铁质时，磁化率有所增加，所含的铁磁性矿物越多则磁性越强。一般越接近火成岩剥蚀地区的沉积岩，具有越高的磁化率，这是由于高磁性的火成岩在风化、沉积作用下转变成沉积岩，这个过程中引起的高磁性的元素迁移或岩石粒度减小都会导致岩石磁化率增强。变质岩磁化率的均值为 1.521×10^{-3}，最小值为 0.001×10^{-3}，最大值为 50.12×10^{-3}，标准差为 5.018×10^{-3}。变质岩的磁性主要由原岩的磁性决定，如正片麻岩的磁性接近于花岗岩的磁性，副片麻岩的磁性接近于泥砂质岩石的磁性。纯净的大理岩和石英岩的磁性很弱，千枚岩的磁性稍强。当某些变质岩中含有大量铁质时，其磁性特别强，如含铁石英岩、磁铁石英片麻岩等。蛇纹岩及角闪岩等有时也具有较强磁性。在岩石磁化率的研究中，尽管岩体内部也存在磁化率的变化，甚至局部有较大的变化，但磁化率的突变，仍主要反应在岩体间的差异上。根据表 4.12 和图 4.12，从整体上看，采样岩石磁化率的变化情况基本符合各类岩石磁化率变化的特征，但各自又表现出不同的特点。这也说明岩石经历不同的构造运动，具有不同的构造演化历史，并且岩石并不是均匀同性的，每种岩石可能都各自经历了复杂的变化。火成岩的磁化率较大，而且变化较为剧烈，岩石磁化率总体标准差较大，这种剧烈变化是对地质运动存在的最好证明。岩浆来源不同（幔源岩浆、壳幔源岩浆、壳源岩浆），导致岩石中所含的铁元素在结晶分异时形成的铁矿物的类型不同（不同类型含铁矿物磁化率不同）。沉积岩磁化率普遍很小，甚至无磁化率，说明岩石中铁磁性矿物含量很少甚至没有，也从侧面反映出沉积岩的形成过程中物源没有来自火成岩剥蚀区，并且成岩过程中或之后没有受变质作用的影响，导致同一种岩石成分和化学元素含量发生变化，从而改变岩石的磁化率。变质岩磁化率介于火成岩和沉积岩之间，从图 4.12（d）可以看出，变质岩磁化率数值分布情况与火成岩和沉积岩类似，说明变质岩的磁化率主要继承自变质原岩的磁性。而少量的极大值说明在某些较特殊的情况下变质岩中也会富集大量铁质等高磁性的矿物，从而具有特别强的磁性。

将四川盆地所采集的样品按沉积岩、火成岩和变质岩三大类进行统计分析，其电阻率统计结果见表 4.13，对数电阻率直方图 4.13 所示。

表 4.13　四川盆地前寒武纪岩石样品电阻率统计表　　　　（单位：$\Omega \cdot m$）

岩石	样品数	平均值	标准差	最小值	最大值
所有岩石	730	1 626.6	1 682.6	52.1	11 317.3
火成岩	92	1 615.4	715.9	486.3	3 982.3
沉积岩	489	1 301.3	1 741.1	52.1	11 317.3
变质岩	149	2 701.0	1 450.7	426.7	8 922.5

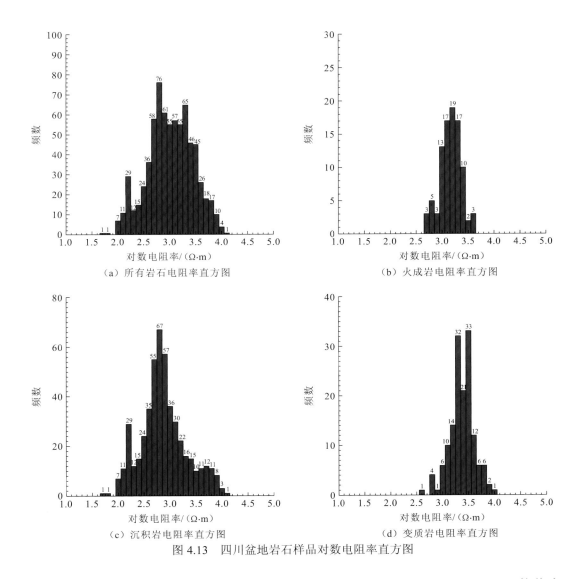

图 4.13　四川盆地岩石样品对数电阻率直方图

由表 4.13 和图 4.13 可知，四川盆地岩石样品电阻率为 52.1～11 317.3 Ω·m，均值为 1 626.6 Ω·m，岩石电阻率主要集中在 300～3 000 Ω·m，主要以中高电阻率为主。总岩石样品电阻率的标准差为 1 682.6 Ω·m，说明岩石样品电阻率变化较大，这是因为不同类型岩石成岩环境不同，岩石的电阻率与岩石含水量、岩石矿物化学元素和岩石孔隙度有很大的关系。这些原因的出现使电阻率的变化与岩石的成因及构造环境出现了必然且微妙的联系。从总体统计上看，变质岩的电阻率最高，沉积岩的电阻率最低。

火成岩电阻率平均值为 1 615.4 Ω·m，变化范围为 486.3～3 982.3 Ω·m，标准差为 715.9 Ω·m。火成岩电阻率变化范围较小，绝大部分样品电阻率均在 1 000 Ω·m 以上。这是因为火成岩中不同的电阻率变化主要是由岩石中不同矿物成分含量的变化所引起的，同时也反映出火成岩在形成过程中成岩环境相对较稳定。沉积岩电阻率平均值为 1 301.3 Ω·m，变化范围为 52.1～11 317.3 Ω·m，标准差为 1 741.1 Ω·m。从统计结果来看，沉积岩的电阻率具有非常大的变化范围，这说明在沉积岩形成过程中，外界物理因素对岩石电阻率存在较大的影响。沉积岩电阻率变化虽然总体上呈现出正态分布的特点，但是存在不同的极值峰，这些特征暗示着沉积岩经历了不同的沉积环境，同时岩石矿物成分的不同和变化也对沉积岩的电阻率产生了影响。变质岩电阻率平均值为 2 701 Ω·m，变化范围为 426.7～8 922.5 Ω·m，标准差为 1 450.7 Ω·m。变质岩的电阻率变化情况总体与火成岩类似，除少数几块样品的电阻率极低外，大部分的样品电阻率均较高。直方图也反映出正态分布的特征，这说明样品中大部分变质岩在成岩过程中经历的环境较为单一，岩石受各种作用的影响不大。但是较低电阻率样品的出现，也说明变质岩在经历不同变质环境的时候，会使变质岩电阻率发生剧烈的变化。

将四川盆地所采集的样品按沉积岩、火成岩和变质岩三大类进行统计分析，其极化率统计结果如表 4.14 和极化率直方图 4.14 所示。

表 4.14　四川盆地前寒武纪岩石样品极化率统计表　　　　　　（单位：%）

岩石	样品数	平均值	标准差	最小值	最大值
所有岩石	728	10.94	4.86	3.85	69.96
火成岩	92	10.43	2.34	6.08	20.83
沉积岩	488	11.03	4.61	3.85	37.72
变质岩	148	10.98	6.52	4.13	69.96

四川盆地岩石样品极化率为 3.85%～69.96%，均值为 10.94%。从图 4.14（a）可以看出，样品极化率大部分分布在 4%～20%，其中绝大部分样品的极化率在 10%左右，总体偏大。总体样品极化率的标准差为 4.86%，极化率的变化并不大。从各岩石样品统计上看，变质岩的极化率最高，火成岩的极化率最低，但是极化率的差别非常小，这说明所有岩石样品中均有激电效应较强的矿物存在。

火成岩极化率平均值为 10.43%，最小值为 6.08%，最大值为 20.83%，标准差为 2.34%，在所有岩石中是最小的。从图 4.14（b）中也可以看出，火成岩极化率的变化范围也是最小的。火成岩在成岩过程中，岩浆中的金属矿物在岩浆演化的不同阶段结晶析出，这是造成火成岩极化率偏高的原因，并且较小的标准差也说明火成岩在成岩后没有经历过改造和变化，处于较为稳定的环境。沉积岩极化率平均值为 11.03%，最小值为 3.85%，最大值为 37.72%，标准差为 4.61%。图 4.14（c）中显示，沉积岩的极化率偏高，大部分沉积岩的极化率在 10%左右，这与沉积岩中含有高极化的矿物有直接关系，例如黄铁矿等矿物，此外，具有一定的孔隙度也可能是造成极化率偏高的原因。变质岩极化率平均值为 10.98%，最小值为 4.13%，最大值为 69.96%，标准差为 6.52%。图 4.14（d）中显示，大部分变质岩样品的极化率仍在 10%左右，可能是因为在变质过程中有外来物质的介入或者是继承了变质原岩的高极化矿物，造成变质岩的极化率偏高。此外变质岩整体极化率变化范围较大，显示出岩石在成岩后经历了一定的后期改造和变化。

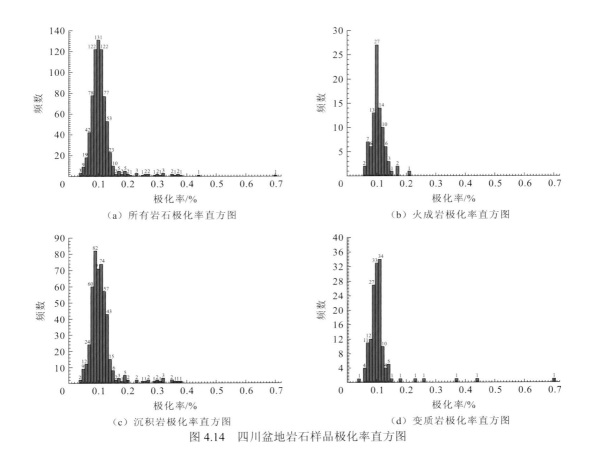

图 4.14　四川盆地岩石样品极化率直方图

4.3.2　前寒武系地层岩石重磁电物性建模

1. 前寒武系古老地层密度、磁化率和电阻率建模

　　基于岩石密度、磁化率、复电阻率方面的物性工作，对四川盆地实测的物性资料进行统计与分析，获取岩石的物性特征，建立前寒武系盆地的重磁电岩石物性模型，为深入开展叠合盆地重磁电结构特征研究，进行克拉通盆地重磁电资料处理及综合解释提供物性基础，物性柱状图和岩石物性模型如图 4.15 所示。

　　地层岩石物性特征表明，前寒武系地层存在两个密度界面，一个磁性界面，三个电性界面。第一密度界面位于震旦系灯影组与陡山沱组间，第二界面位于南华系砂岩与青白口系苏雄组间；磁性界面位于青白口系与中元古界间；第一电性界面位于震旦系灯影组与陡山沱组间，第二电性界面位于南华系与青白口系间，第三电性界面位于青白口系与中元古界间。其中，震旦系陡山沱组砂岩极化率明显高于灯影组的灰岩、白云岩和南华系的砂泥岩。研究区物性特征及界面关系见表 4.15。

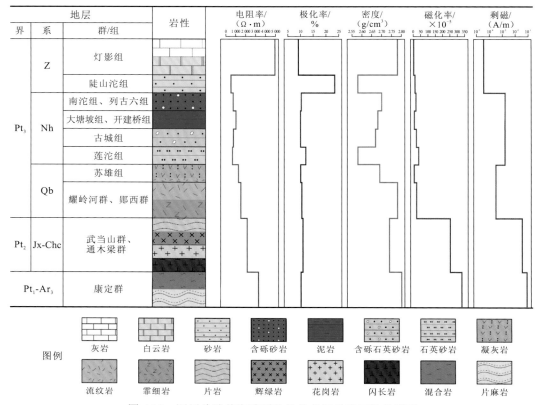

图 4.15　四川盆地前寒武系物性柱状图及岩石物性模型

表 4.15　研究区物性特征及界面关系表

地层	岩性	密度	磁化率	电阻率	极化率
Z_2	灰岩、白云岩	高密度	无磁性	高阻	低极化
Z_1	砂岩	低密度	无磁性	低阻	高极化
Nh	泥岩、砂岩	中密度	无磁性	低阻	低极化
Qb	凝灰岩、流纹岩、霏细岩	高密度	无磁性	中阻	低极化
Jx-Chc	片岩、辉绿岩、花岗岩、花岗斑岩	高密度	中强磁性	高阻	低极化
Pt_1-Ar_3	混合岩、片麻岩	高密度	中强磁性	高阻	低极化

　　重磁电勘探的基础是基于地层和岩石之间密度、磁化率、电阻率的物性差异，结合研究区地质资料，分析和深入总结岩石的物性特征，并对地球物理异常进行综合解释，最终取得有价值的地质成果。地层的平均密度、磁化率、电阻率、极化率及不同岩性分类统计结果表明，前寒武系地层沉积岩、岩浆岩、变质岩之间物性参数存在较大的差异性，物性界面分层比较清楚，能够为应用重磁电方法进行深层油气勘探提供物性依据。

2. 四川盆地密度、磁化率和电阻率全地层建模

　　根据前人的物性工作成果和前寒武的物性采集与测试工作，对四川盆地的物性资料进行整理、统计，见表 4.16。

表 4.16 四川盆地岩石物性参数统计表

地层				密度/(g/cm³)	磁化率/×10⁻⁵	电阻率/(Ω·m)	极化率/%	剩磁/(A/m)
界	系	代号	岩性					
新生界	第四系	Q	—	2.30	1.6	—	—	—
	新近系	N	—	2.30	1.8	—	—	—
	古近系	E	红褐色砾岩	2.65	2.4	284.2	—	—
中生界	白垩系	K	红褐色含砂质泥岩	2.54	8.8	58.8	—	—
	侏罗系	J	砂岩	2.60	24.8	124	—	—
	三叠系	T	砂岩、灰岩	2.67	9.3	3 564	—	—
古生界	二叠系	P	灰岩、砂页岩、玄武岩	2.77	170.0	10 438	—	—
	石炭系	C	灰岩	2.77	32.5	2 357	—	—
	泥盆系	D	含泥质灰岩	2.75	27.7	3 176	—	—
	志留系	S	粉砂岩、页岩	2.64	21.0	94	—	—
	奥陶系	O	砂岩、灰岩	2.70	19.1	2 865	—	—
	寒武系	€	砂岩、页岩	2.64	12.2	854	—	—
新元古界	震旦系	Z	灰岩、白云岩、砂岩	2.71	4.0	3 512.0	13.4	3.23×10⁻⁵
	南华系	Nh	砂岩	2.66	20.8	744.3	10.4	1.46×10⁻³
中元古界	青白口系	Qb	凝灰岩、流纹岩、辉细岩	2.73	11.5	1 339.8	10.1	2.78×10⁻⁴
古元古界	蓟县系、长城系	Jx、Chc	片岩、辉绿岩、花岗岩、花岗斑岩	2.74	255.3	2 120.5	10.8	3.12×10⁻²
新太古界		Ar₃—Pt₁	混合岩、片麻岩	2.80	329.6	3 225.8	10.0	7.04×10⁻²

根据表 4.16 的物性资料，结合对后寒武系物性统计结果和前寒武系物性统计结果，建立四川盆地岩石物性模型，如图 4.16 所示。

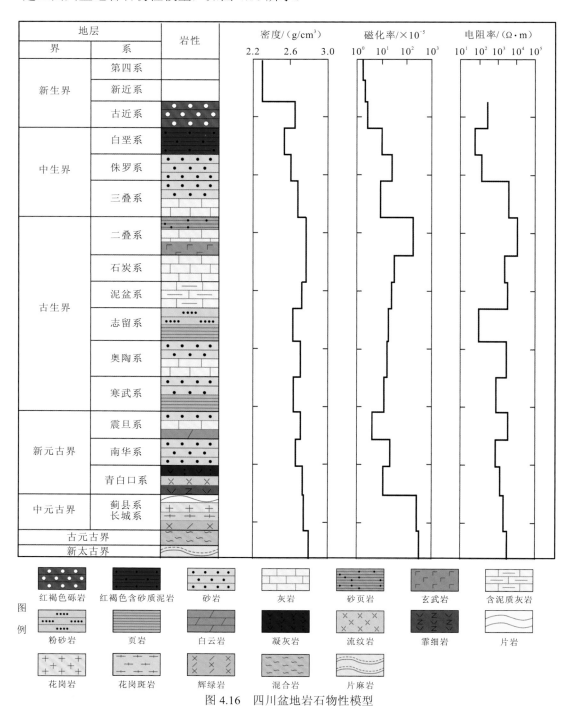

图 4.16 四川盆地岩石物性模型

4.4　全盆地重磁电物性与地层关系建模

1. 岩样孔隙度、渗透率测试结果

对前寒武岩样中的部分岩石进行储层物性测量，包括孔隙度和渗透率测量，测量结果见表 4.17。统计结果如图 4.17 和图 4.18 所示。

表 4.17　岩石储层参数及分层统计表

地层				样本数/块	孔隙度/%	渗透率/mD
界	系	代号	岩性			
新元古界	震旦系	Z	灰岩、白云岩、砂岩	31	2.93	2.57
	南华系	Nh	砂岩	111	2.22	0.71
	青白口系	Qb	凝灰岩、流纹岩、霏细岩	18	1.97	0.08
中元古界	蓟县系、长城系	Jx、Chc	片岩、花岗岩、闪长岩	40	2.10	0.88
古元古界		Ar_3—Pt_1	杂岩（混合岩、片麻岩）	18	1.30	0.04
新太古界						

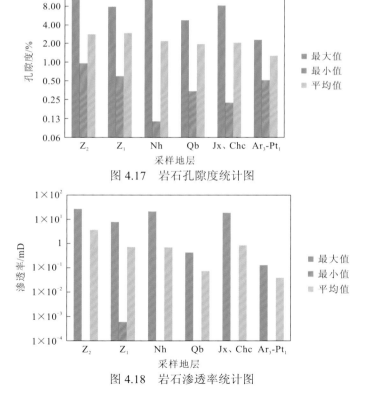

图 4.17　岩石孔隙度统计图

图 4.18　岩石渗透率统计图

根据统计结果：孔隙度方面，地层孔隙度整体较小，平均在 2%左右，古元古界、新太古界的康定组较低，平均在 1.3%；渗透率方面，基本为低渗岩石，渗透率水平在

0.1～1 mD 的居多，灯影组和莲沱组具有高于 1 mD 的平均渗透率，而苏雄组和康定组具有低于 0.1 mD 的平均渗透率。

2. 不同岩性标本孔隙度、渗透率特征

将四川盆地所采集的样品按沉积岩、火成岩和变质岩三大类进行统计分析，其孔隙度统计结果见表 4.18，孔隙度直方图如图 4.19 所示。

表 4.18　四川盆地前寒武纪岩石样品孔隙度统计表　　　　　（单位：%）

岩石	样品数	平均值	标准差	最小值	最大值
所有岩石	215	2.21	2.15	0.11	13.50
火成岩	32	1.85	1.64	0.23	8.35
沉积岩	139	2.36	2.39	0.11	13.50
变质岩	44	2.04	1.56	0.52	8.07

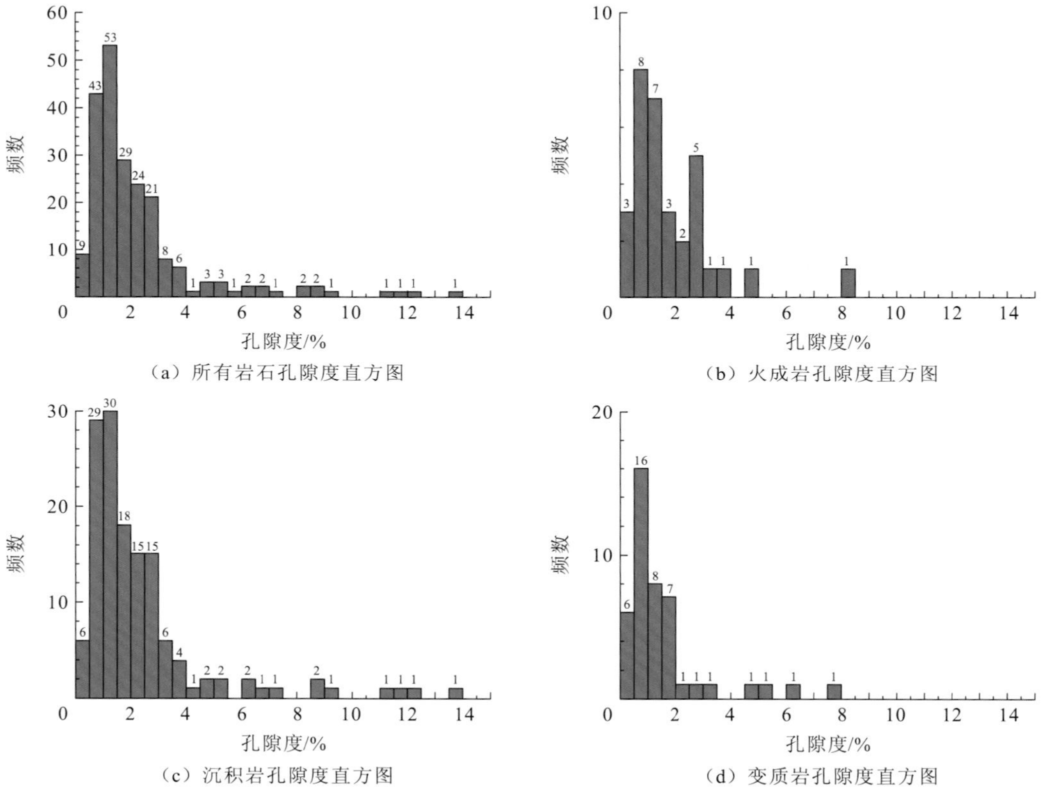

（a）所有岩石孔隙度直方图　　　　　（b）火成岩孔隙度直方图

（c）沉积岩孔隙度直方图　　　　　（d）变质岩孔隙度直方图
图 4.19　四川盆地岩石样品孔隙度直方图

四川盆地岩石样品孔隙度为 0.11%～13.50%，均值为 2.21%。从图 4.19（a）可以看出，样品孔隙度大部分在 3% 以内，属于特低孔，只有少量样品的孔隙度高于 5%，最高可达 13.50%。总体岩石样品孔隙度标准差为 2.15%，反映出孔隙度的变化并不算很大，但总体样品的孔隙度变化范围较大。从统计结果上来看，沉积岩孔隙度最大，火成岩孔隙度最小，这也是各种不同岩石的岩性特点在孔隙度上的正常表现。

火成岩的孔隙度平均值为 1.85%，变化范围为 0.23%～8.35%，标准差为 1.64%，在所有岩石中孔隙度最小，孔隙度的变化也是比较小的，如图 4.19（b）所示。这说明火成岩在成岩后没有受到后期改造的影响，其孔隙主要是原生孔隙，次生孔隙基本不发育。沉积岩的孔隙度平均值为 2.36%，变化范围为 0.11%～13.50%，标准差为 2.39%，在所有岩石中孔隙度最大，孔隙度的变化也是最大的。从图 4.19（c）中可以发现，沉积岩的孔隙度普遍偏小，这是因为在沉积成岩后，上覆地层的压实作用，导致沉积岩中原生孔隙被破坏，从而孔隙度减小，同时也说明，大部分沉积岩在沉积成岩后没有太多地受到后期溶蚀等作用的影响。变质岩的孔隙度平均值为 2.04%，变化范围为 0.52%～8.07%，标准差为 1.56%，在所有岩石中孔隙度变化范围是最小的。从图 4.19（d）中可以看出，大部分变质岩的孔隙度是较低的，符合变质岩孔隙度的特点，但有部分样品的孔隙度偏大，反映出变质岩受到后期溶蚀、改造的特点。

将四川盆地所采集的样品按沉积岩、火成岩和变质岩三大类进行统计分析，其渗透率统计结果见表 4.19，渗透率直方图如图 4.20 所示。

表 4.19　四川盆地前寒武纪岩石样品渗透率统计表　　　（单位：mD）

岩石	样品数	渗透率平均值	渗透率标准差	渗透率最小值	渗透率最大值
所有岩石	164	2.217	10.076	0.002	103.016
火成岩	25	0.887	3.732	0.002	18.764
沉积岩	98	3.350	12.826	0.002	103.016
变质岩	41	0.365	1.033	0.002	5.831

样品渗透率变化范围为 0.002～103.016 mD，变化范围较大。从图 4.20（a）中可以看出，绝大部分样品的渗透率都在 1 mD 以下，少数样品的渗透率略高。从总体上看，大部分岩石样品属于低-特低渗，其中沉积岩的渗透率最高，变质岩的渗透率最低。

火成岩渗透率平均值为 0.887 mD，最小值为 0.002 mD，最大值为 18.764 mD，标准差为 3.732 mD。从图 4.20（b）中可以看出，火成岩样品渗透率几乎全部都在 1 mD 以下，只有 1 个样品的渗透率略高，这说明火成岩在成岩后环境比较稳定，几乎没有受到后期改造作用的影响。沉积岩渗透率平均值为 3.350 mD，最小值为 0.002 mD，最大值为 103.016 mD，标准差为 12.826 mD。从图 4.20（c）中可以看出，沉积岩样品渗透率大部分在 1 mD 以下，只有部分样品的渗透率略高，与孔隙度分布情况较一致。一般情况下，沉积岩由于孔隙度较大，其渗透率也会相应较大，且碎屑沉积岩的渗透率会大于化学沉积岩，但如果沉积岩被压实，孔隙度减小，孔隙连通性变差，渗透率也会随之降低。变质岩渗透率平均值为 0.365 mD，最小值为 0.002 mD，最大值为 5.831 mD，标准差为 1.033 mD。图 4.20（d）显示，变质岩渗透率的分布情况与火成岩情况基本一样，全部样品的渗透率都在 5 mD 以下，其中 95% 的样品渗透率都不足 1 mD，并且变质岩渗透率变化范围最小，标准差上也是所有岩石样品中最小的。变质岩渗透率整体非常低也反映出变质岩在成岩后没有受到后期构造作用的影响，因为一旦受到构造作用的改造产生裂隙，渗透率会大幅度增加。

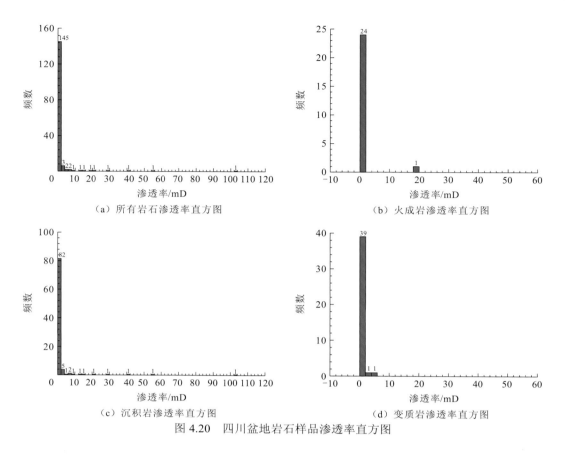

（a）所有岩石渗透率直方图

（b）火成岩渗透率直方图

（c）沉积岩渗透率直方图

（d）变质岩渗透率直方图

图 4.20　四川盆地岩石样品渗透率直方图

3. 孔隙度、渗透率与物性关系模型

将四川盆地前寒武系地层岩石标本按沉积岩、变质岩、岩浆岩三种岩性分类，定量分析沉积岩（砂岩和灰岩）、变质岩、岩浆岩密度、电阻率与孔隙度、渗透率的关系及孔隙度与渗透率之间的关系，磁化率参数具有特殊性，与孔隙度、渗透率几乎没有相关性，分析中不做讨论。

在砂岩中，渗透率与孔隙度存在线性关系，电阻率与孔隙度存在指数关系、与渗透率近似幂函数关系，密度与孔隙度、渗透率存在线性关系；在灰岩中，密度与孔隙度存在线性关系，其他物性参数之间均没有明显的相关性；在岩浆岩中，电阻率与孔隙度存在对数关系，密度与孔隙度存在线性关系，其他物性参数间均没有明显的相关性；在变质岩中，孔隙度与渗透率存在线性关系，电阻率与孔隙度存在幂函数关系，密度与孔隙度存在线性关系。整体上看：因为砂岩物性参数受孔隙度影响较大，数据分布相对集中；碳酸盐岩储集层的孔隙类型较复杂，包括孔洞型、孔隙型和裂缝型，因此数据相对比较分散，没有明显的相关性；岩浆岩和变质岩密度、电阻率受矿物成分影响更大，受孔隙度影响相对较小。

物性参数与储层参数关系模型如图 4.21～图 4.35 所示。

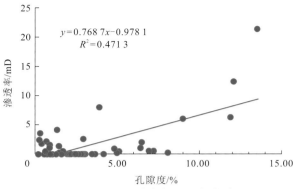

图 4.21   砂岩孔隙度与渗透率关系图

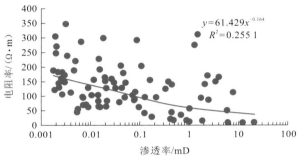

图 4.22   砂岩电阻率与渗透率关系图

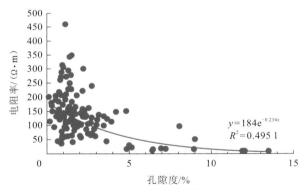

图 4.23   砂岩电阻率与孔隙度关系图

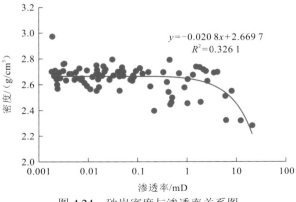

图 4.24   砂岩密度与渗透率关系图

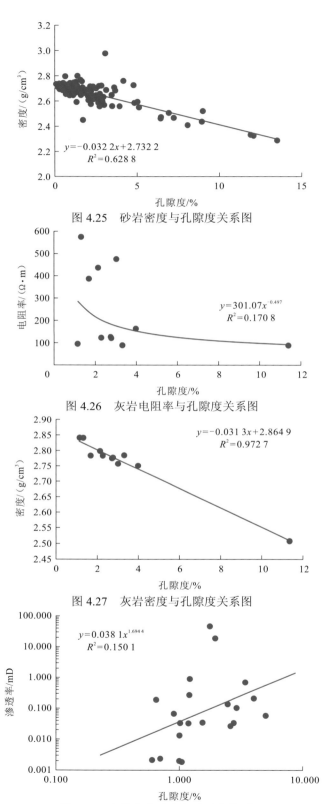

图 4.25　砂岩密度与孔隙度关系图

图 4.26　灰岩电阻率与孔隙度关系图

图 4.27　灰岩密度与孔隙度关系图

图 4.28　岩浆岩孔隙度与渗透率关系图

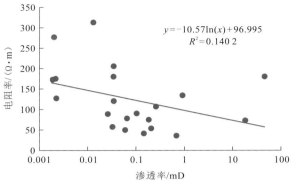

图 4.29　岩浆岩电阻率与渗透率关系图

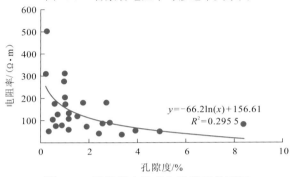

图 4.30　岩浆岩电阻率与孔隙度关系图

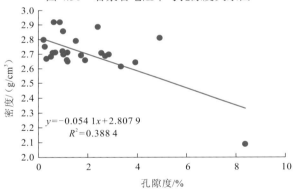

图 4.31　岩浆岩密度与孔隙度关系图

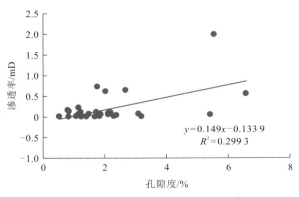

图 4.32　变质岩孔隙度与渗透率关系图

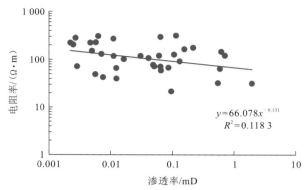

图 4.33 变质岩电阻率与渗透率关系图

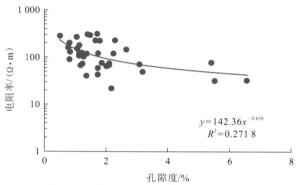

图 4.34 变质岩电阻率与孔隙度关系图

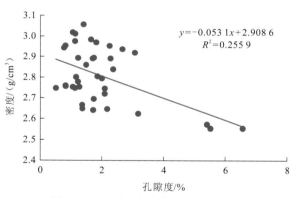

图 4.35 变质岩密度与孔隙度关系图

  根据数据和物性关系分析结果，砂岩孔隙度相对较大，但多数低于 5%，灰岩、岩浆岩、变质岩孔隙度均较低，几乎在 4% 以下，具有低孔低渗特征。目前，前寒武系地层烃源岩发育，震旦系和南华系两套地层砂岩均具备储集条件，是潜在的油气藏目标层，而震旦系灰岩已是大型气田的产气层位，因此，砂岩和灰岩的物性特征及其与孔隙度、渗透率参数的关系模型，对深层油气的重磁电勘探和评价具有重要意义。

第5章 鄂尔多斯盆地岩石重磁电物性特征与建模

5.1 鄂尔多斯盆地地质概况

鄂尔多斯盆地（也称为陕甘宁盆地、黄土高原）在地理上指河套以南，长城以北的内蒙古自治区鄂尔多斯地区。地质学中的鄂尔多斯盆地范围则广阔得多，它西起贺兰山、六盘山，东临吕梁山，北抵阴山南麓，南达秦岭北坡，包括宁夏东部、甘肃陇东、内蒙古鄂尔多斯、巴彦淖尔市南部、阿拉善盟东部、陕北地区、山西河东地区，东西宽约 500 km，南北长约 700 km，总面积可达 3.7×10^5 km²（长庆油田勘探开发的鄂尔多斯盆地总面积约 2.5×10^5 km²），是我国第二大沉积盆地。其地理特征分布大致包括北部的沙漠、草原、丘陵区和南部的黄土源区两部分。

黄土高原是盆地主要地貌特征，著名的毛乌素沙漠位于盆地北部，周边山系海拔 1 500～3 800 m，平均海拔 2 500 m 左右。盆地内部西北高，东南低，海拔 800～1 800 m；西北部的银川平原、北部的河套平原、南缘的关中平原，地势相对较低（前二者海拔约 1 600 m，关中平原海拔仅为 300～600 m）。黄河沿盆地周缘流过，在盆地东南角的潼关离开。盆地内部发育有十几条河流（无定河、延河、洛河、泾河、渭河等），多数集中在盆地的南部，在东南角汇入黄河，属于黄河中游水系。

鄂尔多斯盆地属于大型多旋回叠合克拉通盆地，盆地内部地层平缓，倾角不足 1°，构造极不发育，只有在盆地周缘大量发育褶皱、断裂及挠曲构造。鄂尔多斯盆地属于华北克拉通上一个最稳定的块体或构造单元。

5.1.1 地层及岩性特征

鄂尔多斯地区主要由变质基底和沉积盖层组成，具有典型的二元结构。研究区地层发育较为齐全，除志留系、泥盆系和下石炭统并无沉积外，自太古宇至第四系地层在地表均有所出露。

鄂尔多斯地区前寒武系地层由于时代久远，出露较少，前人研究不多。具体采样地层划分见表 5.1。

1. 盆地基底

鄂尔多斯盆地的基底为太古宇及古元古界的变质岩。鄂尔多斯地区盆地基底结构具有三分性：北部千里山群主要为黑云石英片岩、变粒岩、黑云斜长片麻岩及混合花岗岩；盆地中部五台群为变质程度较高的黑云变粒岩、黑云石英片岩、金云大理岩；东南部界河口群为浅变质的斜长角闪岩、石英片岩及长石石英岩。盆地内基底顶面埋深呈西南深，向东北变浅的起伏形态。

表 5.1 鄂尔多斯盆地前寒武系采样地层简表

界	系	组
元古界 Pt	新元古界 Pt$_3$	震旦系（Z）罗圈组（正目观组）
		青白口系（Qb）陶湾组
		青白口系（Qb）大庄组
	中元古界 Pt$_2$	蓟县系（Jx）官道口群
		蓟县系（Jx）巴音西别群
		蓟县系（Jx）王全口组
		蓟县系（Jx）什那干群
		蓟县系（Jx）黄旗口组
		长城系（Chc）塔克林放包组
		长城系（Chc）沙布更茨组
		长城系（Chc）汉高山群
		长城系（Chc）渣尔泰山群
		长城系（Chc）高山河群
		长城系（Chc）熊耳群（西阳河群）
		长城系（Chc）峡河岩群（陶湾组）
	古元古界（Pt$_1$）	秦岭岩群（宽坪组）
		海原群
		铁铜沟组
		担山石群
		中条群
		黑茶山群
		野鸡山群
		岚河群
		阿拉善群
太古界 Ar	新太古界（Ar$_3$）	太华群
		绛县群
		涑水群
		吕梁群
		界河口群
		贺兰山群（宗别立群）
		二道凹群
		乌拉山群

1）秦岭群

秦岭群分布于甘肃天水地区，陕西宝鸡唐藏张家庄、太白县沪家垣，河南西峡县分水岭、内乡青山、马山口及桐柏县老湾等地区。该群自下而上可以划分为郭庄组、雁岭沟组和石槽沟组。该群与中元古代峡河岩群呈韧性剪切带构造接触。

郭庄组下部主要为混合质石榴黑云斜长片麻岩、黑云二长混合片麻岩，在桐柏县瓦屋庄地区含少量麻粒岩夹层及残留体；中部主要为石榴黑云斜长片麻岩，夹斜长角闪岩；上部主要为斜长角闪岩和石榴黑云斜长片麻岩，夹薄层大理岩。郭庄组厚628～2 150 m。

雁岭沟组下部主要为厚层白云质大理岩和石墨大理岩，上部主要为石榴夕线黑云斜长片麻岩及薄层大理岩。该组还夹有石英岩、石墨片岩、磷灰石大理岩。富含石墨为该层主要的标志，该层厚度为550～2 257 m。

石槽沟组下部主要为二云变粒岩、石榴黑云变粒岩、黑云斜长片麻岩，夹石英岩、二云石英片岩、斜长角闪岩和薄层大理岩；中部主要为石榴二云（黑云）石英片岩，夹十字石榴黑云石英片岩、夕线石榴黑云石英片岩、蓝晶石榴二云石英片岩及长石石英岩，局部夹有大理岩及斜长角闪岩；上部主要为石榴二云石英片岩、石榴黑云石英片岩，夹斜长角闪岩、大理岩、薄层石英岩及少量变粒岩。

2）海原群

海原群位于宁夏海原县附近，出露于宁夏海原县南华山、西华山及西吉县月亮山等地。海原群可以划分为三个亚群。下亚群下部以绿帘阳起片岩、绿帘绿泥片岩、绿泥阳起片岩为主，夹白云石英片岩；上部为绿泥白云石英片岩、二云石英岩和黑云石英片岩，夹一层含砂质白云石大理岩。下亚群厚度大于1 789.4 m。中亚群下部为厚层状金云大理岩，夹少量白云石英片岩和碳质白云石英片岩；中部以硅质大理岩、金云大理岩为主，夹少量绿帘阳起片岩；上部以钙质白云石英片岩为主，夹多层金云大理岩。中亚群厚度约为1 476.4 m。上亚群下部为白云石英片岩；中部以白云石英片岩、绿泥白云石英片岩为主，夹金云大理岩和绿帘阳起片岩；上部以金云大理岩和白云石英片岩为主，夹少量绿帘阳起片岩。上亚群厚度约为3 512.7 m。

3）铁铜沟组

铁铜沟组位于蓝田县灞源镇铁铜沟，为秋岔群上部岩组，主要分布于华县老牛岭和蓝田县青岗坪、铁铜沟、秦谷、韩家坪等地，主要岩性为石英岩，其次为绢云石英片岩、白云石英岩，夹少量含石榴二云片岩、二云石英片岩、含砾石英岩、含砾白云石英岩，偶尔含大理岩透镜体。铁铜沟组厚度为315～2 588 m。

4）担山石群

担山石群位于山西省垣曲县南西，以南南东—北北西向分布于中条山东麓边缘的西峰山—架桑一带，位于中条群出露区东侧，与下伏中条群之间为不整合接触关系，总厚度大于563 m。担山石群自下而上可以划分为周家沟组、西峰山组和沙金河组。

周家沟组为变质砾岩，砾石成分一般为石英岩、白云石大理岩，少量板岩、变火山岩等，具有一定的磨圆度。胶结物主要为砂质，其次为泥质，偶见含磷、铁和白云质。

西峰山组为具暗色条带的中—细粒石英岩，磨圆度好，分选中等。条带平直，由磁铁矿和少量镜铁矿粒组成，偶见大型斜交层理。

沙金河组上部、下部均为变质砾岩，包括石英岩、条带石英岩和白云石大理岩。变质砾石呈椭圆状，胶结物为砂质。沙金河组中部为变质粉砂岩。

5）中条群

中条群位于山西省垣曲县北西部转山—西峰山和夏县东部温峪—架桑一带，在山西中条山地区广泛出露，主要分布在闻喜—垣曲两县交界两侧、夏县东部一带，运城南部也有少量出露。该群分为上、下两个亚群，其中上亚群分为温峪组、武家坪组和陈家山组3个岩组，下亚群分为界牌梁组、龙峪组、余元下组、篦子沟组和余家山组5个岩组，下亚群余家山组与上亚群温峪组呈假整合或不整合接触。该群与上覆古元古代担山石群及下伏古元古代绛县群呈不整合接触。

界牌梁组底部为变砾岩及含砾长石石英岩，砾石以石英岩为主，其次为混合花岗岩、片麻岩、变火山岩等，砾径为6～10 cm，个体较大者可达30 cm，磨圆度好。中部为含砾长石石英岩，具交错层，有时可见大型波痕，波谷平缓，还可见叠加干裂。上部为石英岩、条带状石英岩，夹细砾岩薄层。界牌梁组厚约134 m。

龙峪组下部为砂质板岩，夹条带状长石石英岩薄层，局部含少量方柱石变晶；中部为板岩、砂质板岩夹薄层石英岩、变粉砂岩和钙质千枚岩，局部含方柱石；上部为板岩夹大理岩，向上大理岩愈多，逐渐向余元下组过渡。龙峪组厚约238 m。

余元下组下部为白云石大理岩，含燧石条带白云石大理岩，常见强烈同生褶皱，包卷层理，夹钙质板岩、方柱石变斑晶白云石大理岩；中部以灰色大理岩为主，有少量硅质条纹白云石大理岩、含团块燧石白云大理岩和方柱石大理岩，硅质条纹显示强烈的同生滑动褶曲；上部为具方柱石变斑晶的白云石大理岩夹板岩；顶部为方柱石黑云片岩所替代。余元下组厚约599 m。

篦子沟组下部为黑云石英片岩、十字石榴绢云片岩、绢云石英片岩，夹薄层不纯大理岩、变基性火山岩（斜长角闪岩、角闪变粒岩和羽斑状角闪石岩）和方柱黑云片岩，局部有石榴堇青绢云片岩；上部为富含碳质的黑色片岩、碳质绢云石英片岩和碳质钠长绢云石英片岩，夹不纯大理岩和钠长浅粒岩。近顶部不纯大理岩增多，向余家山组大理岩过渡。篦子沟组岩性、岩相变化频繁，各种岩石间常相互渐变，厚约835 m。

余家山组是该群中分布最广，岩性、岩相和厚度较稳定的一个岩组。下部为条纹—条带状白云石大理岩、夹板岩，有时可见含方柱石变斑晶的锰质白云石大理岩及含包心菜状叠层石的白云石大理岩；上部为结晶大理岩，含方柱石变斑晶，有时有少量燧石条带，顶部夹薄层片岩。余家山组厚约2 400 m。

温峪组下部为绢云片岩、绢云石英片岩，夹薄层状或透镜状大理岩；向上为含铁白云岩与黑云英片岩互层；至上部过渡为泥质白云石大理岩，夹绢云石英片岩，局部夹十字石片岩。温峪组厚度约680 m。

武家坪组主要为中厚层石英岩、长石石英岩，下部偶夹绢云石英片岩，上部偶夹黑色板岩和砂质白云石大理岩，顶部为磁铁石英岩。武家坪组厚度约为1 060 m。

陈家山组主要为绢云石英片岩，下部可见石榴绢云片岩，中部夹石英岩，上部为含石榴绿泥绢云片岩、含石榴绢云片岩，夹一层含铜石榴绢云片岩，局部地区夹薄层或透镜状大理岩。陈家山组厚度大于 550 m。

6）黑茶山群

黑茶山群位于山西省兴县东会乡北黑茶山，仅出露于兴县黑茶山地区，面积小于 20 km²。山西地矿局主要根据山西省地质局区调队的意见，将该群自下而上分为 6 层：变砾岩夹绢云石英岩，厚约 40 m；变砾岩，厚约 6 m；含砾长石石英岩，厚约 96 m；变砾岩，厚约 12 m；含砾长石石英岩，厚约 44 m；长石石英岩，厚约 882 m。底部变砾岩呈透镜状，其砾石以滚圆状石英岩为主，其次为脉石英，砾石砾径较大，以 15 cm 居多。黑茶山群厚度大于 1 080 m，与下伏太古宙界河口群呈不整合接触。

7）野鸡山群

野鸡山群位于山西省岚县岚城镇坪儿上村，北起山西宁武县芦草沟，向南经岚县野鸡山，直到离石区马头山，呈南窄北宽的狭长带状，出露面积约 550 km²。该群自下而上可分为青杨树湾组、白龙山组和程道沟组，与下伏赤坚岭杂岩或界河口群为不整合接触。

青杨树湾组为一套长石石英岩为主的变碎屑沉积岩，底部有不稳定的变砾岩，局部夹有千枚岩。该组依据沉积旋回分为两个亚组：下亚组以底部变砾岩、含砾石英岩-长石石英岩-千枚岩或变粉砂岩组成一个沉积旋回；近顶部发育变基性火山岩，底部可见残积变质赤铁矿和沙金。青杨树湾组厚约 2 930 m。

白龙山组以变玄武岩为主，夹少量千枚岩、长石石英岩，局部夹变流纹岩和薄层大理岩。变玄武岩有保留完好的气孔和杏仁构造。白龙山组厚约 1 635 m。

程道沟组以条带状黑云千枚岩为主，其次为钙质石英岩、钙质黑云石英岩和含黑云石英岩。程道沟组沉积构造发育，厚约 870 m。

8）岚河群

岚河群位于山西省岚县北凤子山和岚县王狮乡乱石村。该群主要在岚县城南北两处出露，北区主要分布于岚县岚城镇至静乐县西马坊一带，南区主要分布于普明镇乱石村至方山县开府以北的宝塔山一带，合计出露面积约 100 km²。该群自下而上分为凤子山组、前马宗组、后马宗组、石窑凹组和乱石村组。该群与下伏太古宙吕梁群呈不整合接触。

凤子山组由变砾岩、长石石英岩及钙质石英岩组成，显示由粗至细变化的沉积旋回。砾石以石英岩为主，砾径一般为 10～25 cm，磨圆度好。凤子山组厚约 290 m。

前马宗组由变砾岩和石英岩组成，厚约 375 m。

后马宗组由变砾岩、石英岩、千枚岩和结晶白云岩组成，构成了一个较完整的海侵旋回。后马宗组含锰矿、铜矿化层，厚约 711 m。

石窑凹组下部为石英岩、千枚岩、绿色片岩，中部为含砾石英岩、千枚岩，上部为千枚岩、结晶白云岩，全组构成一个较大的沉积旋回，石英岩中发育交错层。石窑凹组厚约 1 000 m。

乱石村组底部为柳叶状变砾岩，其上为绢云石英岩、长石石英岩和石英岩，石英岩中发育交错层。在两角村喜山，该组近顶部长石石英岩岩层中夹有厚达 50 m 的变砾岩层。砾石为被磨圆的石英岩，砾径以 15 cm 左右为主，大者达 30～40 cm。乱石村组厚度约为 218 m。

9）阿拉善群

阿拉善群分布在宁夏雅布赖山至包洛项乌拉一带，呈近东西向展布，与下伏迭布斯克岩群为断层接触。该群暂时可分为波罗斯坦庙组和哈乌拉组两个组。

波罗斯坦庙组主要由黑云斜长片麻岩、角闪斜长片麻岩、变粒岩组成，含透镜状大理岩及斜长角闪岩夹层。该组底部含钛铁矿结核，岩石中普遍含石墨。

哈乌拉组以黑云角闪斜长片麻岩及各种混合岩为主，夹数层透辉大理岩，各层之间为整合接触。

10）太华群

太华群位于山西华阴蒲峪、阌峪和洛南高山河，西起山西蓝田，经临潼骊山、华县太华山、潼关，向东进入河南，经灵宝、崤山、熊耳山、鲁山至舞阳，总体上构成一个东西—北西西—北西向的弧形古老变质岩带，长约 450 km，宽约 50 km。根据岩石组合、原岩性质、变质特点、含矿性等因素，太花群分为两套岩石组合。

第一套岩石组合中小秦岭（包括太华山和老牛山）发育最好，以混合质片麻岩为主，总的特征相当于花岗质片麻岩，大致可分为耐庄岩组和荡泽河岩组两个岩组。

耐庄岩组以条带状、条痕状黑云斜长质混合岩，黑云均质混合岩和部分二长质混合花岗岩为主，夹斜长角闪岩、混合质角闪斜长片麻岩、黑云角闪斜长片麻岩和变粒岩等的残留体或残留层。

荡泽河岩组以角闪斜长质（或二长）的条带状混合岩和均质混合岩为主，夹条痕状黑云斜长质混合岩、斜长角闪岩、滑石透闪岩、蛇纹岩、辉石岩、辉石橄榄岩和辉长岩等。两个岩组间没有严格的上下关系，常常沿走向相互过渡或两者相间出现。花岗质片麻岩主体的原岩成分相当于奥长花岗岩-英云闪长岩-花岗闪长岩（花岗岩）岩套。这一岩石组合是产出脉金的主要层位，故可称为含金岩系。

第二套岩石组合主要分布在鲁山地区，以变质的沉积岩和火山沉积岩为主。自下而上基本可分为铁山岭岩组、水底沟岩组和雪花沟岩组三个岩组。

铁山岭岩组为含铁岩系，主要为黑云斜长片麻岩、角闪斜长片麻岩、长石石英岩和斜长角闪岩，夹铁英岩、磁铁石英辉石岩、石英岩和大理岩。

水底沟岩组以含石墨为特征，岩石组合为石墨黑云（二云）钾长片麻岩、含石墨辉石二长（钾长）片麻岩、石墨大理岩、透辉大理岩、含石墨透辉斜长片麻岩、黑云斜长片麻岩、角闪斜长片麻岩和斜长角闪岩。

雪花沟岩组以含富铝矿物为特征，主要为浅粒岩、变粒岩与斜长角闪岩呈互层，夹夕线石榴片麻岩、蓝晶黑云石英片岩、石榴云母石英片岩、石榴二辉麻粒岩、透辉大理岩和少量含石墨的大理岩。

总体上看：第一套岩石组合的变质程度以低角闪岩相为主，混合岩化强；第二套岩石组合的变质作用以高角闪岩相为主，部分达到麻粒岩相，混合岩化弱。

太华岩群常构成混合岩-花岗质片麻岩-变质岩穹隆，一些地段则构成复式倒转向斜。陕西的太华岩群的顶界与铁铜沟组、高山河组、熊耳群为不整合，在河南其顶界则与云梦山组不整合。

长片麻岩、夕线石榴片麻岩、角闪斜长片麻岩（变粒岩）夹石英岩、石榴钾长变粒岩和少量透镜状橄榄大理岩。下部原岩为中基性火山岩、砂岩、黏土岩、含杂质的白云质灰岩；中部原岩为白云质灰岩，夹少量黏土质砂岩；上部原岩为泥质砂岩、长石砂岩、长石石英质砂岩夹白云质灰岩。

第三岩组为透辉黑云斜长（钾长）片麻岩、长石石英岩、钾长浅粒岩、透辉钾长变粒岩、蛇纹石化透辉橄榄大理岩。原岩为杂砂岩、长石砂岩、长石石英砂岩、白云质灰岩，另夹少量中酸性火山岩。

第四岩组为厚层大理岩。该岩群的形成环境相当于古陆边缘海盆环境。岩石组合体现了以火山喷发—沉积、再喷发—沉积—沉积为主的特点，总的是一个大旋回，显示出由早到晚的一个完整的海进喷发旋回。

上述 4 个岩组曾经受高、中温区域变质作用，主体达高角闪岩相，局部达麻粒岩相。4 个岩组遭受过多次变形，变形程度强，局部显示区域混合岩化作用。乌拉山群上部被二道凹群不整合覆盖，下部部分岩性与集宁群相当，与集宁群（狭义的）的关系尚待进一步研究。

2. 长城系

中元古界长城系不整合覆盖于太古宇—古元古界结晶基底之上，其主要分布在鄂尔多斯地区南部（缘）和西部（缘）。

1）熊耳群

熊耳群位于豫西熊耳山地区，主要为一套陆相—海相中性为主的火山熔岩及少量碎屑岩。内分大古石组河流相碎屑岩、许山组安山岩、鸡蛋坪组英安斑岩夹火山碎屑岩、马家河组中、基、酸性熔岩。该群与下伏太古宇太华群或古元古界均为不整合接触。熊耳群总厚度为 5 089 m。西阳河群、崤山群、河口群、落凹群、刘庄组均为熊耳群的同物异名。

2）高山河群

高山河群分布于小秦岭南部的黄龙铺—高山河—伍仙—陈耳一带，下分鳖盖子组、二道河组和陈家涧组三个组。该群岩性为含砾石英砂岩、石英砂岩夹红色页岩，中部夹含叠层石白云岩，有时底部夹一层安山岩，顶部常见数米厚的赤铁矿或铁质石英砂岩，含叠层石。高山河群下部与熊耳群不整合接触，上部与龙家园组整合或平行不整合接触。高山河群厚 40～3 810 m。

3）塔克林敖包组

塔克林敖包组位于内蒙古自治区阿拉善左旗巴音西别地区塔克林敖包至阿都丈蒙山。该组上部为含叠层石的青灰色、褐黄色白云岩、白云质灰岩及薄层灰岩；中部为杂色板岩，千枚岩夹细粒石英砂岩；下部为暗色薄层石英岩与泥质灰岩互层。上部含叠层石，与沙布更茨组呈整合关系，厚约 1 600 m。岩性在横向上变化不大，厚度则变化较大，如仲嘎顺一带厚约 4 000 m，阿都丈蒙山—塔克林敖包一带厚约 1 600 m。

4）沙布更茨组

沙布更茨组位于内蒙古自治区阿拉善左旗巴音诺尔公西北的沙布更茨及格资胡都格

一带。该组为滨海相碎屑岩，主要由石英岩和浅粒岩组成，可分为三段：下段下部为灰、白色白云母石英片岩，上部为灰黑色碳质白云母石英片岩夹灰白色薄层石英岩和黑色板岩，有时夹灰岩透镜体，厚约 300 m；中段为白色中厚层石英岩夹薄层石英岩和黑色板岩，局部有含砾石英岩或砾岩，厚度大于 800 m；上段为板岩及石英岩，厚度为 635 m。在格资胡都格一带，该组受变质作用影响，上段板岩中常见石榴子石、透辉石等矿物晶体，与阿拉善群呈不整合接触。纱布更茨组厚度变化幅度较大，为 1 400～2 759 m。

5）汉高山群

汉高山群位于山西省临县东南的汉高山，在汉高山地区为一套河流相粗碎屑岩。该群自下而上共分三组：第一组为紫红色—灰黄色砾岩、含砾砂岩、长石砂岩、砂质页岩和页岩，夹有安山质凝灰岩，厚度大于 135 m；第二组为黄色含砾长石砂岩，夹灰紫色、黄绿色页岩和长石砂岩，厚 105 m；第三组为灰黄色砾岩、白色石英砂岩与紫红色页岩，夹杏仁状和块状安山岩，厚约 40 m。上述三组间均有沉积间断。汉高山群与其上的寒武系霍山砂岩等为不整合接触，与下伏太古宇界河口群或吕梁山群不整合接触。汉高山群分布零星，出露面积很小：在汉高山约 5 km²；在娄烦白家滩小两岭约 3.5 km²；在关口一带地表未出露，据物探资料推测，分布面积约 20 km²。

6）渣尔泰山群

渣尔泰山群（白云鄂博群）位于内蒙古自治区巴彦淖尔市乌拉特中旗、前旗之间渣尔泰山一带。渣尔泰山群广泛分布在固阳—狼山一带，东西延伸达 300 km。自渣尔泰山向东西两侧，地层厚度及岩性均有较大变化。白云鄂博群与渣尔泰山群形成于同时代的不同构造环境。该群为受绿片岩相温度、压力变质和多期构造变形影响的陆相至浅海相地层，由向上变细再变粗的碎屑岩、页岩、碳酸盐岩所组成，在渣尔泰山总厚大于 3 000 m，与下伏新太古代岩群为不整合接触。其上，估计为什那干群所不整合覆盖。当前，渣尔泰山群可分为 4 个组，由下而上分述如下。

书记沟组位于乌拉特前旗小佘太乡书记沟，主要为灰色、灰白色中厚层砂砾岩、砂岩、石英岩、粉砂岩、板岩，中部夹有变质玄武岩、安山岩。书记沟组厚度约为 1 000 m，不整合于新太古代岩层之上。

增隆昌组位于乌拉特前旗增隆昌一带。该组上部为含叠层石的碳酸盐台地相白云质灰岩，硅质条带结晶灰岩，含叠层石和微古植物等；中部为碳质、泥质板岩，含砂质微晶灰岩；下部为滨岸相细粒长石石英砂岩及灰色粉砂质板岩。增隆昌组厚约 280 m，与下伏书记沟组呈整合接触。

阿古鲁沟组位于渣尔泰山西北侧，为书记沟剖面第 1～19 层，主要岩石均含碳质。该组下部为暗灰色板岩；中部为灰色、深灰色微晶灰岩夹板岩、泥质白云岩；上部为暗灰色板岩夹砂质结晶灰岩。上部含叠层石等，碳质板岩中有微古植物化石。阿古鲁沟组厚 1 520 m，与下伏增隆昌组为整合关系。

刘洪湾组位于乌拉特前旗小佘太乡刘洪湾、石龙湾一带，主要岩石为滨海相中-薄层状浅色细粒石英岩，夹含砾石英岩、长石石英岩等。该组与下伏阿古鲁沟组为整合接触，除第四系外，未见直接的上覆地层。刘洪湾组可见厚度为 300～500 m。

7）峡河岩群

峡河岩群原属秦岭群，包括寨根、界牌两个（岩）组，主要岩性为石榴二云石英片岩、黑云石英片岩、斜长角闪片岩、条带状大理岩、黑云钙质石英片岩及瘤状堇青石片岩。峡河岩群与秦岭岩群断层接触。

3. 蓟县系

1）官道口群

官道口群位于豫西卢氏县官道口地区，自下而上包括高山河组、龙家园组、巡检司组、杜关组和冯家湾组5个组。官道口群岩性主要为一套浅海相碎屑岩-碳酸盐岩建造，富含微古植物和叠层石。官道口群厚 1 950～5 440 m，与下伏熊耳群为不整合接触。

2）巴音西别群

巴音西别群位于内蒙古自治区阿拉善左旗西北部巴音西别大山。群内分非正式地层单位上、下两组，二者间呈整合接触。上组以阿拉善左旗侏拉扎嘎毛道剖面为代表；下组以阿拉善左旗巴音西别东剖面为代表。上组为青灰色厚层状白云岩夹少量黄灰色泥质粉砂质板岩及泥质灰岩，富含叠层石厚约 700 m；下组主要为泥灰岩及板岩、薄层石英岩，上部夹中基性火山岩数层，厚 1 160 m。

3）王全口组

王全口组位于宁夏回族自治区石嘴山市惠农区王全口沟上游，主要为含燧石条带、结核的灰质白云岩。下部有少量石英砂岩、粉砂岩和钙质板岩，底部可见断续出露的砾岩，与下伏黄旗口组呈假整合接触，厚约 83 m。王全口组各区域岩性、岩相、层序均较稳定，在厚度上显示由南向北变薄之趋势：黄旗口、冰沟区域厚约 726 m；百寺口区域厚约 486 m；王全口区域仅厚 118 m。此外，王全口组向北延至内蒙古冈德尔山—桌子山地区也有出露。

4）什那干群

什那干群位于内蒙古自治区乌拉特前旗大佘太镇以北约 18 km 的什那干村，岩性为一套以碳酸盐岩为主的沉积建造。该群上部以燧石条带白云岩和硅质白云质灰岩为主，夹含锰灰岩，最上部产叠层石；下部为石英砂岩、砂岩和页岩。什那干群与下伏新太古界乌拉山群呈不整合接触，厚约 1 000 m。什那干群零星分布在五原、固阳、武川、察右后旗，直至河北尚义等地，但以乌拉特前旗勺头山及其附近的山黑拉出露最佳。什那干群岩性比较稳定，其厚度因受剥蚀的影响，由西向东渐薄，时代上可能有穿时现象。

5）黄旗口组

黄旗口组位于宁夏回族自治区银川市黄旗口冰沟，主要为浅海相碎屑岩建造。该组下部为紫红、灰白色石英岩、石英岩状砂岩，夹杂色粉砂质板岩；中部夹细粒海绿石石英砂岩及粉砂质板岩、石英粗砂岩；上部为硅质白云岩，顶部有一层灰色块状碎屑岩。该组不整合于元古宇黑云斜长花岗岩及更老的变质岩之上，最大可见厚度为 552 m。分布于各地的黄旗口组在岩相、岩性和厚度上均显示了较大的变化：贺兰山北段王全口一带，仅出露少量碳酸盐岩，厚 283 m；陶思沟为石英岩和砂岩，厚 56 m；桌子山、冈德尔山等地为石英砂岩夹泥质粉砂质岩与页岩，厚 300 m。

4. 青白口系

青白口系在鄂尔多斯地区分布局限，仅在盆地东南缘洛南地区有出露。

1）陶湾组

陶湾组位于河南栾川县陶湾镇。陶湾组分布较广，西起陕西省洛南、蓝田县蓝桥镇，经河南卢氏东延到栾川庙子镇，东西延长 230 km 以上。在构造上目前所指的陶湾组仅限于铁炉子—栾川断裂北侧。该组下部秋木沟段（部分研究者认为属上部）以大理岩为主，为灰、灰白色厚层-中厚层大理岩，夹含赤铁矿碳质千枚岩及黑云绢云石英片岩；上部风脉庙段主要为绢云白云石大理岩、薄层条带状大理岩、石英千枚岩，含砾绢云千枚岩，局部地区千枚岩中亦夹大理岩。陶湾组厚 930～2 000 m。

2）大庄组

大庄组位于陕西洛南县上寺店的大庄大队凤冯岭，以灰黄色含叠层石泥质、粉砂质白云岩与下伏冯家湾组呈假整合接触，顶部灰色泥质板岩与上覆罗圈组不整合接触。岩性主要由微晶白云岩、硅质岩及硅质板岩组成。其中有一假整合面，分上、下段：下段为碳酸盐岩相，由泥砂质白云岩夹硅质板岩组成；上段为细碎屑岩，主要由泥板岩、碳质板岩及硅质板岩组成，为浅海相。大庄组岩性较稳定，厚度变化大，洛南乌家沟以西缺失，洛南纸房以东厚度渐增，其总趋势为东厚西薄。大庄组总厚约为 400 m。

5. 震旦系

震旦系沿鄂尔多斯盆地西南边缘出露，在陕西地区称为罗圈组，在宁夏地区称为正目观组。

1）罗圈组

罗圈组位于河南省临汝县蟒川乡罗圈村，参考剖面位于宜阳苗村，主要由一套碎屑岩和泥岩组成。其砾石成分主要来自下伏岩层的石英砂岩、粉砂岩，其次是燧石岩、白云质灰岩、页岩（泥岩）。在冰水河流成因的碎屑岩中，偶尔可见极少量与下伏岩性不一致的变质岩砾石（黑云片麻岩、大理岩等），砾石的滚圆度差别较大，以次棱角状、棱角状为主，次滚圆状次之。在冰水成因的碎屑岩中，以次滚圆-滚圆状为主。砾石表面常可见磨光面，具擦痕、压坑、压裂缝及新月形断口、裂缝等冰蚀特征。冰碛岩的胶结物成分以石英砂为主，其次是碳酸盐岩，或与砾石成分相同的碎屑及少量的长石等。罗圈组厚 180 m，底部以淡灰色块状含砾泥砂岩与下伏董家组呈假整合接触，上部以紫红色、暗紫红色粉砂质页岩与上覆东坡组整合接触。罗圈组星罗棋布地分布在东秦岭北坡的广大地区，东自安徽淮南，径河南确山、舞阳、鲁山、临汝、宜阳和灵宝朱阳，西至陕西洛南及山西永济等地。

2）正目观组

正目观组位于内蒙古自治区阿拉善左旗，分上、下两段。下段为冰碛岩段，主要为黄褐、淡红及灰色，砾石成分主要为灰色硅质条带白云岩及深灰色白云岩，偶见石英砂岩和板岩，砾石分选性极差，砾径一般为 10～20 cm，大者达 1 m 以上，砾石形态各异。胶结物以钙镁质、泥钙质为主，含少量泥砂质及铁质。冰碛砾岩在贺兰山中段各处岩性相同，层位稳定，但厚度变化较大。上段为板岩段。贺兰山中段是一套灰、灰绿、灰黑色粉砂质板岩，其分布与下段砾岩一致。正目关组下段与上段之间为连续沉积。在渐变过渡地段呈砾岩—含砾石钙质板岩—含砂质板岩—泥质板岩序列。该组厚度变化较大，一般厚 31～252 m。正目观组与下伏王全口群为不整合接触，顶部板岩段与上覆下寒武统苏峪口组含磷底砾岩为假整合接触。

5.1.2　盆地构造特征及盆地演化

1. 盆地构造特征

现今鄂尔多斯盆地的构造格局起始于燕山运动时期，至喜马拉雅运动时期发展完善。由于盆地东部地区大规模的隆升，西部地区冲断沉降，盆地内起始于早奥陶世一直延续至早—中侏罗世的构造格局遭受了彻底的改变，盆地内的大部分地区向西倾斜。根据盆地东部出露的地层推测，鄂尔多斯盆地东缘的隆升幅度可达 3 000 m 以上（张吉森 等，1995）。鄂尔多斯盆地现今的构造格局总体像一柄勺子，为一个南北翘起、东翼缓长、西翼陡短的近南北走向的不对称大向斜。根据盆地的构造形态、基底特征（基底起伏、基底断裂），鄂尔多斯盆地构造可以划分为伊盟隆起、渭北隆起、晋西挠褶带、西缘逆冲构造带、天环拗陷和陕北斜坡 6 个一级构造单元，如图 5.1 所示（长庆油田地质志编写组，1992）。

1）伊盟隆起

伊盟隆起位于鄂尔多斯盆地北部，西以桌子山断裂为界，东以离石断裂为界，北以黄河断裂为界，与河套盆地相邻，南与天环拗陷、陕北斜坡和晋西挠褶带逐渐过渡。根据重磁力异常带走向的变化，南界大致在乌海—鄂托克旗—准格尔旗一线（赵重远 等，1988）。该隆起自古生代以来基本处于相对隆起状态，盖层总厚度仅为 1 000～3 000 m，各时代的地层均向隆起最高部位变薄、尖灭或缺失。其内东胜以北地区隆起最高，缺失下古生界，上古生界（太原组以上地层）直接覆盖在变质基底之上，且出露地表，中新元古界什那干群已有出露，常称为乌兰格尔凸起（张吉森 等，1995）。新生代河套盆地断陷下沉，把阴山造山带与伊盟隆起分开，形成现今的构造面貌。隆起内区域构造呈现东北抬升、向西南倾斜的平缓斜坡，倾角为 1°～3°（赵重远 等，1988）。杨俊杰（2002）首次划分出三个二级构造带，自北而南为乌兰格尔基岩凸起带、伊北挠褶带和伊南斜坡。

伊盟隆起位于莫霍面的幔隆带和幔拗带，为欠稳定地块型地壳结构，中下地壳都有低速层，深部构造不稳定。受深部构造的影响，该区盖层构造比较发育，其构造活动明显大于盆地内部（张吉森 等，1995）。伊盟隆起自晚古生代以来常以古陆面貌出现，并与庆阳古陆、吕梁古陆和阿拉善古陆一起影响着鄂尔多斯盆地的沉积演化。

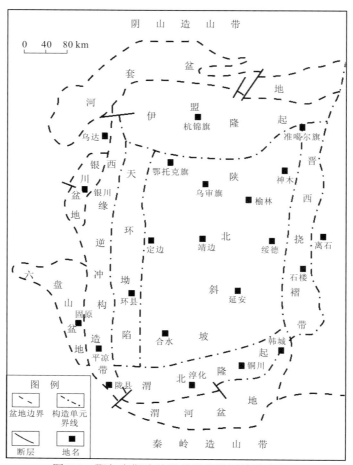

图 5.1　鄂尔多斯盆地及其周缘地区构造分布图

2）渭北隆起

　　渭北隆起南以渭河地堑北缘断裂为界，北至龙1井—耀参1井逆断层（张吉森 等，1995），赵重远等（1988）则认为北界与陕北斜坡逐渐过渡，据构造线的走向变化，界限大体在长武—黄陵—黄龙一线。对上侏罗统芬芳河组砾石成分的统计结果反映，渭北隆起于中生代中期末即已形成，并成为鄂尔多斯盆地的南部边缘；新生代渭河地区断陷下沉，渭北隆起翘倾抬升，形成现今构造面貌。渭北隆起区域构造呈南翘北倾的形态，在南部地区寒武系和奥陶系出露地表，局部地区有前寒武系出露。横亘于鄂尔多斯盆地南缘的寒武系和奥陶系灰岩及更老地层构成了东西向的山地，被称为"北山"。

　　渭北隆起上背斜构造和断裂构造发育，断裂构造以逆冲断层为主，背斜构造成排成带分布。构造线在彬县及其以西呈东西走向，向东逐渐变为北东向，至韩城附近变为北北东向，并穿过黄河延伸到乡宁、蒲县一带，总体呈向东南凸出的弧形。渭北隆起在麟游—铜川—白水—韩城一线以南，主要出露古生界，地面构造多为长轴背斜，一般北翼陡、南翼缓，局部地区可见到地层强烈挤压而发生倒转，这些构造主要形成于加里东期和燕山期（周鼎武 等，1994）。该线以北，主要出露中生界，长轴背斜主要分布在南半部，向北逐渐变为短轴背斜，推测主要形成于燕山期。另据研究，在渭北隆起西南部，即径川—富平一线以南，上、下古生界呈现高角度不整合接触，如在泾阳嵯峨山、乾县磨子沟、礼泉石泉河、麟游铁泥沟等地，二叠系高角度不整合在前二叠系老地层之上。不整合面之下的加里东运动时期变形属于强烈挤压性质，形成紧闭的南倾北倒的倒转褶皱和叠瓦状逆冲断裂；不整合面之上的燕山运动时期变形则为较宽缓的背斜构造，也发育有逆冲推覆断层，它们共同构成渭河盆地北缘的剥皮褶断构造带（袁卫国 等，1996；周鼎武，1994、1989）。

张吉森等（1995）根据渭北隆起的构造发育特征，将其称为"渭北逆冲构造带"。杨俊杰（2002，1996）认为渭北隆起实际上包括了小秦岭构造带的一部分，即老龙山断裂以南的一部分，应将其划出，使鄂尔多斯盆地的西南边界止于老龙山断裂，从而把老龙山断裂以北、建庄—马栏以南三角形地区称为"渭北挠褶带"。

3）晋西挠褶带

晋西挠褶带东界为离石断裂，西界没有明显的界线，大致位于神木—宜川东一线或以黄河为界，与陕北斜坡逐渐过渡。吕梁运动使该带在中新元古代处于相对隆起状态，寒武纪、早奥陶世、晚石炭世到早中侏罗世均有沉积。侏罗纪末升起，与华北地台分离，成为鄂尔多斯盆地的东部边缘。燕山运动晚期，吕梁山抬升并向西推挤，加上基底断裂的影响，形成近南北走向的构造带。带内褶皱和断裂甚为发育，故习称晋西挠褶带或晋西褶曲带。

晋西挠褶带的区域构造特征为东翘西伏的西倾斜坡，可认为是陕北斜坡的翘起部分。该构造带地层倾角较陕北斜坡大，约 2°～3°（赵重远 等，1988），甚至 5°～10°（康竹林 等，2000）。因其倾角远大于陕北斜坡，可将其称为"晋西陡坡带"。

晋西挠褶带位于莫霍面慢坡带，地壳厚度由西向东变薄，下地壳内有低速层，地壳结构为过渡型，相对伊盟隆起而言，深部构造不活跃（张吉森 等，1995）。由于该区古生界局部构造不发育，其地面及浅层构造可能是东部山西地块强烈抬升后，引起该区随之抬升从而导致重力失衡形成的。

4）西缘冲断构造带

西缘冲断构造带指银川地堑东缘断裂（黄河断裂）和青铜峡—固原断裂以东，桌子山东麓断裂、摆宴井断裂和惠安堡—沙井子断裂（马儿庄断裂）以西，北起瞪口，南达陇县的狭长地带。该构造带总体走向呈南北向，从构造变形特征看，以冲断褶皱作用为主，构造形态十分复杂，表现为一系列西倾的大型逆冲断层，并伴随着同生和由断层牵引而形成的褶皱，以及反冲断层、后冲断层、正断层和平移断层（汤锡元 等，1992）。断面一般上陡下缓，往往沿石炭系和二叠系煤系地层滑脱，最大推覆距离可达 22.5 km以上，推覆体系呈叠瓦状构，逆冲席前锋为背斜隆起，尾部为向斜构造，原地岩体一般变形微弱（赵重远 等，1988）。

从构造形迹、冲断层组合及其产状特征可把鄂尔多斯西缘褶皱冲断带分为南北两大段，大体以青锡峡—吴忠—马家滩为界：北段为贺兰山—横山堡褶皱冲断带，它以冲断层倾角陡为特征，褶皱冲断带缩短率小，表现为基地卷入的厚皮构造；南段为六盘山—马家滩褶皱冲断带，以倾角缓的叠瓦状冲断层为特征，褶皱冲断带缩短率大，表现为滑脱型的薄皮构造。

5）天环拗陷

天环拗陷又称天环向斜，西邻西缘冲断构造带，东与陕北斜坡在定边—环县一线相接，北为伊盟隆起，南至渭北隆起。天环拗陷的构造方向和位置与西缘冲断构造带密切相关，具有成因上的联系，实际上是后者的前渊拗陷带。

天环拗陷在古生代表现为西倾斜坡，晚三叠世才开始拗陷，位于当时的沉降带中，延长组在西缘冲断构造带石构释和平凉一带，厚达约 3 000 m。侏罗纪和白垩纪，天环拗陷继续发展，沉降中心逐渐向东偏移。所谓的天环拗陷，实际上主要指的是白垩系的向斜构造和早白垩世的沉降中心或沉积前渊。白垩系的向斜具有西翼窄陡、东翼宽缓的不对称形态，向斜轴自上而下逐渐向西偏移，至下古生界西翼变得更加窄而陡。

天环拗陷主要位于莫霍面的西部幔拗中，为稳定地块型地壳结构，地壳厚度大，岩石圈地幔薄，软流圈隆升，显示鄂尔多斯盆地均衡调整面位于软流圈中（张吉森 等，1995）。

6）陕北斜坡

陕北斜坡又称伊陕斜坡，占据着鄂尔多斯盆地内广大地区，为一向西倾斜的平缓大单斜，地层倾角不到 1°，平均坡降为 7～10 m/km。该斜坡上褶皱和断层构造极不发育，仅发育鼻状构造和小型断层。该斜坡自北而南发育多条大型鼻隆带，依次为乌审召鼻隆带、乌审旗—盐池鼻隆带、榆林—横山鼻隆带、靖边—镇川鼻隆带、黄陵鼻隆带。该斜坡另外发育三个重力高，自北而南分别为刀兔重力高、麒麟沟重力高、富县重力高，均为南东—北西向展布，并呈雁行状排列，它可能是基底岩性特征变化的反映。

陕北斜坡雏形出现于侏罗纪，主要形成于早白垩世，表现在侏罗系和下白垩统厚度从东向西逐渐增厚，西部最大厚度分别为 1 000 m 和 1 500 m。受后期构造运动抬升作用影响，东部的横山—延安—富县一线以东已完全被剥蚀。

陕北斜坡位于莫霍面的斜坡带中，地壳厚度较大，岩石圈成层性好，横向变化小，深部介质纵向分异清楚，显示深部构造比较稳定（张吉森 等，1995）。与之对应，该斜坡浅部构造也较稳定，局部构造和断裂都不够发育。

2. 盆地演化

鄂尔多斯盆地位于我国中西部，叠加在早、晚古生代华北大型盆地之上，具有稳定沉降、拗陷迁移、扭动明显的多旋回沉积型特点，是一个发育自中晚三叠世—早白垩世，后经多期改造的多重叠合型内陆盆地。经历漫长地质构造演化过程的鄂尔多斯盆地，可以划分为以下 5 个大的构造演化阶段。

1）太古宙—古元古代盆地结晶基底形成阶段

鄂尔多斯地区在大地构造区域上属于华北板块，在太古宙—元古宙时期经历了多次的构造运动及演化过程，其中，太古宙—古元古代是盆地基底形成的主要时期。在这一时期经历了迁西、阜平、五台、吕梁—中条 4 次主要构造运动，使盆地基底岩系发生复杂的变质作用、混合岩化作用及变形作用，由此形成了鄂尔多斯地区的基底。

古太古代原始硅铝壳逐步形成和加厚，这一时期也是古陆核雏形形成期。新太古界的构造特征是硅铝壳加厚固结及陆地面积增大。经过新太古代末期的阜平运动，陆壳普遍褶皱上升，鄂尔多斯古陆核得以形成。整个太古代陆壳的形变以塑性为主，主体构造线方向呈东西向展布。进入古元古代，古陆核逐渐由塑性转化为刚性，脆性剪切导致早期裂陷的形成。在古陆核的南线和北线发育近东西走向的没有明确边界的海槽，而在陆核内部则发育北东走向的无明确边界的海槽。古元古代晚期，随着陆壳厚度和刚性的增加，在早期韧性断裂带的基础上发生了脆性断裂。古元古代构造活动明显受太古宙古陆核格局和再活动的控制，现今统一、完整而稳定的鄂尔多斯盆地基底，是由五台、吕梁—中条运动后的陆壳加厚和固结与多期裂陷解体、变形、变质甚至部分熔融的古陆核重新拼接而形成的。

2）中—新元古代大陆裂谷集中发育阶段

中元古代早期至中期，鄂尔多斯盆地主要沿袭了华北板块的演化特征，发育大陆边缘裂谷和陆内拗拉槽。盆地南缘主要发育祁秦大洋裂谷及与之相伴生的三大拗拉槽，分别为海源—银川拗拉槽（贺兰拗拉槽）、延安—兴县拗拉槽（晋陕拗拉槽）和永济—祁家河拗拉槽（晋豫陕拗拉槽）。盆地北缘主要发育兴蒙大洋裂谷及与之相伴生的狼山拗拉槽和燕山—太行山拗拉槽。该时期鄂尔多斯盆地沉积格局主要受延伸至盆地南部的三大拗拉槽控制，盆地北部则因伊盟古隆起持续存在，构造环境相对稳定。

中元古代晚期，由于古亚洲洋向华北板块俯冲，鄂尔多斯盆地北缘转变为主动大陆边缘，发育岛弧型火山沉积建造。至 1 Ga 前后，盆地北缘进入碰撞挤压造山阶段，构造变形强烈，褶皱断裂发育。同样，盆地南缘也经历了由被动陆缘—主动陆缘—碰撞造山的发展演化，只是时间上与北缘略有不同，表现为南部启动早而结束晚。大约在 1.0～1.1 Ga，盆地周缘洋盆与裂谷相继关闭，使华北陆块（包括鄂尔多斯地块）成为罗迪尼亚（Rodinia）超大陆的一部分，即著名的格林威尔（Grenville）造山事件，并一直持续到新元古代早—中期（900～700 Ma）。

随着泛大陆的解体，华北古陆与西伯利亚、劳仑大陆裂开，形成了独立的华北板块。鄂尔多斯盆地北缘兴蒙洋拉伸纪（Tonian，900 Ma）开始张裂，成冰纪（Cryogenian，750～700 Ma）、埃迪卡拉纪（Ediacaran，700～600 Ma）达到扩张高峰期。盆地西南缘祁秦洋成冰纪（740 Ma）开始张裂，埃迪卡拉纪（550±17 Ma）发育成典型大洋。众多零星的地层记录分析表明，鄂尔多斯古陆南北两侧在前寒武纪末已经发育成为稳定的被动大陆边缘。

3）早古生代

早—中寒武世时期，鄂尔多斯盆地继承了新元古代后期的应力特征，表现为区域伸展。受其影响，盆地北部形成了东西向的乌兰格尔隆起、中西部南北向的靖边鞍状隆起及盆地东部的吕梁隆起。除上述隆起外，盆地其余区域皆为海相沉积环境。晚寒武世—早奥陶世亮甲山期，构造应力场由南北拉伸向南北挤压过渡，加之全球海平面下降，使鄂尔多斯盆地内部出现大面积古陆。

中奥陶世马家沟时期，近南北向挤压开始占据主导地位，盆地内发生拗陷，构造分异明显。早期的乌审旗—庆阳中央古隆起分解为北部伊盟古隆起、中部中央古隆起和中东部陕北拗陷，这标志着鄂尔多斯盆地早古生代构造格局已基本发育成熟（赵振宇 等，2012）。

进入晚奥陶世，盆地南侧的秦祁洋向北俯冲而北侧的兴蒙洋向南俯冲，南北向挤压进一步加剧，随之盆地两侧转换为活动大陆边缘，发育沟-弧-盆体系，华北板块整体抬升，海水退出全区。与此同时，西缘和南缘强烈沉降，同沉积断裂活动加强。奥陶纪末，受加里东运动的影响，鄂尔多斯地块普遍抬升、剥蚀。兴蒙洋、秦祁洋及贺兰拗拉槽相继关闭并转化成陆间造山带，盆地内部缺失沉积。

4）晚古生代

海西运动早期，鄂尔多斯盆地继承了加里东期的碰撞抬升，并一直持续到晚石炭世，风化剥蚀长达 $(1.5 \sim 1.8) \times 10^8 a$，地层缺失志留系—下石炭统。海西运动中期，祁秦海槽、兴蒙海槽、贺兰拗拉槽再度复活，鄂尔多斯地块随之发生区域性沉降。在盆地内，区域构造继承了早古生代北北东向的隆拗相间格局。

晚石炭世本溪期，盆地内部延续了早期隆拗相间的古地理格局，中央发育近南北向古隆起，并分割了东西两侧的华北海和祁连海。本溪晚期，兴蒙海槽向南俯冲消减，包括鄂尔多斯盆地在内的华北地台由南隆北倾转变为北隆南倾，华北海与祁连海沿中央古隆起北部局部连通。

早二叠世太原期，随着盆地区域性沉降持续，海水自东西两侧侵入，中央古隆起没于水下，并形成了统一的广阔海域。早二叠世山西期，盆地周边海槽不再拉张，转而进入消减期。晚二叠世，北部兴蒙洋因西伯利亚板块与华北板块对接而消亡，南部秦祁洋则再度向北俯冲而消减，至晚三叠世闭合。受南北两侧大洋相向俯冲的影响，华北地台整体抬升，海水从盆地东西两侧迅速退出，早期的南北向中央古隆起和盆内隆拗相间的沉积格局消失。

山西早期是海盆向近海湖盆转化的过渡时期，区域构造活动强烈，海水从盆地东西两侧退出，北部物源区快速隆升，成为主要物源区。山西晚期，北部构造活动日趋稳定，物源供给减少，盆地进入相对稳定的沉降阶段。中二叠世下石盒子期，盆地北部构造活动再次加强，古陆进一步抬升，南北向坡度增大。至上石盒子期，北部构造抬升减弱，冲击体系萎缩，而南部构造抬升作用增强。晚二叠世石千峰期，北部兴蒙洋与西部贺兰拗拉槽关闭、隆升，南部秦祁洋虽未完全关闭，但俯冲消减作用强烈，导致华北地台整体抬升，海水自此退出鄂尔多斯盆地，盆地演变为内陆湖盆。

5）中—新生代

中—新生代，鄂尔多斯盆地受古亚洲洋、古特提斯洋和环太平洋三大区域动力体系控制，周缘板块相继汇聚、碰撞造山，并最终导致吕梁隆起、六盘山冲断带及阴山岩浆岩带的形成与发展。受后期燕山运动的影响，盆地进一步抬升、剥蚀，且东部持续隆起，东高西低的古地理格局一直持续至今。可以说，中生代是鄂尔多斯盆地作为独立沉积盆地发育与演化的开始，并表现出明显的阶段性和旋回性。

海西运动末期，鄂尔多斯盆地周缘除秦祁洋外皆已关闭，盆地进入内陆湖盆演化阶段。此时秦岭洋虽未完全关闭，但对盆内沉积影响较小。至印支运动时期，盆地及周缘受古特提斯洋闭合影响，构造应力场以南北向挤压为主，形成了盆地南部的秦岭造山带、西缘陆内构造活动带、北缘阿拉善古陆、阴山造山带和东部华北古陆等多个区域。

早—中三叠世，鄂尔多斯盆地继承了二叠纪的古构造格局。晚三叠世，特提斯北缘的昆仑—秦岭洋沿阿尼玛卿—商丹断裂带由东向西呈"剪刀式"碰撞闭合，强烈的造山运动使南华北地区大规模隆升，靠近郯庐断裂带首先隆起并逐渐向西扩展。该时期，尽管盆地内部构造运动不明显，但在西、南缘已经发生了断裂逆冲，并且在古太平洋板块俯冲影响下，盆地开始由南北分异向东西分异转变。三叠纪末盆地整体不均匀抬升。

燕山运动时期，古太平洋板块开始向新生的亚洲大陆斜向俯冲，华北板块中东部地区总体处于北东向左旋挤压构造环境，鄂尔多斯盆地东部显著向西掀斜，盆地西南缘发生强烈陆内变形和多期逆冲推覆，形成盆地西部拗陷、东部掀斜抬升的古构造格局。

喜马拉雅运动时期，印度洋板块与欧亚板块碰撞，古特提斯洋闭合，同时太平洋板块向西俯冲消减，盆地内部整体抬升，周缘发育一系列新生代断陷盆地。

5.1.3　古生界—新生界地层重磁电物性特征

鄂尔多斯盆地不同地层、不同岩性的密度及其密度界面、磁化率及其磁性界面存在差异，地层从老到新，密度由大变小。除太古宇—古元古界外，地层磁化率为弱磁性或无磁性。太古宇—古元古界岩层表现为高密度、高磁化率，对重力、磁力场平面特征的研究表明，重力异常与盆地的沉积层厚度有关，磁力异常主要反映盆地结晶基底的岩性和内部构造单元（赵希刚，2006）。

1. 岩石密度特征

鄂尔多斯盆地地层和岩性的密度特征（表 5.2）表现为：地层从老到新，密度值由大变小。岩浆岩和变质岩密度大于中、新生界（赵希刚，2006）。

表 5.2　鄂尔多斯盆地磁化率和密度特征表　　　　　（单位：g/cm³）

地层时代	密度变化范围	密度均值	密度差
Q+N	1.40～1.70	1.60	0.40
E	1.90～2.10	2.00	
K	2.20～2.30	2.21	0.21
J	2.20～2.40	2.30	0.09
T	2.40～2.50	2.45	0.15
P	2.40～2.60	2.50	0.05
C	2.40～2.60		
O	2.70～2.75	2.75	0.25
Є	2.70～2.80		

鄂尔多斯盆地主要密度层有 6 个，分别为：第四系的松散沉积层，白垩系陆相碎屑砂砾岩层，侏罗系砂砾岩、泥岩、页岩层，三叠系砂岩、泥岩、页岩夹砾岩层，石炭系含煤碎屑岩层，寒武系—奥陶系海湖相碳酸盐岩、砂岩层。其中，有 5 个明显的密度界面：松散沉积层和中生界白垩系之间，密度差值为 0.21 g/cm³；白垩系和侏罗系之间，密度差值为 0.09 g/cm³；侏罗系和三叠系之间，密度差值为 0.15 g/cm³；三叠系和石炭二叠系之间，密度差值为 0.05 g/cm³；石炭二叠系和奥陶系—寒武系之间，密度差值为

0.25 g/cm³（赵希刚，2006）。

冯锐等（1989）对华北地区的大量实测标本进行测量，计算了各个地层的平均密度，见表5.3。

表5.3　华北地区各地层平均密度　　　　　　　　　　　　（单位：g/cm³）

地层	密度
寒武系	2.65
奥陶系	2.70
二叠系—石炭系	2.61
白垩系—侏罗系	2.50
古近系和新近系	2.39
第四系—古近系和新近系	2.08

鄂尔多斯盆地内地层划分为多个密度层：古近系和新近系、下白垩统，密度值为 2.00～2.60 g/cm³；侏罗系，密度值为 2.30～2.50 g/cm³；三叠系、二叠系、石炭系，密度值为 2.40～2.60 g/cm³；奥陶系、寒武系、震旦系和太古界，密度值均大于 2.65 g/cm³。太古界是鄂尔多斯盆地的高密度层，它与上覆地层之间有最明显的密度差（魏文博 等，1993）。

鄂尔多斯盆地西缘主要存在 4 个密度界面：元古宇与寒武系之间的界面，密度差为 -0.05 g/cm³；奥陶系与上覆石炭系之间的界面，密度差为 -0.18 g/cm³；二叠系与三叠系之间的界面，密度差为 -0.06 g/cm³；新生界古近系和新近系与白垩系之间的界面，密度差为 -0.42 g/cm³。因此，该研究区新生界古近系和新近系与白垩系之间存在较明显的密度界面（郑莉 等，2008）。

根据收集到的最新地层及岩石密度资料，见表5.4（安少乐，2016）。

表5.4　研究区主要密度界面表

地层	密度值/（g/cm³）	密度差/（g/cm³）
第四系	1.47	—
古近系和新近系	2.41	0.94
白垩系—三叠系	2.55	0.14
二叠系—泥盆系	2.60	0.05
下古生界	2.66	0.06

将研究区古生界—新生界地层划分为 5 个主要密度层：第一密度层为第四系松散沉积层，第二密度层由古近系和新近系组成，第三密度层为白垩系—三叠系，第四密度层对应二叠系—泥盆系，第五密度层对应下古生界，密度值相对较高（安少乐，2016）。

2. 岩石磁性特征

根据鄂尔多斯盆地内及盆缘的地层磁性参数实测结果，编制岩石磁性参数统计表及地层磁性柱状图，如图 5.2 所示（赵希刚，2006），测区岩石具有如下磁性特征。

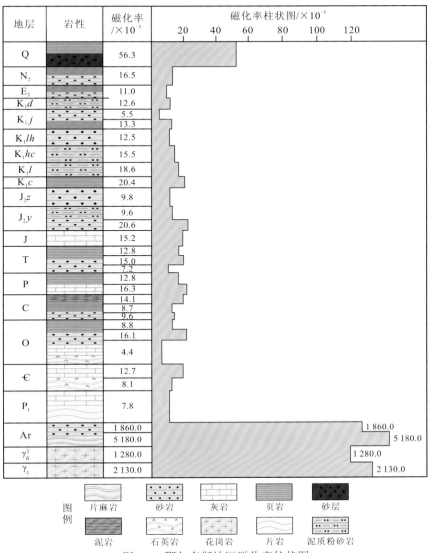

图 5.2　鄂尔多斯地区磁化率柱状图

　　鄂尔多斯盆地沉积盖层由中生界、新生界及上古生界海陆相碎屑岩和含煤碎屑岩组成,岩性主要为砾岩、砂岩、泥岩、页岩及风成砂土。因此,盆地内盖层岩性磁化率小于 $1×10^3$,为低磁化率,表现为无磁性或微弱磁性岩性层。构成鄂尔多斯盆地基底的为深变质岩结晶基底和早古生代浅变质岩,磁化率变化范围为 $(0～5.609)×10^{-2}$ 。鄂尔多斯盆地盖层和早古生代浅变质岩均属弱或无磁性层,而结晶基底则为强磁性层,物性差异构成太古宇—古元古界结晶基底与上覆沉积层之间的强磁性界面(赵希刚,2006)。

　　根据收集的资料,鄂尔多斯盆地中沉积地层的磁化率普遍很低,可视为无磁性或微弱磁性,太古宇及古元古界变质岩系具有较强的磁性,与上覆沉积地层有明显的磁性差异。鄂尔多斯盆地结晶基底的强磁性层磁异常主要反映了结晶基底的构造形态,各地层的磁化率见表 5.5(秦敏,2015;阮小敏 等,2011)。

表 5.5　鄂尔多斯盆地地区岩石磁性参数

地层年代	岩性	磁化率/（×10⁻⁵）
新生代	风积沙土	50
中生代	粗碎屑岩	1～9
	泥岩、粉砂岩	10～30
古生代	碳酸盐岩、陆相碎屑岩	<20
中上元古代	浅变质岩	1～9
太古代—下元古代	片麻岩及变粒岩、基性火山岩	1 800～5 000
	花岗岩、混合岩、大理岩	20

根据在西华山、南华山等地区采集、测定岩石标本的磁性参数及以往的岩石磁性资料分析，研究区上古生界、中生界及新生界都不具有磁性，元古宙、早古生代地层中的浅变质岩系具有较强的磁性，加里东期的基性、超基性岩磁性较强，能引起局部高磁异常，表 5.6 列出了研究区变质岩、火山岩的磁化率参数（安少乐，2016）。

表 5.6　六盘山地区岩石磁性参数表

岩石名称	磁化率/×10⁻⁵
蛇纹岩	3 598
角闪岩	3 266～3 768
花岗闪长岩	79
绿泥石片岩	2 135～5 903
石英云母片岩	2 092

3. 岩石电性特征

鄂尔多斯盆地西缘新生界地层以黄土、亚砂土及黏土为主，电阻率为 20～40 Ω·m，其中：第四系的电阻率要高于古近系和新近系；白垩系以泥岩、砂岩夹砾岩为主，电阻率为 20～60 Ω·m，属于中阻层；侏罗系—三叠系由泥岩，泥岩夹砂岩、夹煤层组成，电阻率低于 10 Ω·m，属于低阻层；石炭系—二叠系由泥岩、页岩、砂岩及海陆交互相煤系组成，电阻率为 20～60 Ω·m，属于中阻层；寒武系—奥陶系以灰岩、页岩、石英砂岩及碳酸盐岩为主，电阻率为 60～100 Ω·m，属于相对高阻层。中元古界、新元古界由泥灰岩、页岩、石英砂岩及砾岩组成，电阻率为 100～300 Ω·m，属于高阻层；基底由太古宇及古元古界变质岩组成，电阻率大于 300 Ω·m，属于高阻层（郑莉 等，2008）。

根据六盘山 4 口井（盘参 1 井、盘探 3 井、盘参 4 井和海参 1 井）的电测井资料及岩石标本测定结果，六盘山地区划分为 5 个电性层，分为第四系、古近系和新近系、白垩系乃家河组—马东山组、白垩系李洼峡组—三桥组、前白垩系，电性特征见表 5.7（安少乐，2016）。

表 5.7　六盘山盆地主要电性层电阻率

地层	电阻率/（Ω·m）
第四系	10～200
古近系和新近系	<5
白垩系乃家河组—马东山组	10～30
白垩系李洼峡组—三桥组	30～60
前白垩系	>60

5.2　前寒武系地层岩样采集

5.2.1　岩样采集区概况

1. 鄂尔多斯盆地西南部地区

鄂尔多斯盆地西南部地区采样区采样线路为凤县—宝鸡市渭滨区—眉县—太白县。陕西省宝鸡市采样地区地层主要为古元古界（Pt_1）地层，采样点位于陕西省凤县、宝鸡市渭滨区、眉县及太白县附近。在鄂尔多斯盆地西南部地区岩石出露有花岗岩、玄武岩、闪长岩、大理岩。

2. 鄂尔多斯盆地西部地区

鄂尔多斯盆地西部地区采样区采样线路为银川市—石嘴山市—乌海市。银川地区采样地层主要为中元古界（Pt_2）长城系（Chc）地层，采样点位于银川市西部，岩石出露有灰岩、质密砂岩、灰质板岩、石英砂岩。石嘴山地区采样地层主要为中元古界（Pt_2）长城系（Chc）、蓟县系（Jx）地层，采样点位于干沟、韭菜沟、宗别立镇附近，岩石出露有硅质白云岩，花岗闪长岩，红紫色石英砂岩，紫红色、紫灰色中砂岩，含海绿石砂岩，泥质粉砂岩。乌海地区采样地层主要为新太古界（Ar_3）地层。采样点位于苏拜沟附近，岩石出露有灰绿石，片麻岩，石英岩，石英片岩，肉红色、紫红色石英砂岩。

3. 鄂尔多斯盆地西北部地区

鄂尔多斯盆地西北部地区采样区为巴彦淖尔西南部。采样地区地层主要为中元古界（Pt_2）长城系（Chc）、古元古界（Pt_1）、新太古界（Ar_3）地层，采样点位于距 312 省道 121 km 的阿贵庙格尔敖包沟附近，岩石出露主要为砂砾岩、大理岩、片麻岩、灰质板岩、花岗岩、灰岩、硅质灰岩等。

4. 鄂尔多斯盆地北部地区

鄂尔多斯盆地北部地区采样区为固阳县。采样地区地层主要为中元古界（Pt_2）长城系（Chc）、蓟县系（Jx）新太古界（Ar_3）地层，采样点位于五份子村西北，固阳县沿211省道附近，岩石出露主要为硅质白云质灰岩、中生代侵入岩、变砾岩、片麻岩等。

5. 鄂尔多斯盆地东北部地区

鄂尔多斯盆地东北部地区采样区采样线路为武川县—呼和浩特市。采样地区地层主要为古元古界（Pt_1）、新太古界（Ar_3）地层，采样点位于马家店村金銮殿山附近，岩石出露主要为片岩、石英岩、片麻岩、石英片岩等。

6. 鄂尔多斯盆地东部地区

鄂尔多斯盆地东部地区采样区采样线路为岚县—娄烦县—临县。岚县采样地区地层主要为古元古界（Pt_1）、新太古界（Ar_3）地层，采样点位于野鸡山界河口镇岚县王狮乡权上村附近，岩石出露主要为石英岩、变砾岩等。娄烦县采样地区地层主要为新太古界（Ar_3）地层，采样点位于娄烦县马坊村 S104 公路边，岩石出露主要为石英岩、片岩、片麻岩等。临县采样地区地层主要为中元古界（Pt_2）长城系（Chc）和古元古界（Pt_1）地层，采样点位于汉高村黑茶山采石场附近，岩石出露主要为石英岩。

7. 鄂尔多斯盆地东南部地区

鄂尔多斯盆地东南部地区采样区采样线路为垣曲县—三门峡市—夏县—洛南县。垣曲县采样地区地层主要为古元古界（Pt_1）、中元古界（Pt_2）、新太古界（Ar_3）地层，采样点位于铜矿沟尾矿堆垣曲县石匣铁矿沙坡脚村附近，岩石出露主要为凝灰岩。三门峡采样地区地层主要为中元古界（Pt_2）地层，采样点位于宫前镇附近，岩石出露主要为火山碎屑岩、安山岩等。夏县采样地区地层主要为古元古界（Pt_1）、新太古界（Ar_3）地层，采样点位于中条山下马庄夏县赤峪村附近，岩石出露主要为石英岩、片岩、大理石、变质花岗岩等。洛南县采样地区地层主要为新元古界（Pt_3）震旦系（Z）、中元古界（Pt_2）、新太古界（Ar_3）地层，采样点位于毛草沟灵口镇和古城镇相接的下湾村附近，岩石出露主要为片岩、片麻岩、大理岩等。

5.2.2 岩样采集成果

完成鄂尔多斯盆地周缘野外岩样采集工作，露头标本共 967 块，成功取心 886 块，采样统计情况见表 5.8 和表 5.9。

表 5.8

表 5.8　鄂尔多斯盆地野外岩石标本采样统计表

序号	岩心编号	采样地点	采样点坐标 N	采样点坐标 E	块数	地层
1	S01	陕西省宝鸡凤县秦岭站—黄牛铺镇	34°14′38.27″	106°51′19.80″	6	侏罗系
2	S02	陕西省宝鸡凤县	34°14′38.27″	106°55′53.01″	5	侏罗系
3	S03	陕西省宝鸡凤县	34°16′18.36″	107°00′42.14″	17	宽坪组
4	S04	陕西省宝鸡眉太公路	34°09′55.99″	107°39′24.02″	13	宽坪组（秦岭群）
5	S05	陕西省宝鸡眉太公路对岸水牢边公路沼溜山	34°07′02.22″	107°34′31.70″	24	侏罗系
			34°07′06.04″	107°34′32.46″		侏罗系
			34°07′08.20″	107°35′13.96″		侏罗系
			34°07′08.18″	107°35′46.66″		侏罗系
			34°07′37.05″	107°36′27.59″		侏罗系
			34°07′21.93″	107°36′02.19″		侏罗系
6	S06	干沟	38°23′22.63″	105°52′01.74″	5	黄旗口组
7	S07		38°23′14.99″	105°56′13.63″	1	黄旗口组
8	S08		38°33′00.17″	105°55′11.60″	14	黄旗口组
9	S09		38°33′00.18″	105°55′11.61″	27	王全口组
10	S10	韭菜沟	39°23′18.16″	106°21′11.80″	37	黄旗口组
11	S11	宗别立镇	39°14′37.87″	106°08′18.88″	36	宗别立群
12	S12	苏拜沟（苏泊沟）	39°39′22.96″	107°00′30.08″	42	千里山组
13	S13	312 省道 121 km 处	40°34′33.80″	106°16′11.52″	60	渣尔泰山群
			40°31′05.74″	106°17′03.77″		阿拉善群
14	S14	阿贵庙山门	40°43′23.90″	106°23′32.33″	19	渣尔泰山群
15	S15	格尔敖包沟	40°44′14.04″	106°25′18.39″	12	乌拉山群
16	S16	五份子村西北	40°57′03.01″	110°08′54.52″	31	什那干群

序号	岩心编号	采样地点	采样点坐标		块数	地层
			N	E		
17	S17	固阳县沿省道 211	40°54′22.64″	110°04′13.45″	38	乌拉山群
18	S18	马家店村	40°56′26.46″	111°31′51.34″	34	马家店群
19	S19	金銮殿山	40°58′42.19″	111°39′12.91″	47	二道凹群
20	S20	霍寨矿山公路	40°59′44.78″	111°38′09.28″	34	魏家窑子群
21	S21	岚县王狮乡权上村	40°50′10.19″	111°30′53.65″	34	二道凹群
22	S22	娄烦县—马坊村 S104 公路边	38°08′17.73″	111°29′47.02″	43	岚河群
23	S23	汉高村	38°00′30.63″	111°30′43.49″	31	吕梁山群
24	S24	黑茶山采石厂	37°53′22.39″	111°09′54.48″	42	汉高山群
25	S25	野鸡山	38°11′28.76″	111°13′55.22″	36	黑茶山群
26	S26	界河口镇	38°26′17.71″	111°34′41.95″	36	野鸡山群
27	S27	铜矿沟尾矿堆	38°31′11.55″	111°22′01.30″	38	界河口群
28	S28	垣曲县石匣铁矿	35°21′35.93″	111°40′58.58″	34	绛县群
29	S29	沙坡脚村	35°18′09.22″	111°34′51.06″	33	担山石群
30	S30	宫前镇	35°13′02.08″	111°36′14.99″	16	熊耳群
31	S31	中条山下马庄	34°38′17.86″	111°25′50.17″	19	熊耳群
32	S32	夏县赤峪村	35°08′37.70″	111°29′02.15″	30	中条群
33	S33	毛草沟	35°06′25.57″	111°13′57.50″	36	涑水群
34	S34	港子村	34°21′53.34″	110°02′39.28″	34	太华群
35	S35	灵口镇	34°26′47.52″	109°57′16.35″	14	太华群
36	S36	古城镇下湾村	34°05′28.48″	110°27′22.04″	6	罗圈群
			34°02′12.43″	110°22′54.40″	17	陶湾组（陶河岩群）
		合计			967	

表 5.9　鄂尔多斯盆地岩石标本取心情况统计表

地层	代号	岩性	分组	取心数量
中生界	Mz	花岗岩		45
青白口—震旦系	Qb-Z	砂质板岩、大理岩	罗圈组、陶湾组	20
蓟县系	Jx	白云岩、花岗闪长岩	王全口组	22
		灰岩、花岗岩	什那干群	26
		砂岩	黄旗口组	58
长城系	Chc	砂岩	汉高山群	44
		砂岩、大理岩、板岩、花岗岩、灰岩	渣尔泰山群	38
		凝灰岩、火山角砾岩、安山岩	熊耳群（西阳河群）	34
古元古界	Pt$_1$	大理岩、片麻岩	秦岭岩群（宽坪组）	29
		石英岩	担山石群	30
		石英岩	中条群	26
		石英岩	黑茶山群	37
		千枚岩	野鸡山群	30
		石英岩	岚河群	42
		片岩、石英岩、大理岩	马家店群	32
		片麻岩	阿拉善群	33
新太古界	Ar$_3$	石英岩	太华群	26
		石英岩	绛县群	31
		混合花岗岩	涑水群	31
		角闪岩	吕梁群	27
		大理岩	界河口群	35
		片岩	宗别立群（贺兰山群）	32
		片岩、石英砂岩、石英岩	千里山群	41
		片麻岩	二道凹群	35
		片麻岩	魏家窑子群	39
		大理岩、片麻岩、混合岩	乌拉山群	43
合计				886

5.3 前寒武系地层重磁电物性特征分析与建模

5.3.1 前寒武系地层重磁电物性资料分析

我国元古界—下寒武统发育厚度较大、有机质丰度高的烃源岩，其中，华北克拉通长城系串岭沟组和洪水庄组、待建系下马岭组、寒武系马店组均在野外露头，剖面或关键钻井可见良好烃源岩。中元古界长城系和蓟县系烃源岩是我国目前发现的最古老的烃源岩，主要见于华北克拉通。盆地周缘露头及盆地内部分钻井钻遇烃源岩的研究结果也证实了长城系烃源岩的存在，以及长城系—蓟县系烃源岩作源灶，上覆古生界、中生界作储盖层的成藏组合（赵文智 等，2018）。基于重磁研究成果，利用地震和钻探资料编制主要克拉通盆地长城系、蓟县系和南华系等裂谷期层序的厚度分布图，以查明盆地覆盖区前寒武纪裂谷和裂陷的分布形态，在此基础上讨论前寒武纪裂谷演化对早寒武世沉积盆地的控制方式（管树巍 等，2017）。鄂尔多斯盆地内部以宽缓正磁异常为主体，呈北东走向，岩性为古元古代中等变质片麻岩、片岩及大理岩，南北磁异常在延伸方向和形态方面都有显著差异，靖边较大规模的磁异常梯度带反映出靖边以北鄂尔多斯基底存在一个明显的物性界面，且界面两侧的基底物质组成、构造特征等存在差异（王涛 等，2007）。

1. 按地层统计分析

将岩石标本均加工成标准岩心（直径 2.5 cm，长度 2～5 cm），按测试规范进行密度、磁化率、复电阻率、剩余磁化强度参数的测试分析，并对复电阻率数据进行处理，反演得到极化率参数。根据测试结果，分别对参数进行统计分析，包括极小值、极大值和平均值。

1）密度统计分析结果

按地层分类得到岩心密度测量结果如图 5.3 所示。前寒武系地层岩石密度平均值介于 2.60～2.80 g/cm³，长城系地层密度相对较低。长城系、古元古界、新太古界地层密度分布范围较广，其他地层岩石密度分布相对集中。

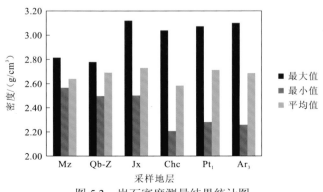

图 5.3 岩石密度测量结果统计图

2）磁化率统计分析结果

按地层分类得到岩心磁化率测量结果如图 5.4 所示。从图 5.4 中可以看到：岩石磁化率变化范围较大，主要原因是岩石岩性的差异性较大，且所含铁磁成分不均匀；蓟县系、长城系、古元古界—新太古界岩石具有较高的磁化率，平均磁化率达 100×10^{-5}。震旦系、青白口系地层磁化率较低或无磁性，平均磁化率为 1×10^{-5}。岩心样品剩余磁化强度测量结果，如图 5.5 所示。

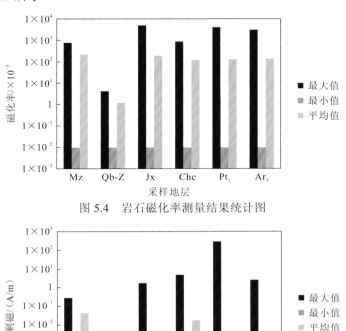

图 5.4　岩石磁化率测量结果统计图

图 5.5　岩石剩余磁化强度测量结果统计图

3）电阻率、极化率统计分析结果

在电阻率测量过程中，分别在清水和 4%的饱和盐水条件下进行测量，并对复电阻率测量数据进行反演，获取电阻率和极化率两个电性参数，如图 5.6～图 5.8 所示。

根据如图 5.6～图 5.8 所示的统计结果：清水电阻率均值超过 1 000 Ω·m，盐水电阻率均值低于 100 Ω·m；采样地层呈现出中、高电阻率特征，地层之间差异性不明显。极化率结果表明：各地层平均值为 10%，极化率相对稳定，未发现异常特征，属于低极化层。

4）前寒武系采样地层物性参数统计结果

根据 886 块岩心的密度、磁化率、电阻率、极化率和剩余磁化强度数据，按照正态分布的统计方法，获取每个层位的物性参数均值，物性参数统计结果见表 5.10。

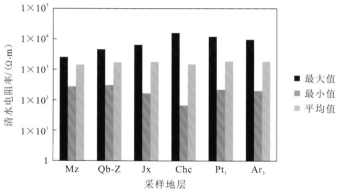

图 5.6 岩石清水电阻率测量结果统计图

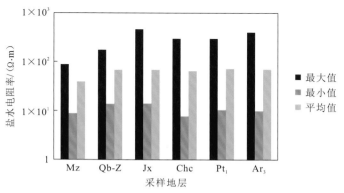

图 5.7 岩石盐水电阻率测量结果统计图

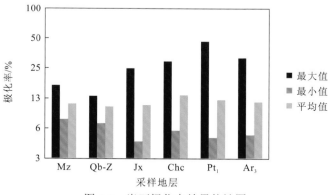

图 5.8 岩石极化率结果统计图

2. 按岩性统计分析

对前寒武系古老地层主要岩石类型的各种物理性质进行统计，包括密度、磁化率、电阻率、极化率、剩余磁化强度、孔隙度和渗透率，均值结果见表 5.11。

表 5.10　古老地层岩石物性参数统计表

地层 界	系	组	岩性	样本数/块	电阻率/(Ω·m)	极化率/%	密度/(g/cm³)	磁化率/×10⁻⁵	剩磁/(A/m)
新元古界 Pt₃	震旦系	罗圈组	砂质板岩	5	438.6	11.7	2.57	1.7	1.55×10^{-3}
	青白口系	陶湾组	大理岩	15	2 181.2	9.6	2.73	1.6	
中元古界 Pt₂	蓟县系	王全口组	白云岩、花岗闪长岩	22	3 057.8	10.2	2.75	0.77	
		什那干群	灰岩、花岗岩	26	1 757.4	10.8	2.83	798.3	1.11×10^{-1}
		黄旗口组	砂岩	58	1 329.2	10.7	2.68	13.6	
	长城系	汉高山群	砂岩	44	457.9	17.9	2.42	8.4	
		渣尔泰山群	砂岩、大理岩、板岩、花岗岩、灰岩	38	1 881.8	9.6	2.63	56.3	4.81×10^{-1}
		熊耳群（西阳河群）	凝灰岩、火山角砾岩、安山岩	34	1 773.1	11.8	2.74	336.9	
		秦岭岩群（宽坪组）	大理岩、片麻岩	29	1 469.1	11.4	2.65	37.8	
古元古界 Pt₁		担山石群	石英岩	30	1 606.4	13.1	2.57	0.06	
		中条群	石英岩	26	4 618.8	12.5	2.85	12.0	
		黑茶山群	石英岩	37	707.7	12.4	2.64	1.04	
		野鸡山群	千枚岩	30	891.5	11.9	2.94	678.4	4.52
		岚河群	石英岩	42	2 163.3	12.8	2.67	6.3	
		马家店群	片麻岩、石英岩、大理岩	32	1 552.9	12.2	2.79	362.0	
		阿拉善群	片麻岩	33	2 604.2	9.8	2.68	29.4	
		太华群	石英岩	26	2 070.2	11.5	2.62	213.6	
		绛县群	石英岩	31	1 811.4	12.7	2.80	275.8	
		涑水群	混合花岗岩	31	1 679.1	11.2	2.61	6.9	
		吕梁群	角闪岩	27	2 617.9	11.9	2.91	129.4	
		界河口群	大理岩	35	2 008.5	12.4	2.77	344.0	1.04×10^{-1}
新太古界 Ar₃		宗别立群（贺兰山群）	片岩	32	1 733.5	9.0	2.63	1.7	
		千里山群	片岩、石英砂岩、石英岩	41	1 597.2	10.4	2.64	9.6	
		二道凹群	片麻岩	35	1 438.9	11.7	2.66	64.9	
		魏家窑子群	片麻岩	39	1 330.4	12.6	2.61	12.4	
		乌拉山群	大理岩、片麻岩、混合岩	43	1 996.5	10.6	2.65	285.6	

表 5.11　鄂尔多斯盆地古老地层主要类型岩石物性参数

岩性	样本数/块	密度/（g/cm³）	磁化率/×10⁻⁵	电阻率/（Ω·m）	极化率/%	剩余磁化强度/（A/m）	孔隙度/%	渗透率/mD
大理岩	101	2.72	265.3	1 859.9	11.3	5.65×10^{-2}	0.95	1.23
安山岩	8	2.62	116.6	633.9	9.9	2.91	1.45	0.06
板岩	10	2.63	0.6	2 181.0	9.9	5.77×10^{-5}	4.98	0.57
花岗岩	54	2.69	583.4	1 529.0	10.9	7.40×10^{-2}	1.10	0.14
灰岩	31	2.77	2.1	2 175.0	9.9	4.02×10^{-1}	1.17	0.09
角闪岩	27	2.91	129.4	2 618.0	11.9	1.70×10^{-1}	0.54	0.51
凝灰岩	15	2.78	448.5	3 169.0	12.7	2.56×10^{-1}	0.54	0.08
片麻岩	135	2.66	79.0	1 689.0	11.4	1.01×10^{-1}	1.50	0.12
片岩	55	2.67	7.3	1 703.0	9.9	2.49×10^{-3}	1.19	0.18
千枚岩	30	2.94	678.4	891.0	11.9	3.07	0.91	0.08
砂岩	128	2.58	15.9	1 011.0	13.0	3.62×10^{-3}	4.29	0.41
石英岩	206	2.69	71.5	2 027.0	12.6	4.95×10^{-2}	1.91	1.78
白云岩	15	2.78	0.0	3 899.0	10.2	1.22×10^{-3}	1.08	0.09
花岗闪长岩	9	2.68	2.7	1 341.0	11.4	1.25×10^{-3}	1.00	0.28
混合花岗岩	31	2.61	6.9	1 679.0	11.2	2.12×10^{-3}	0.58	0.12
火山角砾岩	11	2.78	344.8	698.0	11.9	2.17×10^{-1}	1.64	0.08

采集标本的岩性主要为大理岩、安山岩、板岩、花岗岩、灰岩、角闪岩、凝灰岩、片麻岩、片岩、千枚岩、砂岩、石英岩等，其中角闪岩、千枚岩、大理岩密度、磁化率较高，砂岩、板岩密度和磁化率较低，其他密度中等。岩石磁性为弱-无磁性，变质岩和岩浆岩电阻率高，极化率基本一致；从孔渗物性特征来看，均偏低；渗透性均较差。

在以上不同岩性的岩石统计分析基础上，对前寒武系古老地层主要岩石类型的密度、磁化率、电阻率参数的相关性和分布进行分析，三个参数的交会结果如图 5.9 所示。根据交会图：密度主要分布在 2.6～2.9 g/cm³；电阻率主要分布在 500～4 000 Ω·m；磁化率主要分布在（0～150）×10⁻⁵；千枚岩、石英岩、部分大理岩具有强磁特征，砂岩、片岩与石英岩关联性较好，但与磁性没有关联。

将鄂尔多斯盆地所采集的岩石样品按沉积岩、火成岩和变质岩三大类进行统计分析，其密度统计结果见表 5.12，密度直方图如图 5.10 所示。

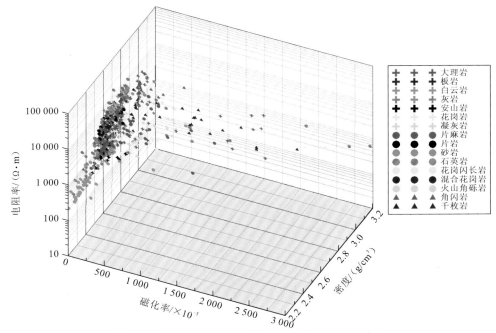

图 5.9　不同岩性岩石密度、磁化率、电阻率交会图

表 5.12　鄂尔多斯盆地前寒武纪岩石样品密度统计表　　　　（单位：g/cm³）

岩石	样品数	平均值	标准差	最小值	最大值
所有岩石	886	2.69	0.15	2.20	3.12
火成岩	69	2.67	0.06	2.57	2.86
沉积岩	205	2.65	0.18	2.20	3.12
变质岩	612	2.70	0.14	2.26	3.10

从表 5.12 和图 5.10 中可以看到，鄂尔多斯盆地岩石样品的密度在 2.20～3.12 g/cm³ 变化，平均值为 2.69 g/cm³，标准差为 0.15 g/cm³。图 5.10（a）显示，所有岩石样品的密度基本符合正态分布的特点，岩石的密度分布在一定的范围内，但是仍然具有偏正态分布的趋势，这也说明各类岩石不是均匀、同性的，存在一定的差异。总体上来说，变质岩的密度是最大的，沉积岩的密度最小，这也符合不同岩石类型密度之间的变化规律。

火成岩的密度均值为 2.67 g/cm³，最小值为 2.57 g/cm³，最大值为 2.86 g/cm³。图 5.10（b）显示火成岩样品的密度主要集中在 2.60～2.70 g/cm³。从整体上来看，火成岩的密度变化范围很小，标准差只有 0.06 g/cm³，说明岩石在成岩后受后期改造、侵蚀等作用的影响较小。沉积岩的密度均值为 2.65 g/cm³，最小值为 2.20 g/cm³，最大值为 3.12 g/cm³。从图 5.10（c）中可以看出，沉积岩的密度分布具有双峰的特点，密度分布集中在 2.20～2.50 g/cm³ 和 2.60～2.80 g/cm³ 两个区间，除岩性造成的密度差异之外，孔隙度也是造成密度分区的因素之一。总体上，沉积岩标准差较高，密度分布范围较广。这也从侧面说明沉积岩在沉积成岩后一定程度上受后期改造的影响，在成分、结构和构造上有一定的变化。

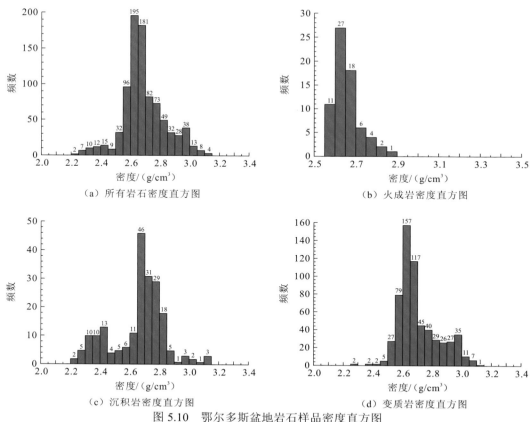

（a）所有岩石密度直方图   （b）火成岩密度直方图

（c）沉积岩密度直方图   （d）变质岩密度直方图

图 5.10 鄂尔多斯盆地岩石样品密度直方图

变质岩的密度均值为 2.70 g/cm^3，最小值为 2.26 g/cm^3，最大值为 3.10 g/cm^3。从图 5.10（d）中可以看出，变质岩普遍密度较大，基本在 2.50 g/cm^3 以上。变质岩密度标准差为 0.14 g/cm^3，介于火成岩和沉积岩之间，并不算大，这也说明变质岩在成岩后可能受一定的后期改造影响，但是影响不大。

将鄂尔多斯盆地所采集的样品按沉积岩、火成岩和变质岩三大类进行统计分析，其磁化率统计结果见表 5.13，磁化率直方图如图 5.11 所示。

表 5.13 鄂尔多斯盆地前寒武纪岩石样品磁化率统计表   （单位：10^{-3}）

岩石	样品数	平均值	标准差	最小值	最大值
所有岩石	886	1.47	4.85	0	51.12
火成岩	101	3.63	9.09	0	51.12
沉积岩	200	0.63	1.85	0	9.13
变质岩	585	1.39	4.38	0	42.78

从表 5.13 和图 5.11 中可以看到，鄂尔多斯盆地采集的岩石样品全部岩石的磁化率为（0～51.12）×10^{-3}，均值为 1.47×10^{-3}，全部岩石样品变化的标准差为 4.85×10^{-3}。略大的标准差说明不同岩石磁性矿物的含量及岩石所处的地质构造环境差异较大，图 5.11（a）中的多峰值特征也直观地反映出这个特点。总体上，火成岩磁化率最高，沉积岩磁化率最低。

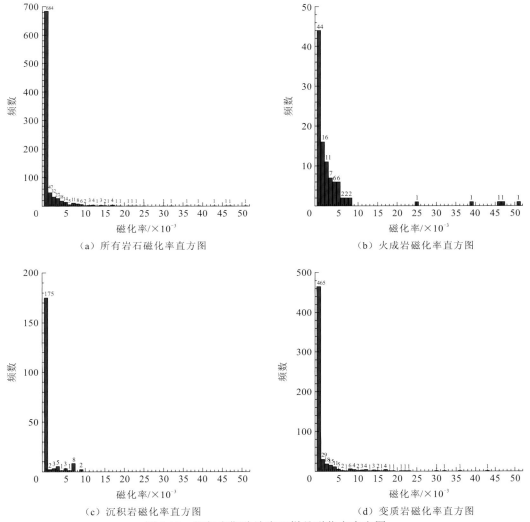

（a）所有岩石磁化率直方图

（b）火成岩磁化率直方图

（c）沉积岩磁化率直方图

（d）变质岩磁化率直方图

图 5.11　鄂尔多斯盆地岩石样品磁化率直方图

火成岩磁化率的平均值为 3.63×10^{-3}，浮动范围为（$0 \sim 5.112$）$\times 10^{-2}$，标准差为 9.09×10^{-3}，数值变化较大。从图 5.11（b）中可以看出，火成岩的磁化率数值分布范围虽然较大，但是绝大部分数值集中在（$0 \sim 1$）$\times 10^{-2}$，普遍偏低，只有极少量的数据大于 2×10^{-2}。这说明火成岩在成岩后受一定外界作用的影响，磁化效应的铁磁性矿物从岩石中流失，从而导致岩石的磁性减弱。

从图 5.11（c）中可以看出，沉积岩的磁化率为（$0 \sim 9.13$）$\times 10^{-3}$，均值为 0.63×10^{-3}，标准差为 1.85×10^{-3}，磁化率的变化较小，所有数据都在 1×10^{-2} 以内且绝大部分数据小于 1×10^{-3}。这说明沉积岩在成岩和成岩后基本未受外界各种作用的影响，铁磁性矿物从岩浆岩中流失后未转移至沉积岩中。

变质岩磁化率的均值为 1.39×10^{-3}，最小值为 0，最大值为 4.278×10^{-2}，标准差为 4.38×10^{-3}。从图 5.11（d）中可以看出，变质岩的磁化率数值虽然变化范围较大，但绝大多数数值仍然集中分布在 1×10^{-2}，只有少量样品数值较大，这说明岩石内含有高磁性矿物。

将鄂尔多斯盆地所采集的样品按沉积岩、火成岩和变质岩三大类进行统计分析，其电阻率统计结果见表 5.14，对数电阻率直方图如图 5.12 所示。

表 5.14　鄂尔多斯盆地前寒武纪岩石样品电阻率统计表　　　（单位：Ω·m）

岩石	样品数	平均值	标准差	最小值	最大值
所有岩石	886	1 777.0	1 351.9	68.9	12 091.2
火成岩	101	1 813.7	1 212.7	277.8	7 435.3
沉积岩	200	1 552.6	1 534.8	68.9	6 627.5
变质岩	585	1 847.3	1 298.6	212.4	12 091.2

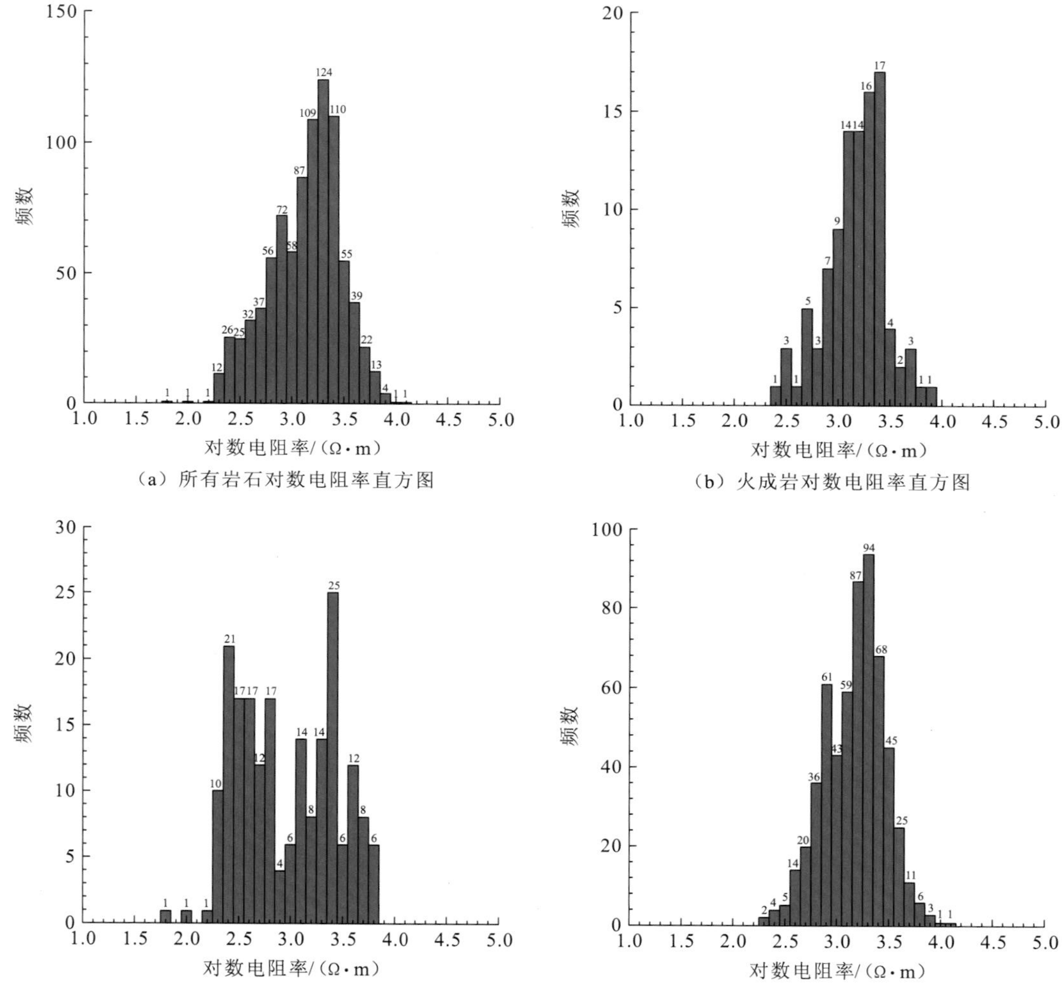

（a）所有岩石对数电阻率直方图　　　　（b）火成岩对数电阻率直方图

（c）沉积岩对数电阻率直方图　　　　（c）变质岩对数电阻率直方图

图 5.12　鄂尔多斯盆地岩石样品对数电阻率直方图

从表 5.14 和图 5.12 中可以看到，鄂尔多斯盆地岩石样品电阻率为 68.9～1 2091.2 Ω·m，均值为 1 777 Ω·m，岩石电阻率分布范围较大，主要集中在 200～6 000 Ω·m，主要以中、

地层				密度 /(g/cm³)	磁化率 /×10⁻⁵	电阻率 /(Ω·m)	极化率 /%	剩余磁化强度
界	系	代号	岩性					
元古界	新元古界	震旦系 Z	砂质板岩	2.57	1.7	438.6	11.7	4.27×10^{-4}
		青白口 Qb	大理岩	2.73	1.6	2 181.2	9.6	
	中元古界	蓟县系 Jx	灰岩、砂岩、白云岩、花岗闪长岩、花岗岩	2.73	208.9	1 806.5	10.6	2.17×10^{-3}
		长城系 Chc	砂岩、大理岩、板岩、花岗岩、灰岩、凝灰岩、火山角砾岩、安山岩、片麻岩	2.61	100.8	1 604.2	12.6	1.79×10^{2}
	古元古界		Pt₁	大理岩、片麻岩、片岩、石英岩、千枚岩	2.72	148.9	1 789.2	12.3	1.97×10^{-3}
太古宇	新太古界		Ar₃	片岩、石英岩、砂岩、大理岩、片麻岩、角闪岩、混合花岗岩、混合岩	2.69	131.1	1 797.9	11.4	3.27×10^{-3}

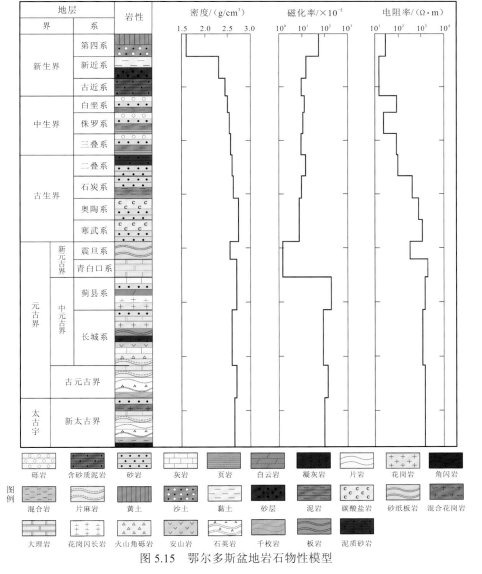

图 5.15 鄂尔多斯盆地岩石物性模型

5.4 全盆地重磁电物性与地层关系建模

1. 岩样孔隙度、渗透率测试结果

对前寒武系岩样中的部分岩石进行储层物性测量，包括孔隙度和渗透率测量，测量结果见表 5.18，统计结果如图 5.16 和图 5.17 所示。

表 5.18 岩石储层参数及分层统计表

地层				样本数	孔隙度/%	渗透率/mD
界	系	代号	岩性			
中生界	—	Mz	花岗岩	12	1.49	0.19
元古界 新元古界	青白口—震旦系	Qb-Z	砂质板岩、大理岩	7	2.06	0.33
中元古界	蓟县系	Jx	灰岩、砂岩、板岩、白云岩、花岗闪长岩	26	0.95	0.11
	长城系	Chc	砂岩、白云岩、花岗闪长岩、凝灰岩、火山角砾岩、安山岩	32	4.34	0.38
古元古界		Pt$_1$	大理岩、片麻岩、片岩、石英岩、千枚岩	65	1.31	0.13
太古宇	新太古界	Ar$_3$	片岩、石英岩、砂岩、大理岩、片麻岩、角闪岩、花岗岩	83	1.38	0.57

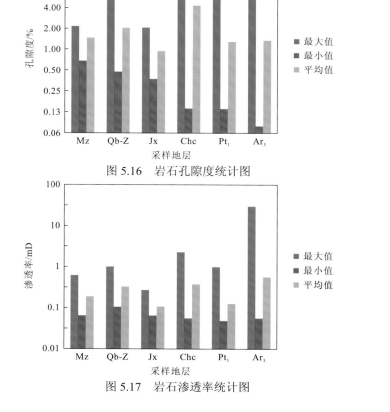

图 5.16 岩石孔隙度统计图

图 5.17 岩石渗透率统计图

根据统计结果,孔隙度很小,平均在2%左右,渗透率值低,平均值主要在0.1~1 mD,属于低孔低渗量级。

2. 不同岩性标本孔隙度、渗透率特征

将鄂尔多斯盆地所采集的样品,按沉积岩、火成岩和变质岩三大类进行统计分析,其孔隙度统计结果见表5.19,孔隙度直方图如图5.18所示。

表 5.19　鄂尔多斯盆地前寒武纪岩石样品孔隙度统计表　　　　（单位:%）

岩石	样品数	平均值	标准差	最小值	最大值
所有岩石	223	1.77	2.31	0.08	13.10
火成岩	18	1.30	0.57	0.38	2.20
沉积岩	53	2.98	3.86	0.23	13.10
变质岩	152	1.40	1.42	0.08	9.40

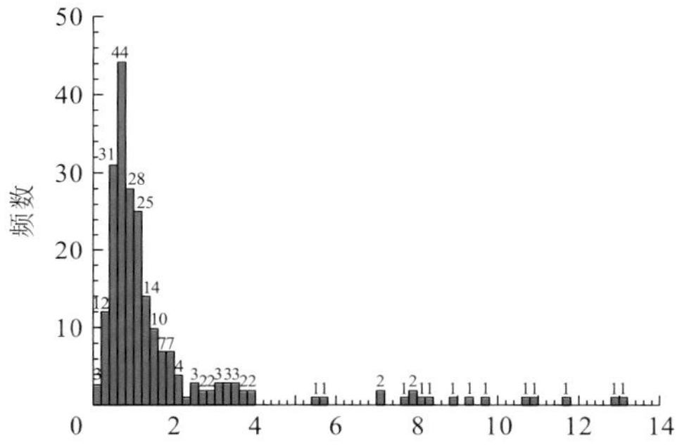

（a）所有岩石孔隙度直方图
（b）火成岩孔隙度直方图 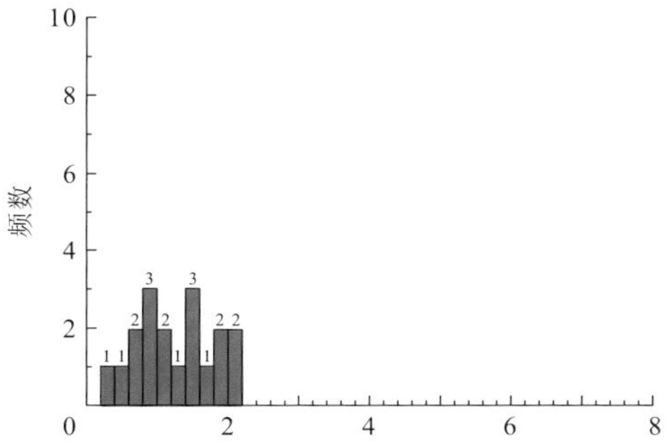
（c）沉积岩孔隙度直方图 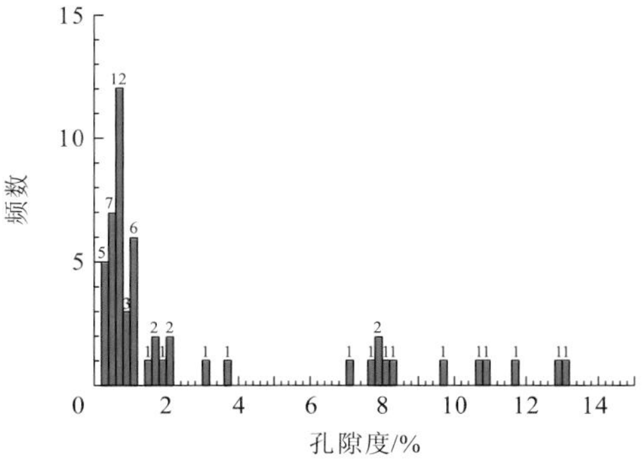
（d）变质岩孔隙度直方图 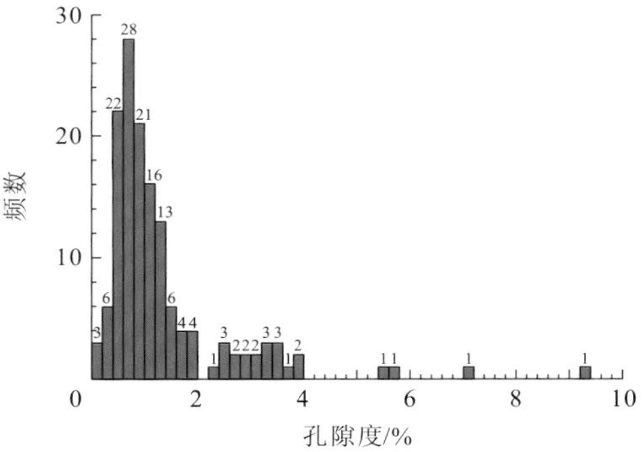
图 5.18　鄂尔多斯盆地岩石样品孔隙度直方图

从表5.19和图5.18中可以看到,鄂尔多斯盆地岩石样品孔隙度为0.08%~13.1%,均值为1.77%。从图5.18（a）中可以看出,样品孔隙度大部分在2%以内,部分样品的孔隙度高于5%,最高可达13.1%。孔隙度分布范围较大,但标准差只有2.31%,并不算大,这说明岩石在成岩后变化很小。总体上沉积岩的孔隙度最大,火成岩的孔隙度最小,属于正常情况。

如图5.18（b）所示,火成岩的孔隙度平均值为1.30%,变化范围为0.38%~2.20%,

标准差为 0.57%，在所有岩石中孔隙度最小，孔隙度的变化和变化范围也较小，说明火成岩在成岩后，没有受后期改造的影响，孔隙以原生孔隙为主，次生孔隙不发育。

沉积岩的孔隙度平均值为 2.98%，变化范围为 0.23%～13.10%，标准差为 3.86%，在所有岩石中孔隙度最大，孔隙度的变化也是最大的。从图 5.18（c）中可以发现，样品的孔隙度部分在 2%以内，部分高于 6%，最大可达 13.10%，分化比较明显。这是因为不同岩性的沉积岩在孔隙度上存在差异，碎屑岩的孔隙度普遍较化学岩高。

变质岩的孔隙度平均值为 1.40%，变化范围为 0.08%～9.40%，标准差为 1.42%。图 5.18（d）中，大部分样品的孔隙度小于 4%，符合变质岩孔隙度的特点，但少量岩石样品的孔隙度大于 5%，反映出岩石可能受后期溶蚀、改造的影响。

将鄂尔多斯盆地所采集的样品按沉积岩、火成岩和变质岩三大类进行统计分析，其渗透率统计结果见表 5.20，渗透率直方图如图 5.19 所示。

表 5.20　鄂尔多斯盆地前寒武纪岩石样品渗透率统计表　　　（单位：mD）

岩石	样品数	平均值	标准差	最小值	最大值
所有岩石	223	0.689	5.713	0.049	79.624
火成岩	18	0.161	0.139	0.061	0.629
沉积岩	53	0.275	0.473	0.057	2.354
变质岩	152	0.896	6.912	0.049	79.624

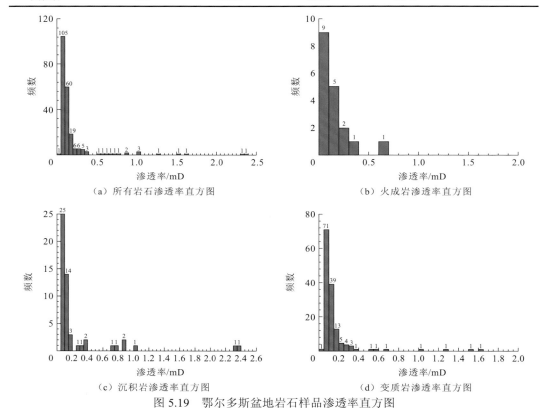

（a）所有岩石渗透率直方图　　　　　　　（b）火成岩渗透率直方图

（c）沉积岩渗透率直方图　　　　　　　（d）变质岩渗透率直方图

图 5.19　鄂尔多斯盆地岩石样品渗透率直方图

从表 5.20 和图 5.19 中可以看到，样品渗透率变化范围为 0.049～79.624 mD，平均值为 0.689 mD。从图 5.19（a）中可以看出，绝大部分样品的渗透率都在 0.5 mD 以下，少数样品的渗透率略高，最高达 79.624 mD。岩石样品渗透率的标准差为 5.713 mD，渗透率差异较大。从总体上看，大部分岩石样品属于特低渗，其中变质岩的渗透率最高，火成岩的渗透率最低。

火成岩渗透率平均值为 0.161 mD，最小值为 0.061 mD，最大值为 0.629 mD，标准差为 0.139 mD，在所有岩石中变化是最小的。从图 5.19（b）中可以看出，火成岩样品渗透率几乎全部都在 0.5 mD 以下，只有 1 个样品的渗透率略高，这与岩石的孔隙度分布情况较吻合。

沉积岩渗透率平均值为 0.275 mD，最小值为 0.057 mD，最大值为 2.354 mD，标准差为 0.473 mD。图 5.19（c）中，沉积岩样品渗透率大部分在 0.2 mD 以下，部分样品的渗透率略高，但最高也只有 2.354 mD。整体上沉积岩的渗透率非常低，这说明在沉积岩结构中孔隙度小，孔隙的连通性很差。

变质岩渗透率平均值为 0.896 mD，最小值为 0.049 mD，最大值为 79.624 mD，标准差为 6.912 mD。图 5.19（d）显示，变质岩大部分样品的渗透率都在 0.4 mD 以下，其中约 70%的样品渗透率都不足 0.2 mD。虽然变质岩渗透率标准差在所有岩石中是最大的，但是剔除数据中两个较大的值后，整体的标准差也只有 0.233 mD。这说明变质岩渗透率整体并不高，只有个别样品的渗透率较大，可能是样品中存在裂隙等因素造成的。

3. 孔隙度、渗透率与物性关系模型

定量分析鄂尔多斯盆地前寒武系古老地层沉积岩（砂岩和灰岩）、变质岩、岩浆岩密度、电阻率与孔隙度、渗透率的关系，以及孔隙度与渗透率之间的关系后可知，磁化率与孔隙度、渗透率没有相关性。

在砂岩中，渗透率与孔隙度存在指数关系，电阻率与孔隙度存在指数关系、与渗透率近似幂函数关系，密度与孔隙度存在线性关系、与渗透率存在幂函数关系，各参数之间的相关性很明显；在灰岩中，渗透率与孔隙度近似线性关系，电阻率与孔隙度存在线性关系、与渗透率存在幂函数关系，密度与孔隙度存在线性关系，各参数之间的相关性较好，但不是特别明显；在岩浆岩中，电阻率与孔隙度、渗透率存在指数关系，其他物性参数之间相关性较差；在变质岩中，渗透率与孔隙度存在线性关系，电阻率与孔隙度存在对数关系，密度与孔隙度存在线性关系。整体上看：砂岩物性参数受孔隙度影响较大，数据分布相对集中，拟合度好；灰岩数据较少，同时因为没有进行孔隙类型的区分，数据比较分散；岩浆岩和变质岩密度、电阻率与孔隙度相关性较明显。

古老地层不同岩性、物性参数与储层参数关系模型如图 5.20～图 5.36 所示。

根据图 5.20～图 5.36 所示的数据和物性关系分析结果可知：砂岩孔隙度较大，接近 50%的岩石标本孔隙度值大于 7%；灰岩、岩浆岩、变质岩孔隙度均较低，灰岩孔隙度几乎在 3%以下；岩浆岩、变质岩孔隙度低于 4%，低孔低渗特征明显。目前，鄂尔多斯盆地前寒武系地层砂岩主要集中在蓟县系和长城系两套地层，其中长城系砂岩孔、渗透条件要优于其他地层。对鄂尔多斯盆地周缘露头及盆地内部分钻井钻遇烃源岩进行的研究结果表明，长城系烃源岩至少在鄂尔多斯盆地存在（赵文智 等，2018），因此，长城系沉积岩具备较好的储集条件，是勘探开发的潜力地层。

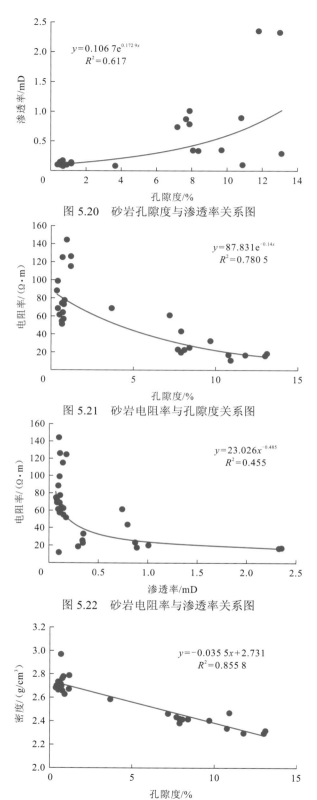

图 5.20　砂岩孔隙度与渗透率关系图

图 5.21　砂岩电阻率与孔隙度关系图

图 5.22　砂岩电阻率与渗透率关系图

图 5.23　砂岩密度与孔隙度关系图

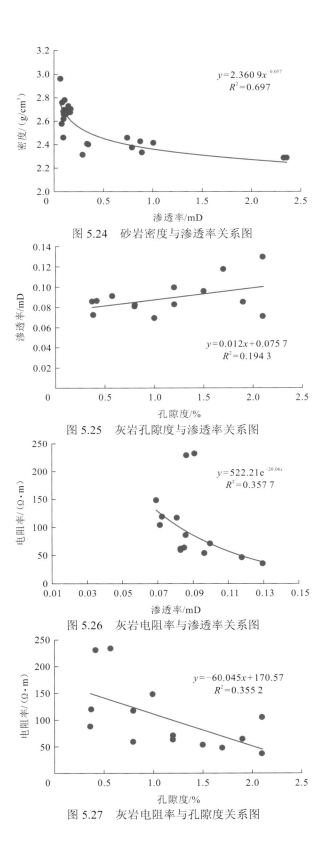

图 5.24 砂岩密度与渗透率关系图

图 5.25 灰岩孔隙度与渗透率关系图

图 5.26 灰岩电阻率与渗透率关系图

图 5.27 灰岩电阻率与孔隙度关系图

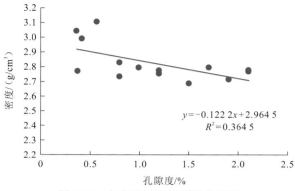

图 5.28　灰岩密度与孔隙度关系图

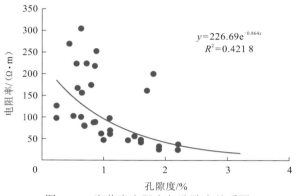

图 5.29　岩浆岩电阻率与孔隙度关系图

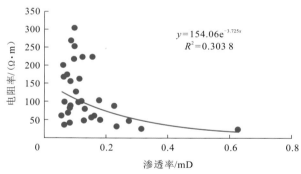

图 5.30　岩浆岩电阻率与渗透率关系图

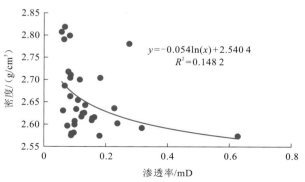

图 5.31　岩浆岩密度与渗透率关系图

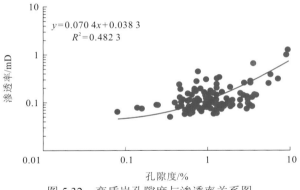

图 5.32　变质岩孔隙度与渗透率关系图

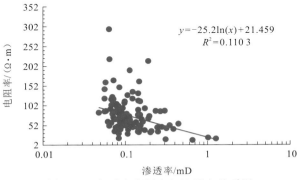

图 5.33　变质岩电阻率与渗透率关系图

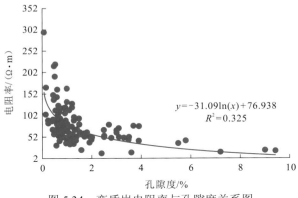

图 5.34　变质岩电阻率与孔隙度关系图

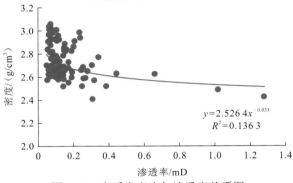

图 5.35　变质岩密度与渗透率关系图

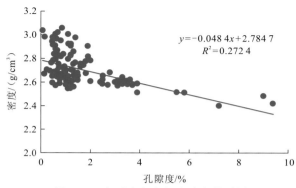

图 5.36　变质岩密度与孔隙度关系图

第6章　塔里木盆地岩石重磁电物性特征与建模

6.1　塔里木盆地地质概况

　　塔里木盆地位于我国新疆维吾尔自治区南部，处于天山、昆仑山和阿尔金山之间，西起帕米尔高原东麓，东至罗布泊洼地，北至天山山脉南麓，南至昆仑山脉北麓，是世界第一大内陆盆地。塔里木盆地南北最宽处达 520 km，东西最长处达 1 400 km，面积为40 多万 km²，海拔 800～1 300 m，地势西高东低。

　　塔里木盆地是大型封闭性山间盆地，地质构造上表现为周围被许多深大断裂所限制的稳定地块。盆地地势西高东低，微向北倾，原罗布泊湖面高程780 m，是盆地最低点。塔里木河位置偏于盆地北缘，水向东流。塔里木盆地地貌呈环状分布，边缘是与山地连接的砾石戈壁，中心是辽阔沙漠，边缘和沙漠间是冲积扇和冲积平原，并有绿洲分布。塔里木河以南是塔克拉玛干沙漠，是我国最大沙漠，世界第二大的流动沙漠。

　　塔里木盆地是我国最大的含油气沉积盆地，被地质学家称为 21 世纪中国石油战略接替地区。塔里木盆地油气勘探始于 1952 年的中苏石油股份公司。塔里木油田 1989 年建成投产后，逐渐成为我国西部的能源经济中心，原油产量不断增长，天然气产量也从 2004年的约 14 亿 m³ 猛增至 2009 年的 181 亿 m³，成为 "西气东输" 工程的主力气源之一。截至 2015 年，塔里木盆地可探明油气资源总量 168 亿 t，油气探明率为 14.6%，已发现和探明大型油气田 30 多个，2017 年年均油气产量当量超 2 500 万 t，油气产量年均增长约 1 万 t。塔里木盆地油田分布如图 6.1 所示。

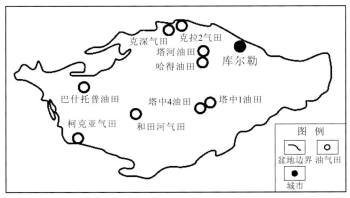

图 6.1　塔里木盆地油田分布图

6.1.1　地层及岩性特征

　　震旦系在塔里木盆地已具有盖层性质，且发育完整，研究较详细，是新疆地层的一大特色。将新元古界地层分为震旦系地层和前震旦系地层两部分，具体地层划分见表 6.1。

表 6.1　塔里木盆地前寒武系地层表

界	系	统	库鲁克塔格地区、塔东—满加尔地区	其他地区	
			组		
元古界 Pt	新元古界 Pt$_3$ · 震旦系（Z）	上统	汉格尔乔克组	奇格布拉克组	
			水泉组		
		下统	育肯沟组	苏盖特布拉克组	
			扎摩克提组		
	南华系（Nh）	上统	特瑞爱肯组	尤尔美那克组	
			阿勒通沟组		
		下统	照壁山组	—	
			贝义西组		
	青白口系（Qb）	—	帕尔岗塔格群	巧恩布拉克群	
中元古界 Pt$_2$	蓟县系（Jx）	—	爱尔基干群	塔昔达坂群	阿克苏群
	长城系（Chc）	—	杨吉布拉克群	巴什库尔干群	
古元古界 Pt$_1$		—	兴地塔格群 阿尔金岩群	阿尔金岩群	
太古界 Ar	新太古界 Ar$_3$	—	米兰岩群	米兰岩群	

前震旦系主要分布于新疆南部，出露于塔里木地台边缘隆起带和周边褶皱山系中的古老地块，新疆北部仅在阿尔泰山南部有小片蓟县系出露。新疆前震旦系包括新太古界、古元古界、中元古界和新元古界。其中，古元古界分为上、下两部分，两者之间为角度不整合接触关系，下部大体相当于华北地区的五台群，上部大体相当于华北地区的滹沱群；中元古界包括长城系、蓟县系；新元古界包括青白口系、震旦系。

新疆震旦系主要分布于塔里木盆地北缘和天山地区，在塔里木盆地南缘也有少量发育。震旦系以明显的角度整合覆盖于前震旦纪变质岩系之上，构成塔里木地台基底上的第一套盖层。新疆震旦系以库鲁克塔格地区发育最好，其下角度不整合覆于前震旦纪变质地层或花岗岩体之上，其上与下寒武统平行不整合接触。

1. 盆地基底

新疆最老的地层是新太古界，仅见于阿尔金山东段北坡，称为米兰群，为一套高角闪岩相（局部见麻粒岩相）的变质岩系。

古元古界分布地区与中、新元古界大致相同，但比中元古界、新元古界分布范围小，古元古界分为上、下两部分：下部（Pt$_1^1$）分布比较局限，仅见于库鲁克塔格及昆仑山区，上部（Pt$_1^2$）分布比较广泛，在天山、库鲁克塔格、阿尔金山和昆仑山区均有分布。两者变质程度相似，均为高绿片岩相—低角闪岩相，混合岩化作用比较普遍。上、下两部分之间为角度不整合接触关系。下部在塔里木北部主要由中基性火山岩变质而来，塔里木南部碎屑岩和碳酸盐岩较多；上部在塔里木南北均以碎屑岩和碳酸盐岩为主。

拉克、巧恩布拉克等地最为发育，向西逐渐变薄或尖灭，故其厚度变化甚剧，一般厚 10～80 m。尤尔美那克组与下覆巧恩布拉克群为明显不整合，下覆层接触面保存有槽沟、擦痕、颤痕等清晰的基岩冰溜面。尤尔美那克组超覆在巧恩布拉克群不同层位上，和上覆苏盖特布拉克组也为不整合。苏盖特布拉克组不仅覆于该组冰碛岩的不同层位，亦可直接超覆于巧恩布拉克群直至超覆在更古老的阿克苏群绿片岩之上。

6. 震旦系

1）汉格尔乔克组

汉格尔乔克组命名剖面位于新疆尉犁县库鲁克塔格中段的汉格尔乔克山地区，参考剖面在新疆鄯善县南玉勒衮布拉克等地。汉格尔乔克组主要为灰色、深灰色、灰绿色厚层块状杂砾岩（泥砾岩、砾岩、含砾泥岩），其中偶夹不稳定的砂岩或灰岩夹层及凸镜体，胶结物为泥质偶含钙质。汉格尔乔克组顶部多为一层浅灰绿色薄层含砾纹泥岩或纹层状含砾白云岩，其中砾石多显示为"坠石"特征，在杂砾岩的胶结物及纹层状泥岩中含微古植物。汉格尔乔克组岩性稳定，厚度一般为 150～430 m，广泛分布于库鲁克塔格山，西起库尔勒以西的西山口、莫钦库都克一带，向南至尉犁县兴地塔格至雅尔当山地区，向东至鄯善县以南玉勒衮布拉克等地区均有发育。汉格尔乔克组下部与上震旦统水泉组呈假整合或不整合接触，和上覆下寒武统西山布拉克组亦为假整合。

2）水泉组

水泉组命名剖面位于和硕县罗钦布拉克（又名水泉、柳泉）附近，参考剖面在照壁山、牙尔当山等地。水泉组由碳酸盐岩和碎屑岩组成并夹少量火山岩。该组上部为黑色页岩、灰色粉砂岩、粉砂质页岩中夹玄武岩、辉绿岩等基性火山岩；中部为灰绿色薄层细-粉砂岩，夹少量含磷砂岩、不稳定的磷块岩、粉砂岩与灰绿色页岩的不均匀互层；下部为暗灰色中厚层与灰色薄层灰岩互层，偶夹粉砂岩、细砂岩和页岩的薄夹层。该组上部产有蠕虫和文德带藻；下部含叠层石，并含丰富的微古植物。水泉组分布范围较广泛，西起库尔勒以东的西山口、阿勒通塔格（西库鲁克塔格），向东至西大山、兴地塔格及以南的牙尔当山、辛格尔塔格（中库鲁克塔格），一直向东延伸到鄯善县以南的玉勒衮布拉克一带。水泉组岩性较稳定，厚度自西向东逐渐减少，局部地区由于顶部剥蚀厚度变小，一般为 100～300 m。中库鲁克塔格局部地区厚度较大，兴地塔格北坡可达 465 m 以上；至东部玉勒衮布拉克地区厚度仅十余米，直至尖灭。水泉组顶部被汉格尔乔克组冰碛岩（杂砾岩）不整合超覆，底界与育肯沟组为连续过渡。

3）育肯沟组

育肯沟组命名剖面位于库鲁克塔格西端南侧的育肯沟地区，参考剖面位于中库鲁克塔格照壁山。育肯沟组为一套陆缘较深部碎屑沉积，以暗灰色、灰绿色粉砂岩，粉砂质页岩，页岩（纹板岩）等薄层不均匀互层，中夹钙质粉砂岩、少量泥灰岩、细砂岩、长石石英砂岩的不稳定夹层，其中长石石英砂岩夹层多呈红褐色。育肯沟组产丰富的微古植物。育肯沟组分布较为广泛，自库尔勒以东库鲁克塔格西南端育肯沟向东至兴地塔格北坡、莫钦库都克、罗钦布拉克、照壁山（中库鲁克塔格），并继续向东至东库鲁克塔格

（鄯善县以南）的玉勒衮布拉克（东库鲁克塔格）等地均有出露，厚度较稳定，一般为210～350 m，局部（中库鲁克塔格）可厚达 583 m。育肯沟组整合（局部不正合）覆于扎摩克提组之上，其上覆水泉组又为整合连续过渡。

4）扎摩克提组

扎摩克提组命名剖面位于新疆中库鲁克塔格扎摩克提泉附近，主要参考剖面在东大山及柯斯坦布拉克、牙尔当山等地。扎摩克提组为由一套灰色、灰绿色粗砂岩（底部往往为岩屑砂岩），中粒砂岩，细砂岩，粉砂岩及泥页岩组成的韵律式沉积（浊积岩），多具不完整的鲍马序列，粒级递变层理发育，底面普遍发育槽模、沟模、重荷模等底痕，水平纹层及变形纹层（扰动层）亦普遍可见，还可见少量丘状层理，含较丰富的微古植物。扎摩克提组在库鲁克塔格地区分布十分广泛，西起库尔勒以北的莫钦乌拉山，向东至西山口，在莫钦库都克、罗钦布拉克断续出露到尉犁县东北部、东部，直到鄯善县以南玉勒衮布拉克一带。库鲁克塔格东部地区岩层厚度较大，可达 1 230 m，中部及西部厚度逐渐减小至 560～920 m。扎摩克提组与下伏特瑞爱肯组冰成岩（杂砾岩）多为假整合或不整合接触，在下伏岩层之顶部常可见一层白云岩分层（部分研究者认为属冰成岩顶部的碳酸盐"岩帽"），与上覆育肯沟组为整合过渡。受后期剥蚀作用影响，扎摩克提组一些地区白云岩往往消失。扎摩克提组可超覆至下伏不同层位上，并可见明显的交角和风化壳。

5）奇格布拉克组

奇格布拉克组命名剖面位于新疆乌什县东南大桥镇南的奇格布拉克，参考剖面位于乌什县南尤尔美那克东南 6 km 的方块山北坡。奇格布拉克组是乌什南山群的最上部的岩石地层单元，以浅灰及灰色块状、纹层状白云岩为主，白云岩中有时可见斜层理或交错层。剖面上部多为厚层块状白云岩，局部有粉砂岩夹层，近顶部常为晶洞白云岩等；下部多为薄层状或薄—中厚层状藻白云岩，含花纹石（变形石）白云岩、叠层石白云岩、核形石或层纹石白云岩等，夹少量钙质砂岩、粉砂岩及长石石英砂岩等夹层。奇格布拉克组产大量叠层石类、微古植物和少量遗迹化石，主要分布于新疆阿克苏市西北、柯坪以东、乌什县以南及东部地区，以乌什县东南奇格布拉克、尤尔美那克、方块山苏盖特布拉克、肖尔布拉克等地较为发育。奇格布拉克组岩性、厚度均较稳定，其厚度一般为141～186 m。奇格布拉克组下部与苏盖特布拉克组为连续过渡关系，通常以底部最低一层碳酸岩稳定层出现为界；上部和上寒武统玉尔吐斯组为假整合；顶部常见晶洞状白云岩，与上覆层之间存在一微弱的侵蚀面。

6）苏盖特布拉克组

苏盖特布拉克组命名剖面位于新疆阿克苏市西北部的苏盖特布拉克（泉水）居民点附近，参考剖面位于尤尔美那克牧村以西 4 km 及上述居民点东南 4 km 一带。苏盖特布拉克组沉积特征可分为上、下两个亚组，下亚组属强氧化环境的潮间带碎屑沉积。下亚组上部以紫红色、褐红色，少量灰绿色、黄绿色的薄-中层含铁质长石岩屑砂岩及岩屑砂岩为主，夹紫红色厚层粗粒岩屑砂岩，底部为粗粒含砾粗砂岩，整个岩层发育良好的潮汐层理（双向鱼骨状或倒人字形交错层理）；中部为灰绿色-紫红色细粒长石石英砂岩夹粉砂岩及微层状粉砂质泥岩，砂岩中有小型不对称波痕；上部为紫红色-红褐色少量灰色粗粒石英砂岩、含铁石英砂岩、长石石英砂岩，以及少量粉砂岩、粉砂质泥岩，碎屑岩磨圆度较高，含少量海绿石局部富集成微层，亦普遍见有鱼骨状交错层。下亚组尚有粗玄岩、橄榄玄武岩、凝灰砂岩和火山角砾岩等夹层或凸镜体夹于沉积岩中。上亚组主要为碳酸岩—细碎屑岩沉积，下部以紫红色薄层状细粒砂质灰岩及浅绿色钙质砂岩夹层或互层；中部为海绿石粉砂岩、灰岩、碎屑灰岩、灰色和褐红色竹叶状灰岩夹层及钙质砂岩，具丘状层理；上部以黄绿色、褐黄色细粒海绿石长石石英砂岩夹钙质砂岩、海绿石集成微层，并有微小交错层伴生。苏盖特布拉克组含丰富微古植物，此外尚在砂岩层面见有遗迹化石，分布于塔里木盆地西北缘阿克苏—柯坪—乌什之间，向东可延至拜城以北小铁列一带，岩性厚度较稳定，一般厚 580～888 m，个别地区靠近古隆地区厚度为200 m 左右。苏盖特布拉克组不整合覆盖于下伏冰碛岩之上，冰碛岩缺失时可直接覆盖于巧恩布拉克组或超覆于更古老的阿克苏群之上，其上部与奇格布拉克组为整合过渡。

6.1.2 盆地构造特征及盆地演化

塔里木盆地外形似菱形，内部呈带状显示。盆地内南北向挤压构造占主导地位，横向调节性走滑断裂对构造带的切割显示其在东西方向上具有分块性。依据盆地基底性质及其地球物理特征、地层层序的发育和分布特征、大型断裂系的发育展布和构造变形样式及演化历史的差异等，可将塔里木盆地划分为"两大拗陷区、三大隆起区"：①东北部拗陷区，包括库车拗陷、沙雅隆起和北部拗陷带；②中央隆起带，包括巴楚隆起、卡塔克隆起与古城墟隆起、塘古巴斯拗陷；③西南拗陷区，包括喀什拗陷、叶城拗陷与莎车隆起；④东南断隆区，包括北民丰—罗布庄断隆和于田—若羌拗陷；⑤边缘隆起区，包括柯坪隆起、铁克里克隆起、库鲁克塔格隆起和阿尔金山隆起。塔里木盆地构造单元划分见表 6.2，塔里木盆地构造单元区划图如图 6.2 所示（李坤，2009）。

表 6.2　塔里木盆地构造单元划分表

一级构造单元	二级构造单元	三级构造单元
东北部拗陷区	库车拗陷	乌什凹陷
		拜城凹陷
		阳霞凹陷
	沙雅隆起	沙西凸起
		哈拉哈塘凹陷
		雅克拉断凸
		阿克库勒凸起
		库尔勒鼻凸
		草湖凹陷
	北部拗陷带	阿瓦提断陷
		顺托果勒隆起
		满加尔凹陷
		孔雀河斜坡

续表

一级构造单元	二级构造单元	三级构造单元
中央隆起带	巴楚隆起	
	卡塔克隆起	
	塘古巴斯拗陷	
	古城墟隆起	
西南拗陷区	麦盖提斜坡	
	喀什拗陷	
	莎车隆起	
	叶城拗陷	
东南断隆区	北民丰—罗布庄断隆	北民丰断凸
		罗布庄断凸
	于田—若羌拗陷	于田凹陷
		阿羌凸起
		若羌凹陷
边缘隆起区	柯坪隆起	
	铁克里克隆起	
	库鲁克塔格隆起	
	阿尔金山隆起	

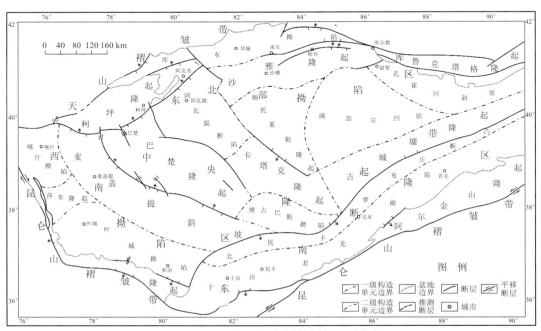

图 6.2　新疆塔里木盆地构造单元区划图

1. 盆地构造特征

1）东北部拗陷区

（1）库车拗陷。库车拗陷位于塔里木盆地最北部，北以南天山山前断裂带为界，南以索格当他乌—温宿北—亚南断裂带为界，呈近东西向延伸 600 km 以上，宽 10～70 km，面积约为 3.12×10^4 km²。库车拗陷是在三叠纪塔里木地块向天山俯冲碰撞的背景下形成的前渊或山前边缘拗陷，可大体划分为乌什凹陷、拜城凹陷、阳霞凹陷三级构造单元。

（2）沙雅隆起。沙雅隆起位于塔里木盆地的北部，是北部拗陷与库车拗陷之间呈东西向展布的古隆起。东部与库鲁克塔格断隆相过渡，西部以喀拉玉尔滚断裂、柯吐尔断裂与阿瓦提拗陷相隔，北以亚南断裂带和库车拗陷分界。东起库尔勒，西至喀拉玉尔滚—柯吐尔断裂一线，呈近东西向延伸约 400 km，南北宽 60～80 km。沙雅隆起包括沙西凸起、雅克拉断凸、哈拉哈塘凹陷、阿克库勒凸起、草湖凹陷、库尔勒鼻凸 6 个三级构造单元。

（3）北部拗陷带。北部拗陷带位于塔里木盆地的中部中央隆起带与沙雅隆起之间，是一长期演化的巨型负向构造，整体呈东西向展布，面积为 1.247×10^5 km²，包括阿瓦提断陷、顺托果勒低隆起、满加尔凹陷和孔雀河斜坡 4 个构造单元。

2）中央隆起带

中央隆起区横贯塔里木盆地中部，呈北西—北东走向，面积约为 1.308×10^5 km²，其上由西向东可划分为巴楚隆起、卡塔克隆起和古城墟隆起三个正向二级构造单元及塘古巴斯拗陷一个负向二级构造单元。

（1）巴楚隆起。巴楚隆起位于中央隆起带的西段，为夹持于柯坪、阿恰、吐木休克、色力布亚、玛扎塔格断裂之间的大型断隆，呈北西走向，面积约为 4.30×10^4 km²。依据断层发育与分布特征，可以大致以古董山—卡拉沙依弧形断裂带为界，将巴楚隆起划分为西部断隆和东部隆起两大构造单元：西部断隆为北北西走向，剖面上为一中部隆起的复背斜；东部隆起为北西走向，剖面上为一中部凹陷的复背斜。

（2）卡塔克隆起。卡塔克隆起位于中央隆起带的中部，北界为塔中Ⅰ号断裂，南部呈斜坡向塘古巴斯拗陷过渡，面积约为 2.75×10^4 km²。卡塔克隆起断裂和局部构造呈北西—北东向展布，断裂对局部构造具有控制作用。

（3）塘古巴斯拗陷。塘古巴斯拗陷位于卡塔克隆起与北民丰—罗布庄断隆之间，外部呈不规则矩形，东西向展布，南部以民丰北断裂为界，西与巴楚隆起向东南的延伸相接。

（4）古城墟隆起。古城墟隆起的形成明显受北民丰—罗布庄断隆的制约。奥陶纪末期，由于北民丰—罗布庄隆起首次逆冲活动，古城墟隆起具雏形，至早—中泥盆世基本定型。海西—印支期挤压走滑，造成古生界剥蚀强烈，其后构造运动在古城墟隆起表现不明显。

3）西南拗陷区

西南拗陷区位于塔里木盆地的西南部，西昆仑的北缘。拗陷区西南部以昆仑山山前断裂为界，以北东向的柯坪断隆前缘沙井子—柯坪断裂—色力布亚—玛扎塔格断裂构成拗陷区的北部边界。西南拗陷区面积约为 1.23×10^5 km²。

（1）喀什拗陷。喀什拗陷南界为乌泊尔逆冲断裂，北界为沙井子—乌恰断裂。喀什拗陷的西部呈北西西向，过明遥路转为北西向，南部为莎车隆起，东部向麦盖提斜坡过渡。

（2）叶城拗陷。叶城拗陷沿昆仑山前展布，向北以南倾单斜向麦盖提斜坡过渡。

（3）麦盖提斜坡。麦盖提斜坡位于西南拗陷的北部，其北界为色力布亚—玛扎塔格断裂，为巴楚隆起向西南方向延伸的一个斜坡。

（4）莎车隆起。莎车隆起西以断裂为界与西昆仑褶皱带相邻，东南、西北为叶城、喀什拗陷，东向麦盖提斜坡过渡。

4）东南断隆区

（1）北民丰—罗布庄断隆。北民丰—罗布庄断隆为北东展布的狭长形隆起，以且末西部低洼为界可以分为西部的北民丰凸起和东部的且末—罗布庄凸起，具有东西分块的特征。

（2）于田—若羌拗陷。于田—若羌拗陷位于塔里木盆地东南部，是一个夹持于阿尔金山与北民丰—罗布庄隆起之间的狭长形负向构造，呈北东向展布。拗陷东西部形成两个凹陷：若羌凹陷和于田凹陷。

5）边缘隆起区

在盆地周边发育有 4 个边缘隆起构造，即柯坪隆起、铁克里克隆起、库鲁克塔格隆起和阿尔金山隆起。

（1）柯坪隆起。柯坪隆起位于塔里木盆地的西北部，北为天山褶皱带，南部以沙井子—乌恰断裂为界与巴楚隆起相邻，东部与库车拗陷相接。柯坪隆起是海西晚期形成的逆冲推覆体，由北向南形成多个北东东或北北西向逆冲推覆褶皱带。

（2）铁克里克隆起。铁克里克隆起位于西南拗陷区的和田冲断带的南部，呈北西走向，南以铁克里克南缘断裂为界，北与和田冲断带为邻，是近年地球物理资料证实的大型推覆体。

（3）库鲁克塔格隆起。库鲁克塔格隆起位于盆地的东北部，整体呈北西向，面积为 $2.22 \times 10^5 \ \mathrm{km^2}$。库鲁克塔格隆起构造变形强烈，断裂发育并伴有晚古生代侵入岩。

（4）阿尔金山隆起。阿尔金山隆起包括整个阿尔金地区，广泛分布有晚古生代花岗岩，断裂发育，地层变形强烈。阿尔金山隆起对塔东南地区构造发育和演化起一定的制约作用。

2. 盆地演化

塔里木盆地是一个典型的长期演化的大型叠合复合盆地。它发育在太古代—早中元古代的结晶基底与变质褶皱基底之上，震旦系构成了盆地的第一套沉积盖层。在震旦纪—第四纪，塔里木盆地经历了复杂的构造演化历史。

1）前震旦纪基底形成

在塔里木盆地获得的最老同位素年龄的岩石和数据表明，塔里木盆地在中太古代甚至早太古代就已经发生了来源于亏损地幔的偏碱性玄武岩浆的喷溢活动，岩浆的侵入形成了塔里木盆地原始的陆核。早元古代是该地区地壳快速增长的重要时期，也是由陆核发展成为陆块的时期。早元古代兴地期广泛而剧烈的构造运动，使岩石产生强烈变形，最后使塔里木陆块、柴达木陆块和准噶尔微陆块聚合连成一片。经过中元古代末兴地期克拉通化后，聚合在一起的塔里木陆块重新裂离，并在陆块内部产生了裂陷。

晚元古代，"远古南天山洋"和"远古昆仑洋"闭合消亡，古塔里木板块在经历太古宙陆核形成，早元古代稳定陆块增生发展和中—晚元古代构造演化后终于逐渐成形。

2）震旦纪及古生代构造演化

震旦纪是塔里木盆地发展史上的一个转折时期。塔里木运动之后，统一的古塔里木板块形成。震旦系作为塔里木板块克拉通盆地的第一个沉积盖层覆盖了塔里木盆地。早震旦世，在塔里木板块边缘和内部发育大陆裂谷盆地，它们与地幔上隆、地壳变薄和伸展有关。晚震旦世大陆裂谷盆地继续拉张，在塔里木主体部位形成克拉通内张盆地，但沉降速率较早震旦世明显降低。

寒武纪—奥陶纪塔里木板块北部由于天山微陆块继续向北运动而进一步扩张，地幔物质侵入形成洋壳。洋盆发展结果导致塔里木板块北部与哈萨克斯坦板块分离，南部与羌塘板块相隔。

奥陶纪末，由塔里木大陆板块大陆边缘早古生代的"天山多岛有限洋盆"和"库地—奥依塔格洋盆"俯冲消减和微板块的碰撞所产生的加里东中期运动，对塔里木板块及其边缘的构造演化产生了重要的影响。这期运动可能是塔里木板块南北边缘化为主动边缘的反映。

志留纪开始，南天山洋由东向西逐渐闭合；泥盆纪末，塔里木板块与哈萨克斯坦板块碰撞拼贴；库地洋于泥盆纪晚期闭合，中昆仑地块拼贴至塔里木板块之上。经过这一时期一系列的构造运动，塔里木腹部形成了大型克拉通内挤盆地，具有独特的沉降史和构造特征。

石炭—二叠纪是塔里木板块由古全球构造运动体制向新全球构造运动体制转化的过渡时期，即由早古生代边缘多中心不对称扩张、微陆块与多岛有限洋盆、弧后盆地间"手风琴"式此张彼合运动、单向俯冲与软碰撞关闭的古全球构造运动体制，向威尔逊旋回式的洋中脊大规模对称扩张、"传送带"式俯冲消减、沟弧盆体系同时发育的新全球构造运动体制过度。

3）中—新生代构造演化

从三叠纪开始，塔里木盆地进入陆盆演化阶段。这一时期的构造演化主要受控于亚欧大陆南缘特提斯洋的周期性俯冲消减和闭合作用，同时与盆地基地核挤压隆起或山系发展有关。

侏罗纪—古近纪，塔里木盆地的形成演化与欧亚大陆南缘的一系列碰撞时间有关，如侏罗纪晚期的拉萨碰撞和白垩纪晚期的科希斯坦碰撞事件等。每一期碰撞都使围限塔里木盆地的山系和基底核挤压隆起发生周期性复活，形成向盆地内的挤压逆冲构造，在冲断带前缘发育前陆盆地。

新近纪—第四纪，随着印度板块对欧亚板块的俯冲与碰撞，以及受碰撞后印度板块向欧亚板块楔入所产生的远程效应的影响，天山和昆仑山大幅度隆升推覆。碰撞后，印度板块仍然继续向北俯冲，西昆仑造山带受强烈挤压收缩和抬升，北部岩块长距离逆冲在塔里木盆地之上，加剧了塔里木板块岩石的挠曲程度。

西昆仑山、天山褶皱强烈上升，并伴随着走滑断层系活动，盆地相对下降形成统一的由造山带包围的塔里木盆地。

6.1.3 古生界—新生界地层重磁电物性特征

1. 岩石密度特征

根据收集到的周边地区物性资料和钻井资料，塔里木盆地库尔勒—若羌地区新生界地层密度为 2.10～2.50 g/cm³，中生界密度为 2.10～2.72 g/cm³，古生界密度为 2.45～2.77 g/cm³，震旦系密度为 2.63～2.73 g/cm³。根据重磁资料，塔里木盆地浅部以陆相碎屑为主的中新生界与古生界海相碳酸盐的密度分界面密度差为 0.21～0.33 g/cm³。根据库尔勒—若羌和阿克苏—叶城研究区重磁反演结果，塔里木盆地存在的主要密度分界面为以陆相碎屑沉积为主的中—新生界地层与海相碳酸盐岩为主的古生界地层之间的分界面，其密度差为 0.20～0.30 g/cm³。其中，在罗布泊凸起、于田和安迪尔兰干的东南侧等地区，新生界地层直接覆盖于前震旦纪结晶基岩上；在民丰北凸起、民丰凹陷和若羌凹陷等地区，中生界地层覆盖在前震旦纪结晶基岩上；在轮台凸起、库尔勒鼻凸、英吉苏凹陷和沙漠低隆等地，中生界地层直接覆盖于下古生界地层上。塔里木盆地地壳地层密度见表 6.3（殷秀华 等，1998）。

表 6.3　塔里木盆地地壳地层密度

陆壳分层	地层时代	平均密度/（g/cm³）	密度差/（g/cm³）
上中地壳	新生界	2.35	
	中生界	2.52	0.17
	上古生界	2.61	0.09
	下古生界	2.67	0.06
	震旦系	2.71	0.04
	前震旦系花岗岩层	2.75	0.04
下地壳		2.98	0.23（康氏界面）
上地幔		3.30	0.32（莫霍界面）

青藏高原部分地区的地层密度对比显示，在塔里木盆地叶城—和田地区，中—新生界地区岩石之间没有明显的密度差异，即没有密度界面。中生界地层岩石平均密度为 2.50 g/cm³，古生界地层岩石平均密度为 2.69 g/cm³，二者约有 0.19 g/cm³ 的密度差。青藏高原部分地区地层岩石密度对比表见表 6.4（汪兴旺，2008）。

表 6.4　青藏高原部分地区地层岩石密度对比表　　　　　　　　（单位：g/cm³）

时代	叶城—和田	柴达木盆地	羌塘盆地	措勤盆地	喜马拉雅—雅鲁藏布江
Q	—	1.95～2.00	—	2.57	1.9
N	2.40	2.34	2.69	—	2.15
E	2.45	2.42	2.45	2.57	—
K	2.50	2.44	2.69	2.67	2.55
J	2.50	2.44	2.77	2.68	—

时代	叶城—和田	柴达木盆地	羌塘盆地	措勤盆地	喜马拉雅—雅鲁藏布江
T			2.76	2.62	2.63
P	2.53		2.79	2.66	2.60
C	2.70	2.30~2.70 （AnM）		2.67	—
D	2.65			2.67	—
S			2.89 （AnP）	2.74	—
O	2.70			2.77	—
Є				—	2.62
Pt	2.74				
Ar	2.71				

对塔里木北部地区元古界至新生界固结岩石中典型剖面进行系统的岩石物性标本采集和系统测试，岩石物性参数测试结果见表 6.5（孙岩 等，1996）。

表 6.5　新疆塔里木北部地区岩石物性参数系统测试数据表

地层系					物性参数		
系	统	组（群）	代号	采集地区	岩性	厚度/m	密度/（g/cm³）
古近系和新近系	中新统	苏维依组	N_1s	拜城	石膏	221.0	2.25
白垩系	下统	舒善河组	N_1s		砂岩	844.0	2.64
侏罗系	上统	齐古组	J_3q	轮台	泥岩	216.0	2.30
	中统	克孜勒努尔组	J_2k	拜城	煤层	551.0	1.60
	下统	阿合组	J_1a	轮台	砂砾岩	220.0	2.72
三叠系	上统	塔里奇克组	T_3t	库车	泥灰岩	611.0	2.54
	下统	俄霍布拉克群	T_1eh		泥岩	466.0	2.52
二叠系	上统	比尤勒包孜群	P_2by	拜城	砂岩	196.0	2.60
	下统	小提坎力克组	P_1x		凝灰岩	187.0	2.76
石炭系	下统	乌什组	C_1w		泥灰岩	197.8	2.26
泥盆系	上统	克孜尔塔格组	D_3k	柯坪	砂岩	634.7	2.78
	中下统	依杆他乌组	$D_{1-2}y$		细砂岩	644.0	2.53
志留系	下统	柯坪塔格组	S_1k	柯坪	泥岩	413.6	2.61
奥陶系	下统	丘里塔克组	O_1q		灰岩	320.7	2.68
							2.68

続表

地层系					物性参数		
系	统	组（群）	代号	采集地区	岩性	厚度/m	密度/（g/cm³）
寒武系	中统	阿瓦塔克组	$\in_2a$	肖尔布拉克	泥灰岩	183.9	2.48
	下统	玉尔吐斯组	$\in_1y$		泥灰岩	32.7	2.68
震旦系	上统	奇格布拉克组	Z_2q		灰岩	270.9	2.82
		苏盖特布拉克组	Z_2s		泥灰岩	196.0	2.45
					泥岩		2.16

2. 岩石磁性特征

根据塔里木盆地采集的 1 616 块岩石标本磁测结果，总结青藏高原北部边缘岩石露头的磁化率特征，见表 6.6（汪兴旺，2008）。

表 6.6　青藏高原北部边缘岩石露头磁化率表

时代	岩性	标本个数	磁化率/×10⁻⁵			备注
			极小	极大	均值	
Q	砾石层、砂砾土	81	8	2 500	262	西昆仑、阿尔金
N₂	砂岩	56	0	130	27	西昆仑
E	灰岩	10	—	—	0	西昆仑
K₁	砂砾岩	12	0	10	3	西昆仑
J	板岩、砾岩、砂岩	87	2	70	30	西昆仑、阿尔金
T	砾岩、砂岩	35	0	40	15	西昆仑、阿尔金
P	粗玄岩	16	980	2 600	1 549	西昆仑
C	火山碎屑岩	16	25	580	311	西昆仑
	混合岩、石英岩、硅质灰岩	89	0	400	43	西昆仑、和田
	片麻岩	27	5	960	119	西昆仑、和田
D	石英岩、片岩	22	0	15	3	西昆仑
S	板岩、片岩	64	0	70	9	西昆仑
O	大理岩、凝灰质砂岩	77	0	3S	14	阿尔金
Jx	千枚岩、大理岩、石英岩、片麻岩、凝灰岩、板岩、英安岩	295	0	240	28	阿尔金、西昆仑

时代	岩性	标本个数	磁化率/×10⁻⁵			备注
			极小	极大	均值	
Pt₁	片岩、混合岩	141	0	70	26	西昆仑、和田
	条带状片麻岩	17	1 500	11 000	7 028	西昆仑
	蛇纹岩	11	250	4 000	2 026	西昆仑
Ar	角闪片片麻岩、花岗片麻岩、条带状片麻岩、变粒岩	137	32	11 500	1 636	阿尔金
	角闪岩	11	51	83	63	阿尔金
γs	花岗岩	13	1 000	6 000	2 900	西昆仑
	花岗岩	65	0	540	81	西昆仑
γ₄	花岗岩	133	40	3 400	911	西昆仑
	花岗岩	56	0	480	29	西昆仑、阿尔金
γ₂	混合花岗岩、花岗斑岩	80	11	102	34	阿尔金
δ_{O4}	石英闪长岩、暗色岩脉	42	0	95	27	西昆仑
Σ₄	超基性岩	23	140	27 900	11 480	阿尔金

注：本表据塔里木盆地东部航空物探勘查成果报告、塔里木盆地航空磁测勘查及成果研究报告整理

测定结果代表青藏高原北缘岩石的磁性特征，古生界至新生界地层具有如下磁性特征：中生界、新生界地层为弱磁性，磁化率均值一般小于 1×10^{-3}；超基性岩显示出强磁性，酸性侵入岩以花岗岩为主，为弱—中等磁性；古生界地层中的部分火山岩具有较强的磁性，磁化率均值为 1.549×10^{-2}；火山碎屑岩、片麻岩具有一定磁性；古生界地层总体显示为弱磁性（汪兴旺，2008）。

对新疆和田南部地区岩石磁化率进行分类统计，分别列出火山岩、侵入岩、沉积岩和变质岩的磁化率分布情况，结果见表 6.7（侯征 等，2016）。根据实测结果：晚古生代二叠纪的玄武岩磁化率均值大于 1×10^{-2}；酸性火山岩、安山岩等火山岩磁性相比玄武岩较低，为弱磁性或中等磁性；沉积岩主要分布在研究区的北部，主要岩性有砂岩、灰岩、结晶灰岩、白云质灰岩等，大部分磁化率变化范围为 $1 \times 10^{-5} \sim 3.5 \times 10^{-4}$，通常表现为无磁性；变质岩中具有一定磁性强度的有古元古界片麻岩、中元古界长城系黑云母片岩、上古生界石炭系绢云绿泥片岩等。新疆和田南部地区侵入岩和火山岩具有中等或较高的磁化率，变质岩表现为较弱或中等磁化率，沉积岩磁化率较弱，基本无明显磁性。

根据塔里木盆地和周边山区的磁性测量工作及塔里木油田相关数据，总结塔里木盆地主要钻井岩心磁化率，见表 6.8（闫磊，2014）。以二叠纪玄武岩为主的基性火成岩分布较广，根据盆地钻井资料，二叠纪玄武岩平均磁化率为 3×10^{-2}，二叠纪凝灰岩也具有较强的磁性，此外，盆地三叠系下统灰绿色粉砂岩、细砂岩也具有一定的磁性。研究认为，前震旦系结晶基岩是盆地内的区域磁性层，二叠纪火成岩是除前震旦系外分布最广、磁性最强的磁性层。

表 6.7 新疆和田南部地区岩石磁化率统计表

岩性	地层代号	岩石名称	测量点数	测量次数	磁化率×10⁻⁵		测量地点
					变化范围	平均值	
火山岩	K₁S, C₂H	凝灰岩	2	30	0~40	8.8	昂格提勒克库勒、冬艾格力
	P₁₋₂a	安山岩	2	60	17~1 273	415.2	普鲁、阿依耐克
	P₁₋₂a	英安岩	2	60	297~532	417.7	苦阿
	C	杏仁状橄榄玄武岩	2	61	3~1 821	390.2	昂格提勒克库勒
	Jx,A, Pz₃s, (C-P) T, P₁₋₂a	玄武岩	26	782	2~22 032	2 442.4	黄羊滩、塔木齐、英其格、硝尔库勒、苦阿、阿拉叫依、独木村、阿羌、普鲁
侵入岩	O, S, C-P	花岗岩、黑云二长花岗岩	20	699	0~3 160	198.4	塔木齐、包斯塘、特日格勒、喀尔萨依、阿克来克、阿拉玛斯、布雅
	∈-O, S, C-P, P	花岗闪长岩	10	321	4~5 609	257.9	奇阿勒克、克拉布拉克、苏盖特、塔木齐、特日格勒、空阿干孜
	Z, O, S, C, C-P, P	闪长岩、石英闪长岩、闪长玢岩、石英二长闪长岩、角闪闪长岩、英云闪长岩	38	1 145	0~7 224	794.9	苏盖特、吐木亚、阿依耐克、奇阿、苦阿、皮什盖、库尔特、巴西其干、乌兹塔格格、阿拉玛斯、卡其空其、琼萨依、塔木齐、库尔特
	Z-∈, ∈-O, C, C-P, P	辉长岩、辉錄岩、辉绿玢岩	19	581	0~11 452	818.6	巴西其干、阿克来克、阿依耐克、奇阿勒克、琼萨依、塔木齐、包斯塘、苦阿
	C-P	辉石岩	2	62	31~4 434	997.0	黄羊滩西、阿依耐克
	C, C-P, P	蛇纹石化橄榄岩、蛇纹岩	11	332	397~92 395	11 019.0	黄羊滩、阿依叫依、乌兹塔格
沉积岩	Pt₁A, ChK, Qns, Pz₃s, C₂H, P₁₋₂p, P₁₋₂a	灰岩、粉晶灰岩、竞晶砂屑生屑灰岩	17	524	0~51	3.5	普鲁、阿羌、黄羊滩、塔木齐、昂格提勒克库勒、坡阿尔玛、阿凡多、卡其空其、卡兄、包萨提、奇阿勒克
	P₁₋₂p	泥质白云岩	2	62	5~12	6.8	阿其克

西和西南部地区均有出露，因此本次野外采样主要在这三个区域展开，具体为库尔勒市周边、阿克苏市周边及叶城—和田周边，均位于塔里木盆地周缘。

1. 库尔勒市周边

在库尔勒西北方向古元古界兴地塔格群（Pt_1X）中采集样品，岩性主要为石英岩、石英片岩、片麻岩、石英混合岩。在库尔勒东南方向震旦系阿勒通沟组（Z_1a）中采集样品，岩性主要为片岩、凝灰岩、硅质岩、辉长岩、辉绿岩。在博斯腾湖乡南边长城系杨吉布拉克群（$ChcY$）中采集样品，岩性主要为辉绿岩、片麻岩。

2. 阿克苏市周边

在阿克苏市亚科瑞克乡南震旦系苏盖特布拉克组（Z_2s）和阿克苏市西约 20 km 处长城系阿克苏群（$ChcA$）中采集物性样品。震旦系苏盖特布拉克组（Z_2s）岩性主要为泥岩、石英岩屑砂岩（灰绿色）、辉绿岩、石英砂岩（紫红色）、凝灰岩。长城系阿克苏群（$ChcA$）岩性主要为绿泥石片岩。在阿克苏地区亚科瑞克乡南震旦系苏盖特布拉克组（Z_2s）中采集样品，岩性主要为石英砂岩（紫红色）、辉长石、泥质粉砂岩、粗砂岩、砂质板岩、白云质灰岩。

3. 叶城—和田周边

在叶城库地达坂附近的古元古界喀拉喀什岩群、蓟县系巴克切依提构造岩组、青白口系、震旦系中采集样品。古元古界喀拉喀什岩群岩性主要为黑云母片岩。蓟县系巴克切依提构造岩组岩性主要为大理岩。青白口系岩性主要为大理岩化灰岩、灰黑色灰岩。震旦系岩性主要为深灰色灰岩。

在和田市南约 60 km 处古元古界埃连卡特群中采集样品，岩性主要为绢云母绿泥石片岩。

以上三个地区的采样路线及其点位分布如图 6.4 所示。

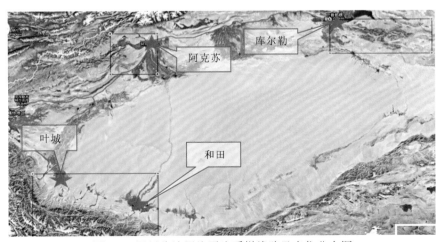

图 6.4　四川盆地周缘露头采样线路及点位分布图

6.2.2 岩样采集成果

完成塔里木盆地周缘岩样采集工作，采集露头标本共 744 块，采样统计情况见表 6.13，取心标本分层统计表见表 6.14。

表 6.13 塔里木盆地野外岩石标本采样统计表

采样地点	路线编号	采样点坐标		地层		岩性描述	采样块数
		N	E	地层代号	地层		
库尔勒	K1	83°42'21.74"	41°55'15.09"	Pt₁X	兴地塔格群	片麻岩、石英岩、石英片岩、混合岩	30
	K2	87°01'2.87"	41°21'55.11"	Z₁a	南华系阿勒通沟组	片岩、凝灰岩、硅质岩、辉长岩、辉绿岩	53
	K3	86°54'19.09"	41°43'04.44"	ChcY	长城系杨吉布拉克群	辉绿岩、片麻岩	32
阿克苏	A1	79°27'53.14"	40°51'54.36"	Z₂s	震旦系苏盖特布拉克组	砂岩、石英岩屑砂岩（灰绿色）、辉绿岩、石英砂岩（紫红色）、凝灰岩	70
	A2	80°06'05.50"	41°10'27.33"	ChcA	长城系阿克苏群	绿泥石片岩	92
	A3	79°29'10.65"	40°55'00.86"	Z₂s	震旦系苏盖特布拉克组	石英砂岩（紫红色）、辉长石、泥质粉砂岩、粗砂岩	55
	A3	79°29'27.46"	40°55'32.46"	Z₂s	震旦系苏盖特布拉克组	砂质板岩、白云质灰岩	24
叶城	Y1	76°52'50.52"	37°04'37.00"	Pt₁K	喀拉喀什岩群	黑云母片岩	12
	Y1	76°52'50.52"	37°04'37.00"	Jxb	巴克切依提构造岩组	大理岩	83
	Y2	76°59'15.44"	37°06'18.88"	Qb	青白口系	大理岩化灰岩、灰黑色灰岩	105
	Y3	77°01'25.58"	37°07'22.55"	Z₁	震旦系	深灰色灰岩	53
和田	H1	79°54'00.41"	36°42'22.99"	Pt₁A	埃连卡特群	绢云母绿泥石片岩	92

表 6.14 塔里木盆地岩石取心标本分层统计表

地层			岩性	实际采样数
元古界 Pt	新元古界 Pt₃	震旦系（Z）	奇格布拉克组	板岩、灰岩	53
			苏盖特布拉克组	砂岩、辉绿岩、凝灰岩、辉长岩、灰岩、板岩	149
		南华系（Nh）	阿勒通沟组	凝灰岩、辉长岩	53
		青白口系（Qb）	巧恩布拉克群	灰岩	105
	中元古界 Pt₂	蓟县系（Jx）	巴克切依提构造岩组	大理岩	83
		长城系（Chc）	杨吉布拉克群 阿克苏群	片麻岩、片岩	124
	古元古界 Pt₁		兴地塔格群 喀拉喀什岩群 埃连卡特群	片麻岩、石英岩、混合岩、片岩	134

6.3　前寒武系地层重磁电物性特征分析与建模

6.3.1　前寒武系地层重磁电物性资料分析

根据野外地质剖面、航磁及钻井等资料，预测塔里木盆地发育克拉通内裂陷。目前盆地内尚未钻遇该套烃源岩，但露头见到黑色泥页岩，总有机碳（total organic carbon，TOC）平均值为 2.96%，因此，推测塔里木盆地南华系—震旦系发育元古界烃源岩的可能性大，是潜在的烃源层系（赵文智 等，2018）。通过分析塔里木盆地周缘南华系—震旦系露头、钻井、地震资料和其他研究成果，可认为南华系以裂陷沉积为主，震旦系以拗陷沉积为主，形成了碎屑岩沉积、碎屑岩—碳酸盐岩混合沉积、碳酸盐岩沉积三种类型的沉积体系，为塔里木盆地新元古界—下古生界油气勘探提供了地质基础（石开波 等，2016）。在盆地西南部的野外工作中，发现一套巨厚的黑色泥页岩，预计是塔西南地区重要的烃源岩，由此提出塔里木盆地前寒武系—寒武系具备油气成藏的地质条件，为推动塔里木盆地油气勘探工作走向深层-超深层及古老层系奠定了基础（朱光有 等，2017）。

1. 按地层统计分析

露头标本均加工成标准岩心（直径 2.5 cm，长度 2～5 cm），按测试规范进行密度、磁化率、复电阻率、剩余磁化强度参数的测试分析，并对复电阻率数据进行处理，反演得到极化率参数。根据测试结果，分别对参数进行统计分析，包括极小值、极大值和平均值。

1）密度统计分析结果

按地层分类得到岩心密度测量结果如图 6.5 所示。从图中可以看到，下寒武系地层岩石密度平均值介于 2.70～2.90 g/cm³，长城系平均密度最大，达到 2.90 g/cm³，南华系次之，其他地层密度相对较低。震旦系、南华系、长城系和古元古界地层密度分布范围较广，青白口系和蓟县系地层岩石密度分布相对集中。

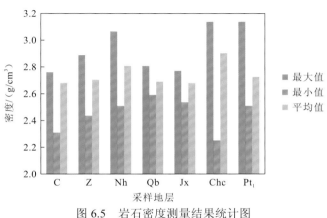

图 6.5　岩石密度测量结果统计图

2）磁化率统计分析结果

按地层分类得到岩心磁化率测量结果如图 6.6 所示。从图 6.6 中可以看到，岩石磁化率变化范围较大，因岩石岩性的差异性，磁性差异明显。震旦系、长城系和古元古界岩石具有较高的磁化率，平均磁化率约为 1×10^{-3}。青白口系和蓟县系地层磁化率较低或无磁性，平均磁化率为 1.0×10^{-5}。按地层岩性分类得到岩心样品剩余磁化强度测量结果，如图 6.7 所示。

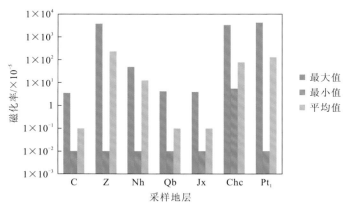

图 6.6　岩石磁化率测量结果统计图

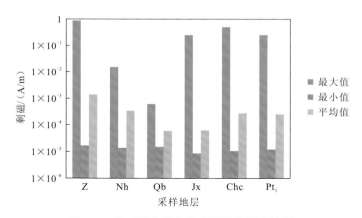

图 6.7　岩石剩余磁化强度测量结果统计图

3）电阻率、极化率统计分析结果

在电阻率测量过程中，分别在清水和 4%的饱和盐水条件下进行测量，并对复电阻率测量数据进行反演，获取电阻率和极化率两个电性参数，如图 6.8～图 6.10 所示。

根据图 6.8～图 6.10 所示的统计结果：电阻率方面，青白口系和蓟县系具有高电阻率特征，均值达到 4 000 Ω·m，其他地层均值主要集中在 1 000～1 500 Ω·m，具有中、低电阻率特征，在所有采样地层中，长城系岩石电阻率最低；极化率方面，各地层平均值为 10%，极化率相对稳定，未发现异常特征，属于低极化层。

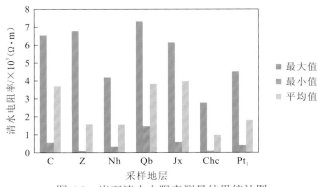

图 6.8　岩石清水电阻率测量结果统计图

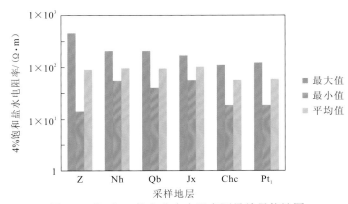

图 6.9　岩石 4%饱和盐水电阻率测量结果统计图

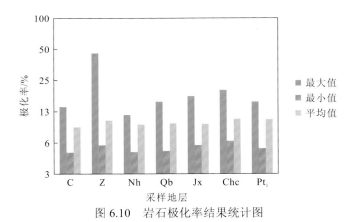

图 6.10　岩石极化率结果统计图

4）前寒武系采样地层物性参数统计成果

根据 744 块岩心的密度、磁化率、电阻率、极化率和剩余磁化强度数据，按照正态分布的统计方法，获取每个层位的物性参数均值，物性统计结果见表 6.15。

表 6.15　古老地层岩石物性参数统计表

地层			岩性	样本数	电阻率 /(Ω·m)	极化率 /%	密度 /(g/cm³)	磁化率 /×10⁻⁵	剩余磁化强度 /(A/m)
界	系	群/组							
新元古界 Pt₃	震旦系	奇格布拉克组	板岩、灰岩	49	2 439.9	10.4	2.76	1.2	5.68×10^{-4}
		苏盖特布拉克组	砂岩、辉绿岩、凝灰岩、辉长岩、灰岩、板岩	148	1 306.0	10.2	2.69	296.5	5.74×10^{-2}
	南华系	阿勒通沟组	凝灰岩、辉长岩	37	1 293.6	9.3	2.87	15.5	1.15×10^{-3}
	青白口系	巧恩布拉克群	灰岩	98	3 833.8	9.66	2.69	2.7	8.16×10^{-5}
中元古界 Pt₂	蓟县系	巴克切依提构造岩组	大理岩	78	3 987.6	9.5	2.69	3.1	8.05×10^{-3}
	长城系	杨吉布拉克群	片麻岩	28	1 842.1	10.6	2.72	50.8	2.61×10^{-2}
		阿克苏群	片岩	78	705.4	11.1	2.97	32.0	3.21×10^{-4}
古元古界 Pt₁		兴地塔格群	片麻岩、石英岩、混合岩	18	1 959.8	9.5	2.70	4.9	2.73×10^{-4}
		喀拉喀什岩群	黑云母片岩	10	2 125.1	11.7	3.00	1 638.9	7.82×10^{-2}
		埃连卡特群	绿泥石片岩、石英片岩	100	1 815.2	10.7	2.71	8.9	2.58×10^{-4}

2. 按岩性统计分析

对前寒武系古老地层主要岩石类型的各种物理性质进行统计,包括密度、磁化率、电阻率、极化率、剩余磁化强度、孔隙度和渗透率,均值结果见表 6.16。

表 6.16　塔里木盆地古老地层主要类型岩石物性参数

岩性	样本数	密度 /(g/cm³)	磁化率 /×10⁻⁵	电阻率 /(Ω·m)	极化率/%	剩余磁化强度 /(A/m)	孔隙度/%	渗透率/mD
板岩	54	2.75	3.1	2 096.3	9.2	5.21×10^{-4}	0.85	0.072
大理岩	78	2.69	3.3	3 987.6	9.5	3.36×10^{-5}	0.30	0.069
硅质岩	11	2.63	2.9	2 556.6	9.8	1.35×10^{-4}	1.03	0.206
灰岩	158	2.69	2.7	3 615.5	9.5	8.65×10^{-5}	0.71	0.408
辉绿岩	11	2.75	427.0	1 227.9	10.2	5.26×10^{-2}	0.66	0.103
辉长岩	31	2.82	740.8	1 230.8	9.3	1.61×10^{-1}	0.87	0.144
凝灰岩	24	2.90	832.1	1 327.0	9.2	1.79×10^{-1}	0.94	0.110
片麻岩	36	2.73	41.5	1 853.1	10.4	5.45×10^{-3}	0.92	0.737
片岩	191	2.83	103.9	1 365.5	11.0	4.45×10^{-3}	1.27	3.251
砂岩	99	2.67	14.8	1 344.8	10.4	2.40×10^{-3}	1.03	0.169

由表 6.16 可知:采集标本的岩性主要为板岩、大理岩、硅质岩、灰岩、辉绿岩、辉长石、凝灰岩、片麻岩、片岩、砂岩;凝灰岩、片岩和辉长岩密度相对较高,硅质岩、砂岩密度相对较低;辉绿岩、辉长石、凝灰岩具有强磁性特征,其他均为弱-无磁性;大理岩和灰岩电阻率最高,其他岩石均为中高阻,极化率基本稳定,而且无异常,属于低极化;从孔渗物性特征来看,样本孔隙度和渗透率普遍极低。

将塔里木盆地所采集的样品按沉积岩、火成岩和变质岩三大类进行统计分析，其密度统计结果见表 6.17，密度直方图如图 6.11 所示。

表 6.17　塔里木盆地前寒武纪岩石样品密度统计表　　　　　　（单位：g/cm³）

岩石	样品数	平均值	标准差	最小值	最大值
所有岩石	702	2.74	0.12	2.25	3.14
火成岩	42	2.80	0.12	2.62	3.07
沉积岩	336	2.71	0.08	2.31	3.07
变质岩	324	2.77	0.14	2.25	3.14

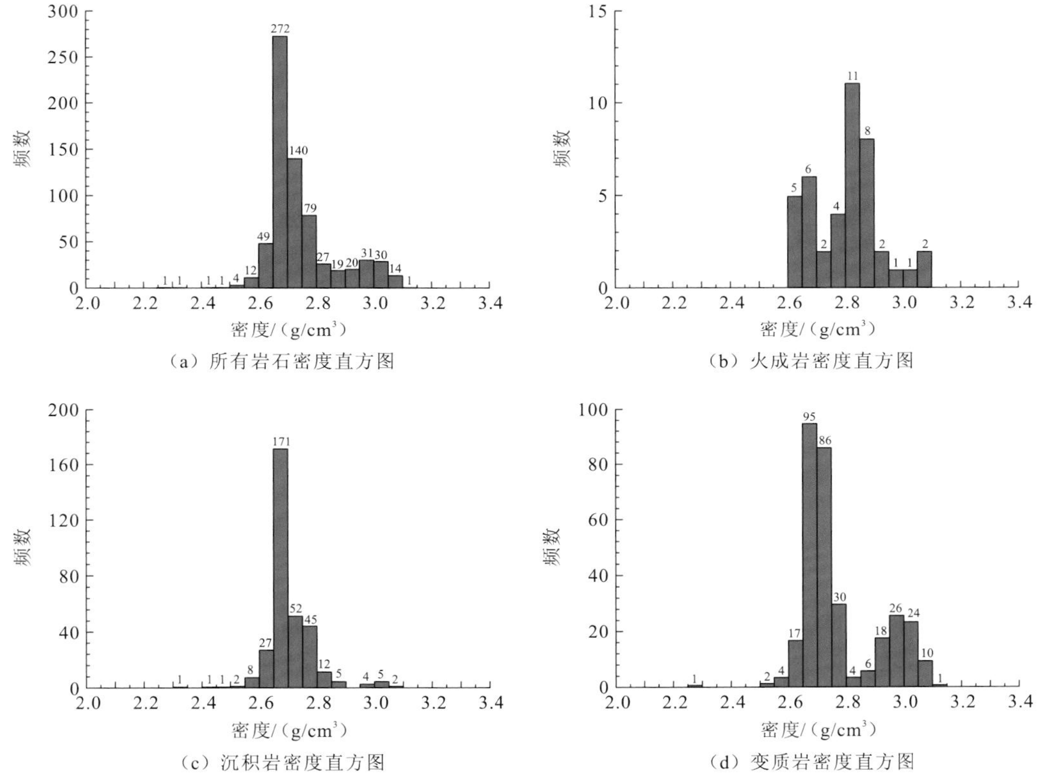

（a）所有岩石密度直方图　　　　　　　　（b）火成岩密度直方图

（c）沉积岩密度直方图　　　　　　　　（d）变质岩密度直方图

图 6.11　塔里木盆地岩石样品密度直方图

从表 6.17 和图 6.11 中可以看出，塔里木盆地岩石样品密度为 2.25～3.14 g/cm³，均值为 2.74 g/cm³，标准差为 0.12 g/cm³，标准差较小。从图 6.11（a）中可以看出，岩石样品密度分布具有偏正态分布的特点，说明岩石存在一定的差异。总体上看大部分样品的密度分布在 2.60～2.80 g/cm³，部分样品密度大于 3.00 g/cm³，火成岩密度最大，沉积岩密度最小，符合不同岩石类型之间密度的变化规律。

火成岩密度平均值为 2.80 g/cm³，最小值为 2.62 g/cm³，最大值为 3.07 g/cm³，标准差为 0.12 g/cm³。从图 6.11（b）中可以看到，火成岩密度分布范围最小，密度均高于 2.60 g/cm³，说明岩石在成岩后受后期溶蚀、改造的影响较小，呈现双峰的特点，反映出不同区域不同岩石类型之间密度的差异。

沉积岩密度平均值为 2.71 g/cm³，最小值为 2.31 g/cm³，最大值为 3.07 g/cm³，标准差为 0.08 g/cm³。从图 6.11（c）中可以发现，沉积岩的密度基本分布于 2.60～2.80 g/cm³，部分样品密度在 3.00 g/cm³，这主要是岩性上的差异造成的。总体上来看，沉积岩的密度变化较小，说明在沉积成岩后岩石受后期溶蚀等作用的影响较小。

变质岩密度平均值为 2.77 g/cm³，最小值为 2.25 g/cm³，最大值为 3.14 g/cm³，标准差为 0.14 g/cm³。图 6.11（d）呈典型的双峰特征，一部分样品的密度在 2.70 g/cm³ 左右，另一部分样品的密度在 3.00 g/cm³ 左右，反映出不同岩性变质岩之间的密度差异。

将塔里木盆地所采集的样品按沉积岩、火成岩和变质岩三大类进行统计分析，其磁化率统计结果见表 6.18，磁化率直方图如图 6.12 所示。

表 6.18　塔里木盆地前寒武纪岩石样品磁化率统计表　　　　（单位：×10⁻³）

岩石	样品数	平均值	标准差	最小值	最大值
所有岩石	703	0.994	4.935	0.001	43.57
火成岩	42	6.586	10.11	0.023	34.99
沉积岩	336	0.656	4.359	0.001	38.17
变质岩	325	0.668	3.923	0.002	43.57

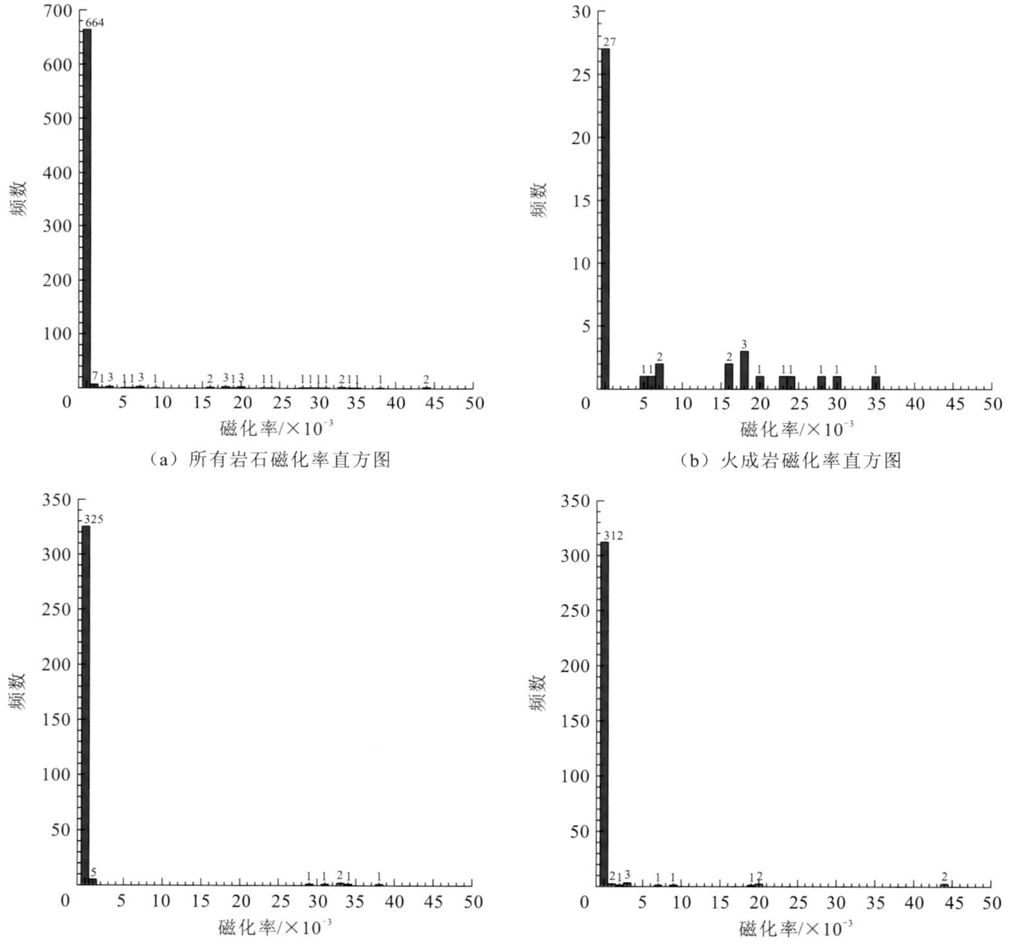

（a）所有岩石磁化率直方图　　　　（b）火成岩磁化率直方图

（c）沉积岩磁化率直方图　　　　（d）变质岩磁化率直方图

图 6.12　塔里木盆地岩石样品磁化率直方图

地层	岩性	密度	磁化率	电阻率	极化率
Jx	大理岩	中密度	无磁性	高阻	低极化
Chc	片麻岩、片岩	高密度	弱磁性	低阻	低极化
Pt₁	片麻岩、石英岩、混合岩、黑云母片岩、绿泥石片岩、石英片岩	中高密度	中强磁性	中高阻	低极化

地层的平均密度、磁化率、电阻率、极化率及不同岩性分类统计结果表明，前寒武系地层沉积岩、火成岩、变质岩之间物性参数存在较大的差异性，物性界面分层比较清楚，能够为应用重磁电方法进行深层勘探提供物性基础。

2. 塔里木盆地密度、磁化率和电阻率全地层建模

根据前人的物性工作成果和前寒武系的物性采集与测试工作，对塔里木盆地的物性资料进行整理、统计，见表 6.22。

表 6.22　塔里木盆地岩石物性参数统计表

界	系	代号	岩性	密度 /(g/cm³)	磁化率 /×10⁻⁵	电阻率 /(Ω·m)	极化率/%	剩余磁化强度 /(A/m)
新生界 Kz	第四系	Q	砂砾岩	2.35	86.0	102.0	—	—
	新近系	N	砂岩	2.40	77.0	25.0	—	—
	古近系	E	泥岩	2.55	103.5	212.0	—	—
中生界 Mz	白垩系	K	砂质泥岩、灰岩	2.64	3.5	695.0	—	—
	侏罗系	J	砾岩、砂岩	2.55	21.7	560.0	—	—
	三叠系	T	泥质粉砂岩	2.50	12.0	185.0	—	—
古生界 Pz	二叠系	P	泥岩、灰岩	2.67	6.4	1 276.0	—	—
	石炭系	C	灰岩、砂岩	2.68	0.1	3 849.0	—	—
	泥盆系	D	砂岩、灰岩	2.68	137.0	2 025.0	—	—
	志留系	S	砂岩	2.64	62.5	1 273.0	—	—
	奥陶系	O	灰岩	2.74	19.0	4 051.0	—	—
	寒武系	Є	砂岩、白云岩	2.73	14.3	3 173.0	—	—
元古界 Pt	新元古界	震旦系 Z	砂岩、辉绿岩、凝灰岩、辉长岩、灰岩、板岩	2.71	223.9	1 588.0	10.3	5.74×10^2
		南华系 Nh	凝灰岩、辉长岩	2.86	15.5	1 293.6	9.3	1.15×10^2
		青白口系 Qb	灰岩	2.69	2.7	3 833.8	9.6	8.16×10^5
	中元古界	蓟县系 Jx	大理岩	2.69	3.1	3 987.6	9.5	8.05×10^3
		长城系 Chc	片麻岩、片岩	2.90	36.9	1 005.6	11.0	2.61×10^2
	古元古界	Pt₁	片麻岩、石英岩、混合岩、黑云母片岩、石英片岩、绿泥石片岩	2.73	136.3	1 859.7	10.6	2.73×10^4

根据表 6.22 的物性资料，结合对后寒武系物性统计结果和前寒武系物性统计结果建立塔里木盆地密度、磁化率、电阻率模型，如图 6.16。

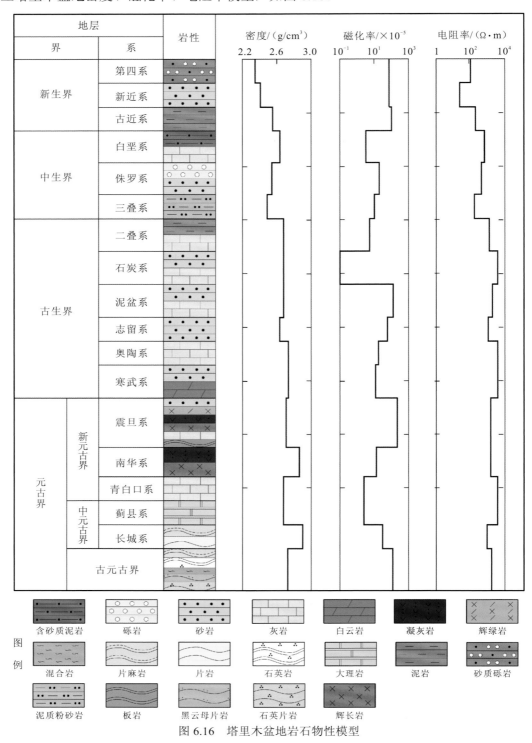

图 6.16 塔里木盆地岩石物性模型

6.4 全盆地重磁电物性与地层关系建模

1. 岩样孔隙度、渗透率测试结果

对前寒武系岩样中的部分岩石进行储层物性测量，分别进行孔隙度和渗透率测量，测量结果见表 6.23，统计结果如图 6.17 和图 6.18 所示。

表 6.23 岩石储层参数及分层统计表

地层				样本数	孔隙度/%	渗透率/mD
界	系	代号	岩性			
新元古界	震旦系	Z	砂岩、辉绿岩、凝灰岩、辉长石、灰岩	63	0.87	0.14
	南华系	Nh	片岩、凝灰岩、硅质岩、辉长岩、辉绿岩	14	1.03	0.16
	青白口系	Qb	灰岩	25	0.74	0.50
中元古界	蓟县系	Jx	大理岩	18	0.30	0.07
	长城系	Chc	辉绿岩、片麻岩、片岩	35	0.96	0.81
古元古界		Pt_1	片岩、片麻岩、石英岩、石英片岩、混合岩	37	0.81	0.36

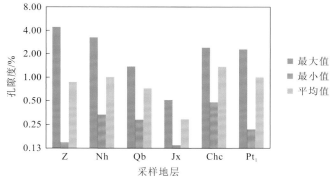

图 6.17 岩石孔隙度统计图

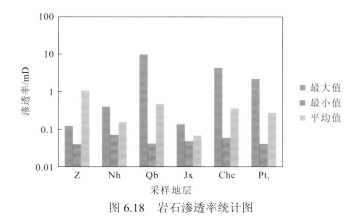

图 6.18 岩石渗透率统计图

根据统计结果：岩石孔隙度很小，平均值约为 1%；渗透率值低，平均值主要在 0.1～

1 mD，属于低孔低渗量级。

2. 不同岩性标本孔隙度、渗透率特征

将塔里木盆地所采集的样品按沉积岩、火成岩和变质岩三大类进行统计分析，其孔隙度统计结果见表 6.24，孔隙度直方图如图 6.19 所示。

表 6.24　塔里木盆地前寒武纪岩石样品孔隙度统计表　　　　　（单位：%）

岩石	样品数	平均值	标准差	最小值	最大值
所有岩石	171	0.91	0.74	0.14	4.40
火成岩	14	0.80	0.77	0.25	3.30
沉积岩	85	0.90	0.84	0.15	4.40
变质岩	72	0.93	0.60	0.14	2.40

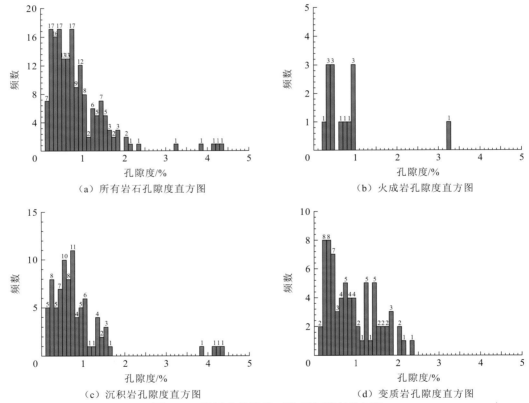

（a）所有岩石孔隙度直方图　　　　　　　　（b）火成岩孔隙度直方图

（c）沉积岩孔隙度直方图　　　　　　　　（d）变质岩孔隙度直方图

图 6.19　塔里木盆地岩石样品孔隙度直方图

从表 6.24 和图 6.19 中可以看出，塔里木盆地岩石样品的孔隙度分布在 0.14%～4.40%，平均值为 0.91%，标准差为 0.74%。从图 6.19（a）中可以看出，样品孔隙度分布范围很小，全部样品的孔隙度均在 5%以下，大部分岩石样品的孔隙度甚至不足 1%，属于特低孔。一般情况下不同岩石之间孔隙度是存在一定差异的，采样样品孔隙度普遍很低，这应该是岩石经过深埋藏后造成的。

火成岩孔隙度平均值为 0.80%，最小值为 0.25%，最大值为 3.30%，标准差为 0.77%。

图 6.19（b）中孔隙度数值基本都分布在 1% 以内。由于火成岩孔隙度数据有限，很难得到统计学意义上的分析结果，但是这些数据仍然能反映出火成岩孔隙度的大致变化特征。对比三种类型岩石的孔隙度值，火成岩的孔隙度在所有岩石中相对偏低。

沉积岩孔隙度平均值为 0.90%，最小值为 0.15%，最大值为 4.40%，标准差为 0.84%。图 6.19（c）中孔隙度数据基本在 2% 以内，只有少数样品的孔隙度超过 3%，最高达到 4.4%，在所有岩石中是最高的。但与一般情况对比，沉积岩的孔隙度数值明显低于正常值，这说明岩石在成岩后受埋深压实作用的影响，岩石结构变化，导致孔隙度降低。

变质岩的孔隙度平均值为 0.93%，最小值为 0.14%，最大值为 2.40%，标准差为 0.60%。从图 6.19（d）中可以看出，岩石孔隙度全部在 3% 以内，变化范围在所有岩石中最小，图中不同的峰值说明不同的岩石受变质程度的影响其孔隙度存在差异。

将塔里木盆地所采集的样品，按沉积岩、火成岩和变质岩三大类进行统计分析，其渗透率统计结果见表 6.25，渗透率直方图如图 6.20 所示。

表 6.25 塔里木盆地前寒武纪岩石样品渗透率统计表　　　　　　（单位：mD）

岩石	样品数	平均值	标准差	最小值	最大值
所有岩石	170	0.889	8.504	0.041	110.861
火成岩	14	0.129	0.084	0.074	0.381
沉积岩	85	0.242	1.105	0.042	10.216
变质岩	71	1.801	13.048	0.041	110.861

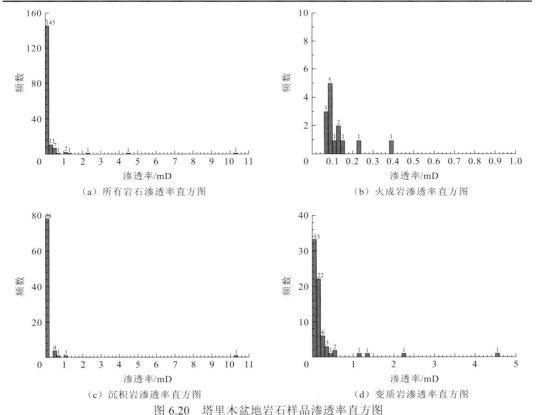

图 6.20 塔里木盆地岩石样品渗透率直方图

从表 6.25 和图 6.20 中可以看出，塔里木盆地岩石样品的渗透率为 0.041～110.861 mD，平均值为 0.889 mD，标准差为 8.504 mD。从图 6.20（a）中可以看出，大部分岩石样品的渗透率都小于 1 mD，渗透率很小，只有极少数样品的渗透率较高。岩石样品渗透率总体变化范围较大，不同岩性的渗透率存在一定的差异，其中变质岩的渗透率最大，火成岩的渗透率最小。

火成岩的渗透率平均值为 0.129 mD，最小值为 0.074 mD，最大值为 0.381 mD，标准差为 0.084 mD，在所有岩石中是最小的。从图 6.20（b）中可以看出，火成岩的渗透率全部小于 1 mD，大部分样品的渗透率在 0.1 mD 附近，这说明火成岩在成岩后没有受后期构造破碎、风化、溶蚀等作用的影响。

沉积岩的渗透率平均值为 0.242 mD，最小值为 0.042 mD，最大值为 10.216 mD，标准差为 1.105 mD。图 6.20（c）中大部分岩石样品的渗透率不足 1 mD，只有一个样品的渗透率较高，达到 10.216 mD。总体来说沉积岩的渗透率极低，可能是受压实作用的影响，岩石孔隙度减小，渗透率随之降低。

变质岩的渗透率平均值为 1.801 mD，最小值为 0.041 mD，最大值为 110.861 mD，标准差为 13.048 mD。从图 6.20（d）中可以看出，变质岩渗透率的变化范围很大，但是绝大部分样品的渗透率仍然低于 0.5 mD，只有少数样品渗透率较高，最高可达 110.861 mD，较其他样品高了几个数量级。从统计结果中可以发现，渗透率很高的只有一个样品，除去这个样品后，整体岩石的渗透率均值只有 0.265 mD，标准差也随之减小到 0.606 mD。因此实际上变质岩的渗透率整体并不算高，只是略微高于其他种类的岩石。个别样品渗透率较高可能是岩石中存在裂隙造成的。

3. 孔隙度、渗透率与物性关系模型

定量分析塔里木盆地前寒武系古老地层沉积岩（砂岩和大理化灰岩）、变质岩、岩浆岩密度、电阻率与孔隙度、渗透率的关系及孔隙度与渗透率之间的关系可以得出结论，磁化率与孔隙度、渗透率没有相关性。

在砂岩中，渗透率与孔隙度存在指数关系，电阻率与孔隙度存在指数关系、与渗透率存在幂函数关系，密度与孔隙度存在线性关系、与渗透率存在对数关系，各参数之间的相关度均明显；在大理化灰岩中，标本数量较少，从已有的数据分析，孔隙度与渗透率，电阻率与孔隙度，密度与孔隙度、渗透率均满足二次多项式关系；在岩浆岩中，渗透率与孔隙度存在线性关系，电阻率与孔隙度、渗透率存在幂函数关系，其他物性参数间没有较好的相关性；在变质岩中，孔隙度与渗透率存在指数关系，电阻率与渗透率存在对数关系、与孔隙度存在指数关系，其他物性参数相关性较差。整体上看，塔里木盆地所测砂岩、灰岩、岩浆岩和变质岩孔隙度、渗透率条件均较差。砂岩物性数据分布相对集中，拟合度好；大理化灰岩数据太少，有待补充更多的数据和资料；岩浆岩和变质岩孔隙度小，渗透性差。

塔里木盆地前寒武系古老地层不同岩性的物性参数与储层参数关系模型详见图 6.21～图 6.35。

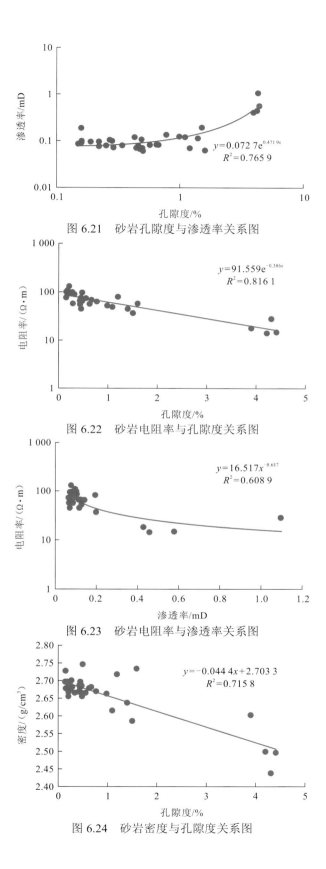

图 6.21　砂岩孔隙度与渗透率关系图

图 6.22　砂岩电阻率与孔隙度关系图

图 6.23　砂岩电阻率与渗透率关系图

图 6.24　砂岩密度与孔隙度关系图

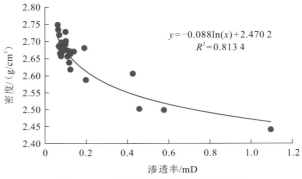

图 6.25　砂岩密度与渗透率关系图

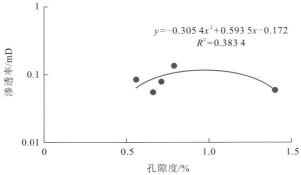

图 6.26　大理化灰岩孔隙度与渗透率关系图

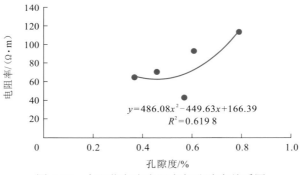

图 6.27　大理化灰岩电阻率与孔隙度关系图

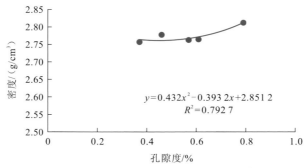

图 6.28　大理化灰岩密度与孔隙度关系图

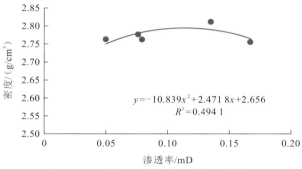

图 6.29　大理化灰岩密度与渗透率关系图

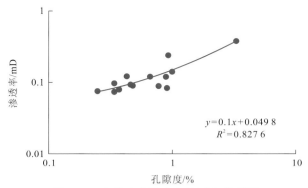

图 6.30　岩浆岩孔隙度与渗透率关系图

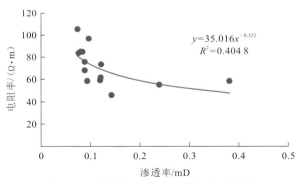

图 6.31　岩浆岩电阻率与渗透率关系图

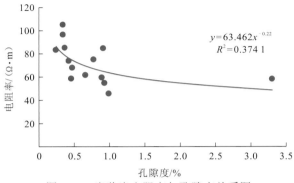

图 6.32　岩浆岩电阻率与孔隙度关系图

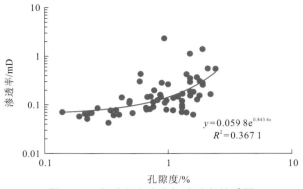

图 6.33 变质岩孔隙度与渗透率关系图

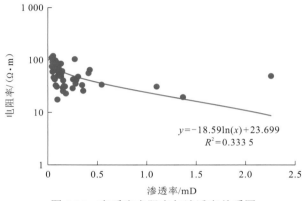

图 6.34 变质岩电阻率与渗透率关系图

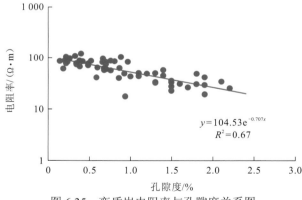

图 6.35 变质岩电阻率与孔隙度关系图

　　由图 6.21～图 6.35 所示的数据和物性关系分析结果可知，砂岩、大理化灰岩、岩浆岩、变质岩孔隙度很低，均值低于 3%，低孔低渗特征非常明显。目前证实的塔里木盆地新元古界较高有机质丰度烃源岩主要位于南华系阿勒通沟组上段和震旦系育肯沟组，以黑灰—黑色泥岩为主，阿勒通沟组上段凝灰岩与华南大塘坡组底部凝灰岩的年龄相当，两者都属间冰期沉积（管树巍 等，2017）。因此，塔里木盆地无疑是寻找中-新元古界油气的潜力地区，但现有数据表明，前寒武系层位物性特征不够突出，有待补充物性标本及相关资料证实，并做进一步分析研究。

第7章 三大克拉通盆地重磁电模型应用实例

7.1 川西北地区重磁电勘探资料的地质认识

7.1.1 川西北研究区 MT 测线布置

川西北研究地区地处川陕两省交界的大巴山脉米仓山南麓、四川盆地北部边缘，行政区划隶属四川省广元市朝天区、旺苍县、巴中市南江县和陕西省汉中市宁强县管辖。宝成线、阳安线、广旺线铁路，国道 108 线公路、二河高速、绵广高速从区内通过，研究区交通比较方便，但乡村交通条件较差。研究区内大巴山为秦岭支脉，数百里山势雄奇，绵延起伏，原始森林遮天蔽日，悬岩绝壁、峡谷瀑布包罗其中。研究区内地势东南高，海拔最高 2 500 余米，最低约 200 m，海拔差达 2 300 余米，地势十分险峻，地形多呈"V"形构造，分为谷坝、谷地、低山、高中山等地貌类型。

为了研究米仓山—汉南穹窿区构造格架、断层展布特征及米仓山山前逆掩推覆构造形态，为石油勘探寻找勘探靶区，2008～2009 年，中国石油化工股份有限公司南方分公司在研究区设置了 4 条 MT 测线和 7 条 EMAP 测线。测线总长度为 721 km，总坐标点数为 2 277 个，测线布置如图 7.1 所示。

7.1.2 四川盆地及临区研究区地质特征

米仓山—汉南穹窿区位于四川盆地北缘、秦岭南缘及青藏高原东北缘的结合部，呈北东方向展布。自三叠纪末期，汉南穹窿隆升，其沿着米仓山褶皱—逆冲带逆冲到四川盆地北缘上，导致大规模挠曲沉降和巨厚的前陆盆地沉积，是油气勘探的重要区域。MT 测量探区分布于宁强、西乡及镇巴三个县，区内地质情况与四川盆地存在一定相似性，同时也有较大差异性。区内扬子板块的结晶基底、褶皱基底和沉积盖层均有出露。区内岩浆岩有酸性岩、中基性岩及超基性岩。沉积盖层除泥盆系和石炭系缺失外，其余地层均有出露，包括海相碎屑岩、碳酸盐岩和陆相碎屑岩。四川盆地及临区构造图如图 7.2 所示。

1. 基底

米仓山—大巴山地区基底由结晶基底及褶皱基底所组成。前震旦系结晶基底是一套经受中-深程度变质并普遍混合岩化的康定群地层，时代为太古代—古元古代。康定群下部为一套中—基性火山岩建造，上部为中酸性火山碎屑岩及复理石建造。褶皱基底是一套浅变质的火地垭群，时代为中元古代。火地垭群下部是一套以碳酸盐岩为主的变质地层，上部为变质火山岩及火山碎屑岩、板岩及大理岩。火山垭群与震旦系呈不整合覆盖，厚 1 410～1 900 m。

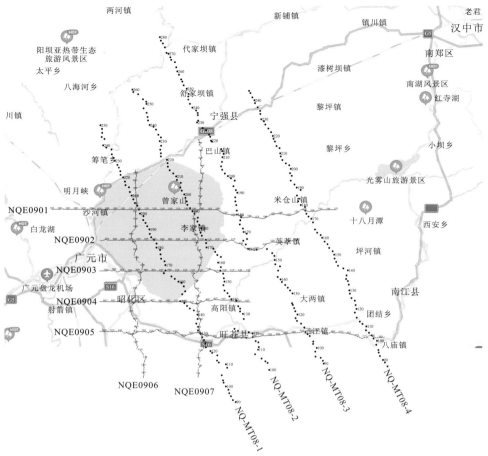

图 7.1　川西北地区 MT 测线布置点位图

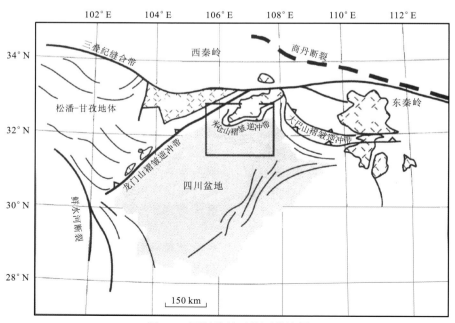

图 7.2　四川盆地及临区构造图

米仓山—大巴山地区自上而下可以划分为 4 个密度层：第一层为侏罗系中—低密度层，密度为 2.54~2.66 g/cm³；第二层为二叠系—志留系中等密度层，密度为 2.64~2.70 g/cm³；第三层为奥陶系—震旦系中高密度层，密度为 2.70~2.80 g/cm³；第四层为元古宇高密度层，密度大于 2.80 g/cm³。

2）地层磁化率特征

沉积岩磁性一般较弱，属于弱磁性层，磁化率一般小于 6.3×10^{-4}，但也有个别层组具有一定磁性，如中侏罗统上沙溪庙组，它主要由灰色砂岩与紫红色泥岩组成。砂岩具有磁性，磁化率一般在（240~720）$\times 10^{-5}$，泥岩为非磁性，磁化率一般均小于 2.4×10^{-4}。上沙溪庙组磁性是由于砂岩中含有较多的磁铁矿颗粒，最多可达 6%。下三叠统飞仙关组主要由一套紫红色的泥灰岩、页岩、砂泥岩组成。在华蓥山区南段，磁化率为（239~716）$\times 10^{-5}$。在龙门山区磁性增强，磁化率平均值可达 1.199×10^{-2}。在万州地区钻孔岩心磁性测定，下三叠统为无磁性。飞仙关组磁性是由于地层中含磁铁矿微粒，含量一般为 2%~8%，但该组地层磁性强弱分布很不均匀，与铁磁矿微粒含量有关。二叠系沉积岩是弱磁性，当上二叠统下部存在峨眉山玄武岩时，磁性会明显增强，峨眉山玄武岩磁化率在（10~1 997）$\times 10^{-5}$ 变化，常见值为 1.43×10^{-3}。

变质岩一般为弱磁岩系，磁化率一般小于 6×10^{-4}。震旦系变质砂岩、千枚岩、碳质板岩磁化率为（18~30）$\times 10^{-5}$。元古宇变质岩类，如绿泥石片岩、大理岩、花岗片麻岩，为弱磁性岩，磁化率为（21~43）$\times 10^{-5}$。

岩浆岩大部分具有磁性，磁性随着岩石中暗色铁磁性矿物增加而增强。超基性岩磁化率可达（300~1 080）$\times 10^{-5}$，而且具有很强剩余磁化强度。基性岩磁性较强，磁化率为（239~2 512）$\times 10^{-5}$，剩余磁化强度也较强。闪长岩和花岗闪长岩也具有磁性，磁化率为（214~301）$\times 10^{-5}$，剩余磁化强度为（700~6 700）$\times 10^{-3}$ A/m。酸性的花岗岩类磁性一般很弱，但磁性变化大，磁化率为（10~10 801）$\times 10^{-5}$。

3）地层电阻率特征

首先，通过研究区 7 条 MT 测线总计 1 937 个 MT 测点反演，取表层电阻率统计，并与地表出露地质层位对照，得出各地质层位的电阻率值，见表 7.2。

表 7.2　研究区浅层电阻率统计表

地层	各地层电阻率/(Ω·m)	电性特征
J	8~55	$\rho1$ 低阻层
T	35~320	$\rho2$ 次高阻层
P	45~750	$\rho3$ 高阻层
S	3~60	$\rho4$ 低阻标志层
O	50~1 000	$\rho5$ 次高阻层
∈	上：10~50 下：50~350	$\rho6$ 高、低阻夹层（上低下高）
Z	20~320	$\rho7$ 高阻层（相对∈下为低阻层）
Pt	500~3 000	高阻层

其次，对近千块岩样在不同条件下（干样、含清水和饱和盐水）电阻率测试分析，绘制地层电阻率曲线。结合 MT 反演电阻率数值分析，可认为清水电阻率能较好地反映地层电阻率值的变化，由此给出川西北地区地层电阻率与地层的关系模型，如图 7.3 所示。

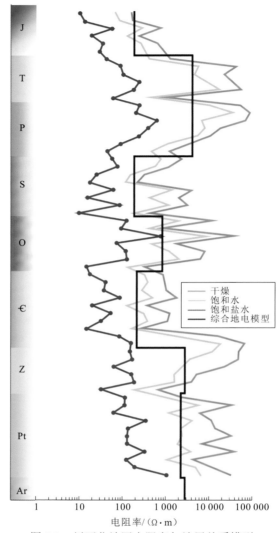

图 7.3　川西北地区电阻率与地层关系模型

根据测井、井旁反演、表层电阻率统计、岩石样本电阻率测试与分析及以往的物性资料，综合分析研究区地层电性的变化特征，从上到下可分为 6 个电性层：侏罗系为低阻层，三叠系、二叠系为高阻层，志留系为低阻标志层，奥陶系为高阻层，寒武系为低阻或高、低阻夹层，震旦系及以下为高阻层（苏朱刘，2009）。

2. 重磁电物性与地层关系模型

综合物性测试与分析，参考周边重磁电物性研究成果，建立川西北地区密度、磁化率和电阻率与地层关系模型，如表 7.3 和图 7.4 所示。由表 7.3 和图 7.4 可以看出：低阻电性层有三套，即第四系—侏罗系、志留系和寒武系；磁性层特征为表层侏罗系、元古宇及其以下为高磁，其底属于低磁性；密度特征表现为志留系、寒武系为低密度层。重、磁、电三种物性在志留系、寒武系均表现为高度统一，为该区重磁电资料处理与联合反演解释提供了良好的物性基础。

表 7.3　研究区岩石密度、磁化率、电阻率与地层关系模型

系/宇	地层岩性	密度/（g/cm³）	磁化率/×10⁻⁵	电阻率/（Ω·m）
侏罗系（J）	粉砂岩、石英砂岩、泥岩	2.60	24.7	200
三叠系（T）	灰岩、泥质灰岩、白云岩	2.67	9.3	4 000
二叠系（P）	灰岩、泥晶灰岩、白云岩	2.68	7.3	5 000
志留系（S）	砂质泥岩、粉砂质泥岩页岩、硅质泥岩	2.64	21.0	400
奥陶系（O）	灰岩、结晶灰岩、白云岩	2.70	19.1	800
寒武系（Ｃ）	砂策泥岩、碳质板岩碳质页岩	2.64	12.2	300
震旦系（Z）	白云岩、灰岩、冰碛泥砾岩砂质板岩、砂岩	2.72	12.8	3 000
元古宇（Pt）	灰质板岩、角闪岩、片麻岩	2.81	32.0	2 000
太古宇（Ar）	黑云母变粒岩、斜长角闪岩片麻岩、混合岩	2.65	48.0	3 000

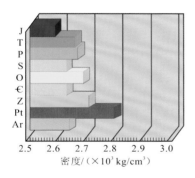
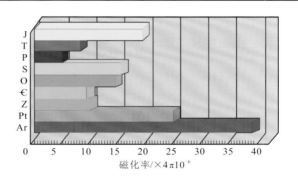
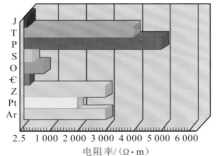

图 7.4　研究区重磁电物性与地层关系模型图

7.1.4 重磁电资料综合地质解释

1. MT 剖面对推覆构造及隐伏断层的认识

MT08-01 测线位于宁强工区西部，剖面呈北西—南东走向，全长约 80 km，有 81 个物理点。测线由南向北穿越川西北凹陷、米仓山凸起、曾家—禅家岩褶皱带和宁强逆冲断褶带。曾 2 井位于测线上 200 号点附近，地表出露上二叠统吴家坪组，完钻井深 1 599.66 m，自上而下揭示地层为下二叠统、志留系、奥陶系、寒武系。

根据上述地电模型，结合米仓山—大巴山地区岩石物性统计，可以划分 4 个电性层：第一电性层为侏罗系低阻层；第二电性层为二叠—三叠系高阻层；第三电性层为志留系低阻层；第四电性层为奥陶系—元古宇中高阻层。电性层与岩性具有良好的对应关系。

图 7.5 是 MT08-01 测线二维反演电阻率深度剖面图。根据地表露头并结合反演电阻率剖面，确定局部构造 5 个：双汇构造（128～139 号点）、燕子构造（146～152 号点）、汪家构造（176～182 号点）、曾家构造（198～202 号点）、中子构造（214～226 号点），构造高点出露地层分别为二叠系、奥陶—寒武系、二叠系、志留系。其中汪家构造与中子构造为局部重力高，中子构造顶部出露志留系，下伏为奥陶—寒武系高阻层。

剖面由南向北，沉积盖层从厚到薄，地层从齐全至缺失。川西北凹陷内沉积层最大厚度约 7.5 km，地层从侏罗系—震旦系，其中缺失石炭系及泥盆系。米仓山凸起及曾家—禅家岩褶皱带沉积层深度为 4.0 km，缺失侏罗系、石炭系及泥盆系。宁强逆冲断褶带地表出露志留系、奥陶系、寒武系、震旦系、元古宇，沉积层深度为 2～3 km。

MT08-03 测线呈北西—南东走向，全长约 94.5 km，有 96 个物理点。测线由南向北穿越川西北凹陷、米仓山凸起、曾家—禅家岩褶皱带、宁强逆冲断褶带和摩天岭隆起。二维反演电阻率与电法地层解释剖面如图 7.6 所示。电阻率剖面自上而下可以划分为浅部低阻电性层和深部高阻电性层。由测线附近的曾 2 井与强 1 井资料标定可知，该剖面上浅部为低阻电性层，由志留系、奥陶系、寒武系、震旦系及元古宇组成，但在不同地区，不同深度组成低阻层的地层各不相同。深部高阻电性层总体可认为是反映奥陶系、寒武系、震旦系碳酸盐岩层、元古宇变质岩系及火成岩，同时在高阻电性层可以包含低阻电性层，如志留系。

剖面上确定构造 4 个：双汇构造（102～116 号点）、毛坝河构造（202～204 号点）、黄坝驿构造（210～222 号点）和舒家坝北构造（256～272 号点）。

双汇构造在相邻测线均有反映。该构造是一个东西走向背斜构造，构造核部出露中寒武统陡坡寺组和西王庙组，两翼分别为奥陶系、志留系、二叠系、三叠系，重力上显示局部重力高。该构造核部中寒武统页岩显示低阻，而下伏地层显示相对高阻，推断解释寒武—震旦系碳酸盐岩层，底界深度约 2.5 km。毛坝河构造，核部出露二叠系，两翼为三叠系，二叠系以下志留系、奥陶系、寒武系在偏移成像剖面显示浅部低阻层，在梯度成像剖面同样显示相对低阻，其下上震旦统为高阻，底界深度约 4.2 km。黄坝驿构造南翼为中子镇断裂，核部出露中—下寒武统牛蹄塘组、石碑组、沧浪铺组、石龙洞组并层，其岩性为砂岩、页岩、含砾砂岩、泥岩，电性上显示低阻，下伏地层为高阻，推断为上震旦统灰岩。构造顶部上震旦统底界深约 3 km，翼部深 4 km，重力为局部重力高。

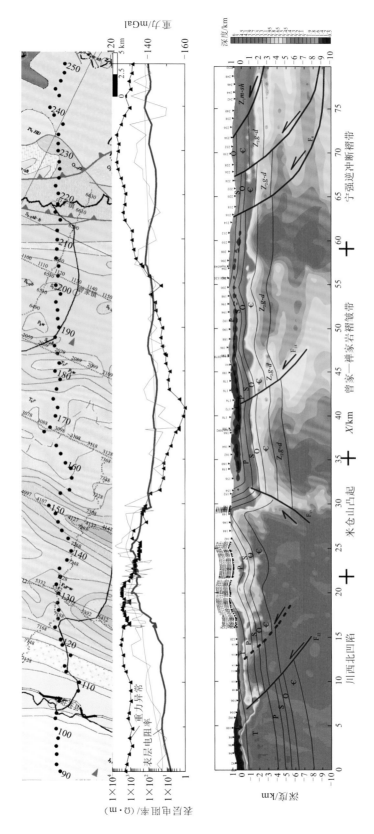

图 7.5　MT08-01 线二维反演电阻率深度剖面及地质综合解释剖面图

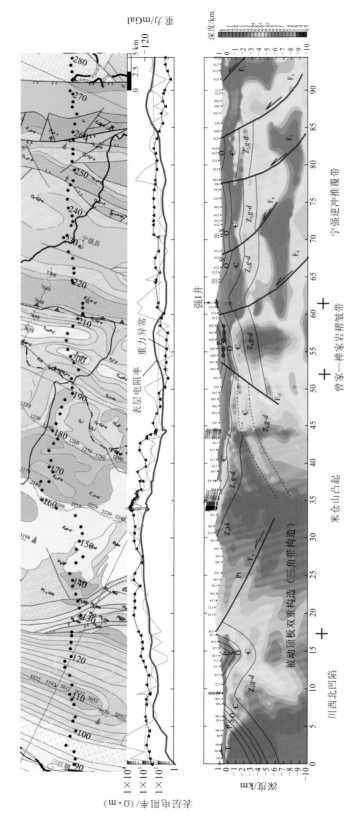

图 7.6 MT08-03线二维反演电阻率深度剖面及地质综合解释剖面图

舒家坝北构造为断块，南界为双河断裂所限，断块高部位出露奥陶系陈家坝组板岩及细砂岩，剖面上显示低阻，下伏高阻层推断为寒武系及上震旦统的地层。

剖面南部为川西北凹陷内发育的沉积层，缺失石炭系及泥盆系，沉积层最大厚度为8.5 km，向北米仓山凸起上沉积层明显减薄，有些地方元古宇变质岩及火成岩出露，向北沉积层厚度为3 km，由奥陶系、寒武系及上震旦统组成。曾家—禅家岩褶皱带内沉积层厚4.5 km，浅部明显构造在深部平缓或消失。宁强逆冲断褶带的逆冲断层发育，深部地层平坦，沉积层厚度从4 km向北减至3 km。

通过MT勘探发现F_{17}北北东向东倾推覆断裂带隐伏逆冲断层（带）。由电性异常扭曲推测断层向近东倾斜，切断志留系及以下地层至基底，平面上走向为北北东。该断层是米仓山凸起与曾家—禅家岩褶皱带的分界线，在构造单元划分上有重要作用。

F_{17}与光雾山推覆体所夹持的区域为米仓山西缘滑脱带。在此滑脱带的主断层东部，各电法剖面上构造式样表现为基底卷入叠瓦冲断（归属米仓山西南缘滑脱带），主断层西段则为基底卷入与滑脱叠合（归属曾家—吴家滑脱带）。

滑脱构造是在20世纪70年代对陆内块体的深部探测和精细研究时发现的，经典地区有苏格兰莫因冲断层、瑞士阿尔卑斯山、北美落基山东部前陆、阿巴拉契亚西部前陆、侏罗山和我国四川盆地等，这些构造样式明显受岩石物性差别的影响，区域滑脱层为最主要的控制因素。通过对造山带前缘构造特征的分析发现，滑脱层的分布范围对盆、山结合部位的构造样式具有明显的控制作用，区域性的滑脱层发育区多形成三角带、逆冲断裂带等。区域滑脱层的数量对前陆逆冲褶皱带构造样式的影响表现为：在单一滑脱层发育的区域，构造样式以断弯褶皱、叠置楔、反冲断层和三角带构造为主；在两个或多个滑脱层发育的区域，构造样式以主动顶板双重构造和被动顶板双重构造为主。

根据已有地表地质调查、石油地球物理勘探和钻井资料，研究区普遍存在三个区域性的滑脱层，自上而下分别是：三叠系嘉陵江组四段至雷口坡组的膏盐岩层、志留系下统的泥页岩和砂质泥岩层、中—下寒武统中的泥质岩和膏盐岩层及震旦系陡山沱组的页岩。其中：嘉陵江组至雷口坡组膏盐岩层累计厚度大于500 m，局部厚约1 000 m，为区内陆相砂泥岩地层与下伏海相碳酸盐岩层之间的重要区域滑脱面；志留系泥页岩厚约1 000 m，是厚层台地相碳酸盐岩内部逆冲断裂带断坪发育的层位，构成了逆冲双重构造带的底板逆冲断裂；靠近造山带一侧，区域逆冲断裂向下归并于寒武系以下砂泥岩滑脱层。由上述三套区域滑脱层和夹于其间的大套碳酸盐岩强硬层共同构成"三软三硬"的地层结构，控制四川盆地东北部地区山前带主要构造特征。

2. 古老地层界面构造特征

对研究区的MT测线及EMAP测线进行联合反演，结合地层与电阻率模型进行古老地层界面深度解释，并绘制古老地层界面埋深图。震旦系顶界面的形态，大致代表了基底顶面的构造形态，而志留系顶面的构造形态则反映了盖层的构造形态。

研究区基底存在明显起伏，剖面东部基底地层多已出露地表；基底地层埋深明显与构造有关。总体看来，由北向南基底埋深在逐渐加深。上述特点反映出基底构造对盖层变形的控制。

根据 MT 和 EMAP 剖面反映的深部电性特征、区域构造背景及浅层构造与深层构造之间的关系，在 EMAP 剖面基底岩系中，解释了几条隐伏基底断层，这些断层无疑对盖层构造有一定的控制作用，特别是 F_{17} 断裂带对该区构造有极其重要的控制作用。

川西北地区电性基底顶面（震旦系顶面）海拔埋深图（图 7.7），基本上代表了电性基底顶面的海拔埋深图，总体构造展布呈北东东向。

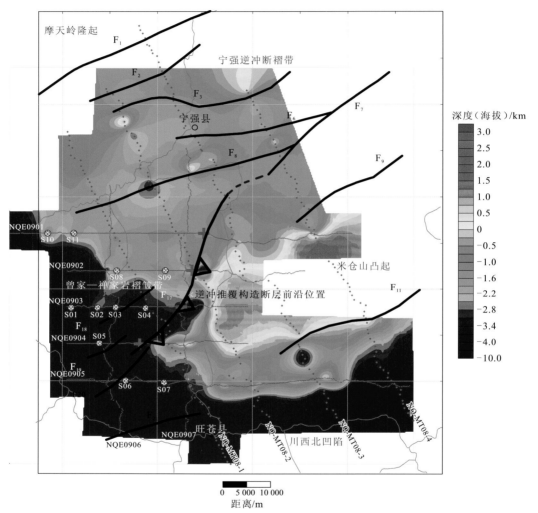

图 7.7 川西北地区电性基底顶面（震旦系顶面）海拔埋深图

图 7.8 为川西北地区磁性基底顶面海拔埋深图。从图中看出，川西北地区磁性基底总体走向为北东东向，仅西北角表现为北东向，西南角表现为北西西向，区内磁性基底埋深变化起伏较大，在 3～11 km 变化。从北到南基底埋深呈现高—低—高—低变化趋势，西北部阳平关镇附近为磁性基底隆起；从于丘镇向南，宁强—曾家镇一带为磁性基底埋深为 5～7 km 的宽缓拗陷区，向南在同华镇附近有一个埋深不到 3 km 北东东向的基底隆起，再向南为深达 10 km 以上的凹陷。

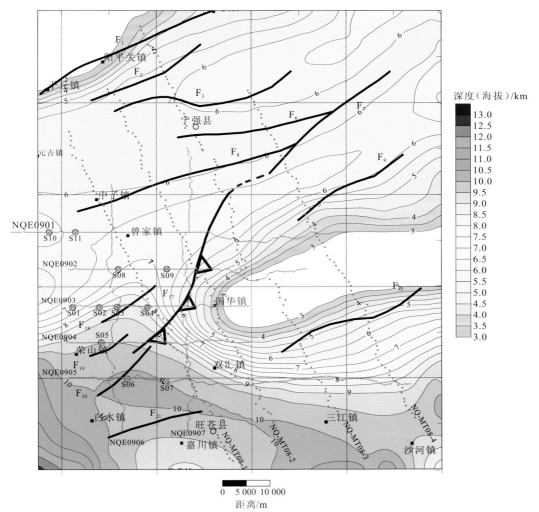

图 7.8　川西北地区磁性基底顶面海拔埋深图

结合周边地质,认为宁强地区的磁性基底主要反映了新太古界—古元古界的康定群、鱼子洞群的深变质岩,但测区北部及磁性基底较浅区还可能反映了褶皱基底,即中—新元古界昆阳群、板溪群浅变质岩的顶界面。

图 7.9 是川西北地区重力异常图。从图 7.9 中可以看出,重力异常表现为南东高、北西低的总体趋势,这反映出南东基底有抬升趋势。图中自南东方向的川北凹陷、米仓山凸起,到中部的曾家—禅家岩褶皱带和宁强逆冲断褶带,再到北西的摩天岭隆起,重力异常十分明显。

对比图 7.7、图 7.8 和图 7.9 可以发现,以北东至南西的 F_{17} 逆冲断裂带将米仓山凸起与摩天岭隆起分开,而曾家—禅家岩褶皱带和宁强逆冲断褶带是 F_{17} 逆冲断裂带的构造表现。

川西北地区的重磁电特性建模为重磁电资料处理、反演与解释提供了良好岩石物理基础。依据重磁电资料发现了 F_{17} 逆冲断裂带,这对川西北地区的构造与基底认识及油气勘探有重要的理论指导意义。

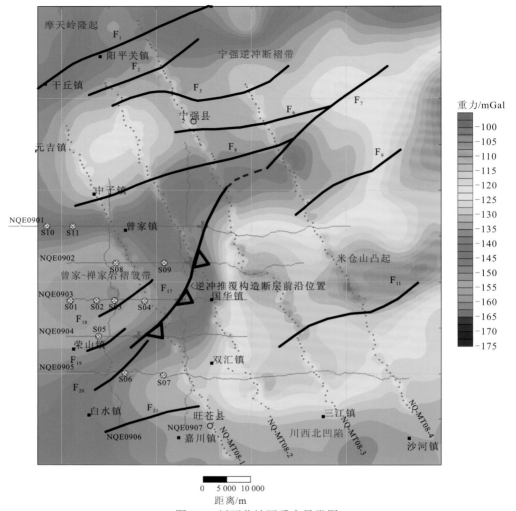

图 7.9 川西北地区重力异常图

7.2 川东南地区重磁电勘探资料的地质认识

7.2.1 川东南研究区地质与地球物理特征

1. 地质特征

川东南研究区范围为东经 110°04′~111°11′，北纬 28°26′~29°25′，地理位置属于湖南省张家界市，构造上横跨江南构造带及桑植复向斜构造。研究区属山区地貌，地形高差起伏大，最高海拔 1 518 m，最低海拔约 100 m，地形起伏非常剧烈，最大落差达1 000 m。

研究区内出露地层较全，元古宇至第四纪各时代地层均有分布。研究区域存在震旦系—志留系多套勘探目的层，可能存在逆冲推覆构造，且推覆体下盘具备较好的油气勘探前景。

1）地层特征

研究区地层隶属扬子区与江南区的过渡地带，受区域构造控制，区内地层主体走向呈北东东—北东向，出露最老地层为新元古界青白口系冷家溪群，最新地层为上白垩统车江组。前者见于安化县以北官庄镇附近地区，后者分布于沅陵至桃园一线。

综合基底及南华系的特殊性，可将研究区分为前震旦系、震旦系—下寒武统、中寒武统—志留系、泥盆系—侏罗系4个层系。前南华系地层构成了研究区的基底。雪峰山基底为浅变质砂质板岩，与典型地区的结晶基底（如花岗岩、片麻岩）相差较大，断层发育及地层变形较容易。

前震旦系包含基底及基底之上的第一套沉积盖层的前南华系，在研究区广泛分布。在慈利—保靖断层北西，前震旦系基本连片分布，仅在东山峰一带局部出露。在慈利—保靖断层东南的酉水—四都坪—五强溪一带，前震旦系存在范围较广的露头区，大体呈北东向展布。露头区内，前震旦系遭受剥蚀。研究区内前震旦系地层包括冷家溪群及上覆的板溪群，具体情况如下。

冷家溪群（Pt_2）主要发育于湘北地区，在研究区零星出露于安化县以北官庄镇附近。冷家溪群以陆源碎屑浊积岩沉积为主，鲍马序列、小型斜层理、波痕、软沉积构造、滑塌构造发育，属活动类型沉积建造（张恒，2013），形成褶皱基底，是湖南地区第一个沉积发育阶段的沉积序列。冷家溪群岩性主要为一套以浅灰绿色、浅灰为主的浅变质细粒碎屑岩及含凝灰质细粒碎屑岩组成的复理石建造，顶部多夹薄层砂岩，底部夹白云岩、灰岩等钙质团块，局部夹基性、中酸性熔岩。冷家溪群包括5个岩组，自下而上分别为雷神庙组、南桥组、黄浒洞组、小木坪组、坪原组。

板溪群（Pt_3）是一套正常的沉积地层序列，早期包括马底驿组和五强溪组，现在划分为：横路冲组（Pt_3h）、马底驿组（Pt_3m）、通塔湾组（Pt_3t）、五强溪组（Pt_3w）、多益塘组（Pt_3d）、百合垄组（Pt_3bh）和牛牯坪组（Pt_3ng），是一套形成于被动大陆边缘的、由陆相—滨岸相—浅海相—半深海相的、由北向南水体逐渐加深的连续相变岩系，而不是形成于活动大陆边缘深海沟中的复理石。板溪群与上、下地层间均为沉积接触关系，属于扬子古陆块褶皱基底上的第一个沉积盖层。板溪群下以与冷家溪群不整合面为底界，上以震旦纪冰成地层的侵蚀面为顶界，为由这两个区域性不整合面所限制的一套区域浅变质的陆源碎屑—火山岩、火山碎屑岩系。研究区内岩性主要为一套含砾石英砂岩、长石石英砂岩与紫红色—灰绿色板岩构成的旋回层序，浪成波痕、双向斜层理、碟状斜层理发育。

震旦系和下寒武统在研究区基本连片分布，是研究区前震旦系之上的第一套勘探层系，以灯影组为主要勘探目的层，在邻区四川威远灯影组获勘探发现。在慈利—保靖断层北西，震旦系—早寒武系地层几乎连片分布，仅在鹤峰走马—东山峰一带缺失。此外，宜都—鹤峰复背斜中的茅坪背斜、咸丰背斜、鹤峰背斜、湾潭背斜，下寒武统顶部地层遭受剥蚀。在慈利—保靖断层东南酉水—四都坪—五强溪一带，震旦系—下寒武统区域上的展布特点与前震旦系相似，只是残存区和剥蚀区范围较之扩大。

中寒武统—志留系是研究区在前震旦系之上的第二套勘探层系，其中志留系在邻区已获勘探发现。区内分布范围较震旦系—下寒武统略有缩小。在慈利—保靖断层北西，下寒武统—志留系在鹤峰走马—东山峰、茅坪背斜核部、鹤峰背斜核部、咸丰背斜核部剥蚀殆尽，形成天窗。桑植—石门复向斜中北部、西部、宜都—鹤峰复背斜北部及花果坪复向斜北部的上古生界—中生界覆盖区保存完整。其他地区遭受不同程度的剥蚀。

泥盆系—侏罗系是邻区（鄂西渝东地区）重要勘探目的层系（上组合），以石炭系和二叠系生物礁、三叠系颗粒滩为主要勘探目的层，研究区现今属于强剥蚀区，该套勘探层系仅残存于桑植—石门复向斜北部、花果坪复向斜北部及宜都—鹤峰复背斜北部的向斜构造。

湘鄂西及邻区地层、岩性、厚度见表 7.4 所示。

表 7.4　湘鄂西及邻区地层、岩性、厚度表

地层系统			主要岩性	区域剖面实测		单剖面实测
系	统	组		厚度区间值/m	厚度/m	位置
侏罗系	上统	沙溪庙组	砂岩夹砂质泥岩	0～1 024.0	—	—
	下统	凉高山组	砂岩夹砂质泥岩、页岩	0～1 972.5		
		大安寨组	砂岩夹砂质泥岩			
		马鞍山组	砂岩、砂质泥岩			
		东岳庙组	页岩夹泥岩			
		珍珠冲组	砂岩、砂质泥岩			
三叠系	上统	须家河组	砂岩夹页岩、底部页岩	222.86～950.62		
	中统	巴东组	灰岩、泥质灰岩夹页岩	362.0～798.77	—	—
			砂泥岩夹泥质灰岩			
			页岩夹泥质灰岩			
	下统	嘉陵江组	膏质云岩、灰岩	572.2～942.0	121.4	利川核桃园
			膏岩夹膏质云岩		67.0	
			白云岩、灰岩		215.0	
			膏岩夹膏质云岩	—	152.8	
			灰岩		218.1	
		飞仙关组（大冶组）	泥质云、灰岩夹泥质条带	316.4～479.7	30.2	—
			灰岩夹云质灰岩		148.2	
			灰岩		121.3	
			灰岩、泥质灰岩、底部页岩		112.6	
二叠系	上统	长兴组	生屑灰岩夹泥质灰岩	57.16～430.0	317.5	利川大茶园
		吴家坪组	泥岩夹煤层		53.2	
	下统	茅口组	生屑灰岩、泥质灰岩	359.0～418.6	188.2	
		栖霞组	生屑灰岩、泥质灰岩		141.8	
		梁山组	页岩、泥岩		3.1	

地层系统			主要岩性	区域剖面实测		单剖面实测
系	统	组		厚度区间值/m	厚度/m	位置
泥盆系	上统	黄家蹬组	泥岩、细粉砂岩	43.34～117.2	13.5	利川鱼1井
	下统	云台观组	细粉砂岩		21.0	
志留系	中统	纱帽组	—	1 409.6～1 637.4	—	
	下统	罗惹坪组	砂质页岩、粉砂岩泥岩、砂质泥岩		773.0	
		龙马溪组	泥岩粉砂岩、底部页岩		655.5	
奥陶系	上统	五峰组	硅质页岩	306.0～480.5	8.0	
		临湘组	灰岩		9.0	
	中统	宝塔组	灰岩、生屑灰岩		13.0	
		庙坡组	—		—	
		牯牛潭组	泥质灰岩、灰岩		31.0	
	下统	大湾组	灰岩与泥质灰岩、页岩互层		57.5	
		红花园组	生屑灰岩、鲕状灰岩		23.5	
		分乡组	生屑灰岩、鲕状灰岩		53.0	
		南津关组	白云岩、灰岩夹页岩互层		124.5	
寒武系	上统	三游洞组	云岩、灰质云岩	1 197～1 389.5	240.5	
	中统	覃家庙组	灰岩、灰质云岩		431.0	
			白云岩、泥质白云岩		523.5	
	下统	石龙洞组	白云岩、含泥灰质白云岩	219.0～785.0	258.5	李2井
		天河板组	白云岩泥岩、含灰质泥岩		211.0	
		石牌组	上部泥质条带灰岩、下部页岩	275.8～1 148.5	829.0	
		水井沱组	碳质页岩、泥质灰岩		319.0	石柱
震旦系		灯影组	硅质白云岩夹页岩含泥质白云岩	90.5～472.4	90.5	双流坝廖家槽
		陡山沱组	泥灰岩及泥质灰岩	40.5	40.5	李2井
南华系		南沱组	砂岩、砾冰碛岩	>21.0	20.5	
		莲沱组	砾岩夹泥质砂岩、泥岩及细砾岩	—	—	
青白口系	板溪群	牛牯坪组	灰、灰绿色中层状条带状凝灰质板岩、凝灰质粉砂质板岩	—	—	—
		百合垄组	块状含砾长石岩屑石英杂砂岩、石英杂砂岩夹凝灰岩、板岩	293～350	—	—
		多益塘组	粉砂质板岩、凝灰岩夹砂岩	442	—	—
		五强溪组	变质长石石英砂岩及变质砾岩、变余凝灰岩及层凝灰岩夹变质砂岩、板岩	212～3 170	—	—
		通塔湾组	灰绿色粉砂质板岩、凝灰质板岩夹玻屑凝灰岩、砂岩	626	—	—

地层系统			主要岩性	区域剖面实测		单剖面实测
系	统	组		厚度区间值/m	厚度/m	位置
青白口系	板溪群	马底驿组	紫红色、灰白色厚层块状变质砂砾岩、含砾砂岩、石英粗粒砂岩，紫红色、灰绿色的中-厚层浅变质中-细粒石英砂岩、长石石英岩、岩屑砂岩粉砂岩、砂质板岩、板岩	200	—	—
		横路冲组	复成分砾岩、含砾砂岩、砂岩夹板岩	10~224	—	—
	冷家溪群	坪原组	灰绿色绢云板岩，砂质板岩与含凝灰质粉砂岩，凝灰质砂岩互层	2 047	—	—
		小木坪组	灰绿色条带状板岩、粉砂质板岩及岩屑杂砂岩	1 524~1 876	—	—
		黄浒洞组	灰绿色中厚层状岩屑杂砂岩夹条带状砂质板岩、板岩	2 056~3 665	—	—
		南桥组	灰绿色岩屑杂砂岩、粉砂质板岩，夹具枕状构造的拉斑玄武岩、变辉绿岩、石英角斑岩	1 797	—	—
		雷神庙组	灰绿色厚层状绢云泥板岩，条带状砂质板岩夹少量薄层状岩屑杂砂岩，粉砂岩及钙质团块、钙质条带状绿泥石板岩	—	—	—

2）构造特征

研究区位于雪峰山陆内构造系统内，如图 7.10 所示（李三忠 等，2011）。以慈利—保靖断裂为界，研究区北西属于雪峰山西缘扩展带，南东属于雪峰山基底隆升带。

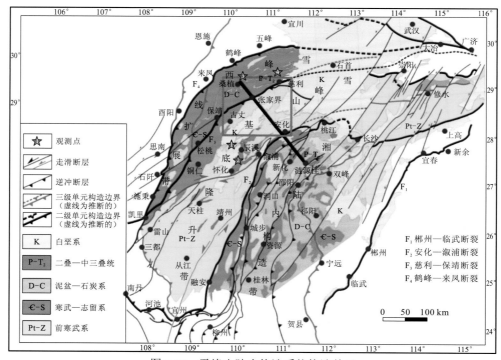

图 7.10 雪峰山陆内构造系统构造单元

断裂带两侧地层及构造样式迥异。断裂南东部板溪群基底大面积出露，而北西侧则未见板溪群基底出露，多为下组合的沉积地层。从现有的地震剖面来看，慈利断裂没有向深部以高角度延伸，而是沿着滑脱层（面），在约 4 km 深度收敛为一条向南东缓倾的顺层滑脱断层。另外，从该断裂两侧的构造变形样式来看，慈利—保靖断裂北西侧构造样式主要为宽缓的向斜、高角度逆断层及其断展褶皱，而断裂的南东侧构造段组合样式为紧闭线型褶皱、基底滑脱拆离构造、浅表逆冲推覆构造及沉积盖层的滑脱褶皱。

自雪峰运动形成统一的变质基底之后，变质基底又经晋宁运动由前震旦纪地槽型沉积转为稳定的台地型沉积，经历了由震旦纪—中三叠世漫长的以浅海碳酸盐岩台地为主的海相地层发育时期，中三叠世后进入陆相前陆盆地发育阶段，先后经历了澄江—加里东、海西—印支、早燕山及晚燕山—喜马拉雅运动时期等几次大的沉积—构造旋回。湘鄂西及邻区沉积、构造特征见表 7.5 所示。

表 7.5 湘鄂西及邻区沉积、构造特征表

地质年代			年龄/Ma	构造运动	接触关系	构造环境	沉积特征	沉积构造旋回
代/宇	纪	世						
中生代	白垩纪	晚	135(140)	宁镇	不整合	山间拉张断陷	红色磨拉建造，红色粉砂岩、泥岩	
	侏罗纪	晚		—	—	末期统体褶皱沉降	早期浅湖、沼泽生物发育，主要砂岩增多增厚，煤线逐渐消失，砂岩夹泥质岩、灰岩，晚期为红色含砾长石石英砂岩与泥质岩互层，末期统体褶皱	燕山旋回
		中	208					
		早						
	三叠纪	晚		安源	假整合	闭合造山结束海侵	早期为广海盆地相薄层灰岩、泥灰岩，中期为局限海中层状云岩，灰岩晚期为滨海碎屑岩夹灰岩	
		中	235					
		早	250					
古生代	二叠纪	晚	290	东吴	假整合	差异沉降	早期为台地相碎屑岩、灰岩、云岩生物发育，中期为生屑灰岩、灰岩夹硅质条带泥页岩，晚期以斜坡—盆地相、硅质岩、硅质泥岩、灰岩为主，斜坡带上生物较发育	海西—印支旋回
		早			假整合			
	石炭纪	晚	362	云南				
		中	(355)	昆明	假整合			
	泥盆纪	晚	409	柳江	—	填平补齐	沉积磨拉石建造的石英砂岩，石英砂岩夹泥岩、粉砂岩	
		中						
	志留纪	中		—	假整合	转化消失	早期为台地相灰岩夹页岩，中期为泥岩、泥质岩，晚期为广海盆地—盆地相砂泥岩互层，加里东运动使抬升遭受剥蚀	澄江—加里东旋回
		早	439					
	奥陶纪	晚		湘桂	—			
		中		—				
		早		宜昌				
	寒武纪	晚	510	—		扬子拗陷持续沉降	早期为海侵序列碳质页岩、砂、泥岩，灰岩，中期为泥质云岩与泥页岩互层，晚期随着沉降速度的放慢，沉积了局部海台地相厚层块状白云岩，表现为海退序列	
		中						
		早	570		假整合			

地质年代			年龄/Ma	构造运动	接触关系	构造环境	沉积特征	沉积构造旋回
代/宇	纪	世						
元古宙	震旦纪	晚	700	桐湾		扬子拗陷初始沉积	海侵阶段含磷页岩、灰岩、白云岩、晚期抬升，地层遭受风化淋滤	
		早	800	澄江	假整合	大陆边缘裂谷阶段	磨拉石建造及冰碛沉积	
	—	—	—	雪峰		冒地槽活动	砂泥岩组成的复理石建造	雪峰旋回

自上震旦统到上侏罗统，因地壳频繁波动和大幅抬升，地层遭受剥蚀而出现平行不整合面 7 个，其中影响范围广而深远的有两个：一是志留纪末的加里东运动，二是中三叠世末的印支运动。加里东运动使该区上志留统普遍遭受剥蚀，并缺失下泥盆统和部分下石炭统；印支运动使全区整体抬升，结束海侵历史，中三叠统受不同程度的剥蚀，并在该区形成石柱古隆起。侏罗系沉积后早燕山及喜马拉雅运动产生强烈的褶皱造山作用，使该区沉积盖层全面褶皱，并伴随大量的逆冲断裂和局部构造产生，同时也彻底改变了加里东期古构造格局，基本上奠定了该区现今构造的主体格架，并使该区隆升成山，长期遭受剥蚀。

2. 地球物理特征

1）地层密度与布格重力特征

以往的重力勘探与研究表明，湘鄂西地区地层存在 5 个密度界面和 6 个密度层，见表 7.6。第一密度层（三叠—二叠—石炭系）在研究区局部分布，属于浅部高密度层。震旦系、前震旦系密度差较小且埋深较大，分离困难。5 个密度界面中有 3 个正向、2 个负向，给重力资料解释带来一定的难度。对 3 个主要密度界面描述如下。

表 7.6　湘鄂西地区地层密度及分层表

层位	岩性	平均密度/(g/cm³)	密度差/(g/cm³)
三叠—二叠—石炭系	泥晶灰岩、层状生物灰岩、白云岩、页岩	2.70	—
泥盆系—志留系	砂岩、粉砂岩、砂质页岩	2.55	-0.15
奥陶系—中上寒武统	亮晶泥晶灰岩、生屑晶灰岩、云岩、灰质云岩	2.74	0.19
下寒武统	泥质岩、白云岩	2.66	-0.08
震旦系	砂岩、白云岩、泥灰岩	2.71	0.05
前震旦系	变质岩	2.75	0.04

泥盆系—志留系与奥陶系—中上寒武统密度界面密度差为 -0.19 g/cm³，是引起研究区局部异常的主要因素。

奥陶系—中上寒武统与下寒武统密度界面密度差为 0.08 g/cm³，是引起研究区局部异常的主要因素。

下寒武统与震旦系密度界面密度差为 -0.05 g/cm³，埋藏较深，该界面引起的重力异常是区域性的。

从收集的 1：100 万桑植—慈利—沅陵地区布格重力异常图（图 7.11）可以看出，研究区总体呈现北西—南东向台阶展布，在慈利—沅陵一带为高重力异常区，向桑植方向逐步减小。最大异常值为-8 mGal，最小异常值为-105 mGal，反映了该区沉积地层厚度由东南向西北逐步加深的趋势，同时也表明，基底在南东方向全面抬升。

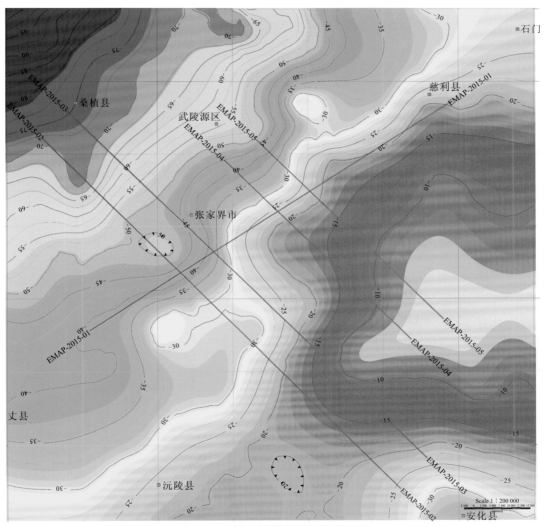

图 7.11　研究区布格重力异常特征图

2）岩石磁性与磁力异常特征

研究区磁力异常变化范围为-20～20 nT，磁场变化平稳，总体呈现由东南向西北逐渐减小的趋势，与重力异常分布基本特征一致。张家界市以北地区磁场值在-20 nT 左右，十分平稳，反映了该区巨厚沉积地层特征；张家界以南区域磁场相对较高，反映了该区基底相对隆起的特征。研究区磁力异常等值线图如图 7.12 所示。

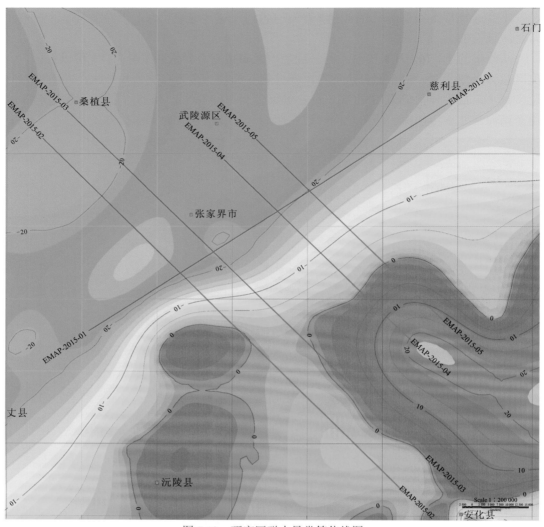

图 7.12　研究区磁力异常等值线图

7.2.2　重磁电物性与地质关系模型

掌握研究区地层电阻率变化规律是电法剖面解释的基础。综合研究区露头小四极测试结果、电测井、岩石样品测试资料及 MT 视电阻率曲线首支统计分析数据，建立研究区的地电模型。

1. 电测井情况

收集研究区邻域恩页 1 井、天页 1 井、慈页 1 井、焦石 1 井与桑页 1 井的测井曲线，根据该曲线及相关数据，对五口电测井的电阻率与地层进行对比统计，见表 7.7。可以看出：三叠系—二叠系、奥陶系—中上寒武统电阻率为 1 500～5 000 Ω·m；志留系电阻率在 100 Ω·m 以下；下寒武统电阻率为 50～200 Ω·m；震旦系及前震旦系电阻率大于 5 000 Ω·m。

表 7.7 桑植石门研究区电测井资料统计表

地层		恩页1井				天页1井				
地层	群/组	深度/m	电阻率/(Ω·m)	平均电阻率/(Ω·m)	备注	组	深度/m	电阻率/(Ω·m)	平均电阻率/(Ω·m)	备注
三叠系 中统	—					嘉陵江+飞仙关+长兴	0~1 450	0.01~0.6	0.08	数据前部采用RS，后部采用RD（前部没有RD，数据范围0.01~10 000）
三叠系 下统	—					嘉陵江（下）+飞仙关+长兴（下）	1 450~2 340	0.01~5	0.5	
二叠系	—				数据采用，AHT60+LLD（0.01~1 950和0.01~99 990表示数据范围），1 200 m以上没有地质资料，但有部分数据，有资料说水井沱和牛蹄塘是同物异名	茅口+栖霞	2 340~2 690	0.1~10 000	5 000	
石炭系	—	34~1 200	0.01~99 990	21 000		船山+黄龙	2 690~2 770	20~10 000	6 000	
泥盆系	—					—	—	—	—	
志留系	—					韩家店+小河坝+龙马溪	2 770~3 940	1~200	35	
						龙马溪	3 780~3 940	1~140	15	
奥陶系	—					—	—	—	—	
中上寒武统	三游洞+覃家庙+石龙洞	1 200~2 650	42.2~99 990	32 000		—	—	—	—	
下寒武统	天河板+石牌+水	2 650~4 000	0.06~1 950	44.273		—	—	—	—	
	井沱+灯影	3 710~3 940	0.06~1 950	10.778						

地层	慈页1井 群组	深度/m	平均电阻率/(Ω·m)	备注	焦石1井 组	深度/m	平均电阻率/(Ω·m)	备注	桑页1井 组	深度/m	平均电阻率/(Ω·m)	备注
三叠系 中统	—	—	—	只有2 250~2 832的测井数据，采用RD，数据范围1~10 000	—	—	—	2 420~2 480 的组看不到文字无法准确判断分类，放在奥陶系，采用RD，数据范围0.1~99 990	—	—	—	1 710 以后未钻穿，采用RD，数据范围2~20 000
三叠系 下统	—	—	—		—	—	—		—	—	—	
二叠系	—	—	—		龙潭+茅口+栖霞	910~1 400	5 119		—	—	—	
石炭系	—	—	—		船山+黄龙	1 400~1 440	568.2		—	—	—	
泥盆系	—	—	—		—	—	—		—	—	—	
志留系	龙马溪	0~250	—		韩家店+小河坝+龙马溪	1 440~2 420 / 2 160~2 420	50.86 / 58.23		溶溪+马脚冲+小河坝+新滩+龙马溪	0~1 583 / 1 567~1 583	100 / 120	
奥陶系	大湾+红花园+桐梓	250~540	—		湄潭+红花园	2 420~2 730	726.3		五峰+宝塔+牯牛潭	1 583~1 710	3 500	
中上寒武统	娄山关群+探溪+清虚洞	540~2 010	—		洗象池群+覃家庙	2 730~3 610	9 464		—	—	—	
下寒武统	牛蹄塘	2 010~2 740	169.8		龙王庙+沧浪铺+筇竹寺+灯影	3 610~4 310	12 246		—	—	—	

2. MT 视电阻率曲线首支统计

结合 1995 年桑植—石门复向斜中西部区详查的 696 个 MT 点和本次研究区的 683 个 MT 点，以 MT 点处出露地层为依据，开展视电阻率曲线首支统计。重点对研究区的 MT 点在志留系、奥陶系—中上寒武统、下寒武统、板溪群（Pt_3）与冷家溪群（Pt_2）出露区的视电阻率曲线首支进行统计分析，得出了冷家溪群（Pt_2）平均电阻率为 1 762 $\Omega \cdot m$，板溪群（Pt_3）电阻率为 769.6 $\Omega \cdot m$，说明基底内部电性差异明显（表 7.8～表 7.12）。综合其他地层出露区视电阻率曲线首支统计，得出地层电阻结果，见表 7.13。

表 7.8 研究区志留系出露区 MT 视电阻率首支统计表

志留系出露区测点	首支电阻率平均值/（$\Omega \cdot m$）	志留系出露区测点	首支电阻率平均值/（$\Omega \cdot m$）
E1-2020A	60.827	E2-2400A	48.006
E1-2030A	13.250	E3-1930A	29.914
E1-2040A	16.776	E3-1940B	23.396
E1-2050A	29.361	E3-1945A	18.395
E1-2060A	13.822	E3-1950A	17.158
E1-2070A	31.256	E3-1955A	26.701
E1-2080A	16.895	E3-1960B	16.882
E1-2090A	30.001	E3-2020A	54.738
E1-2100A	34.447	E3-2030A	122.101
E1-2110A	40.202	E3-2040A	42.535
E1-2120A	34.432	E3-2050A	25.422
E1-2130B	54.485	E3-2060A	12.098
E1-2140B	45.787	E3-2070A	30.776
E2-1980A	36.107	E3-2080A	15.420
E2-2155A	49.723	E3-2090A	125.246
E2-2160A	38.199	E3-2160A	19.042
E2-2165A	92.345	E3-2170B	55.677
E2-2170A	49.710	E3-2180A	3.675
E2-2310D	60.474	E3-2190A	5.605
E2-2320D	58.182	E3-2200A	15.469
E2-2330D	36.050	E3-2210A	8.289
E2-2340D	10.610	E3-2220B	25.448
E2-2350D	29.216	E3-2230B	25.088
E2-2360A	23.019	E3-2240A	16.571
E2-2370A	72.105	E3-2250A	10.887
E2-2380A	25.802	E4-1645B	29.188
E2-2390A	27.158	E4-1650A	14.382

志留出露区测点	首支电阻率平均值/（Ω·m）	志留出露区测点	首支电阻率平均值/（Ω·m）
E4-1655A	21.819	E5-1655A	19.031
E4-1660A	21.176	E5-1660A	15.391
E4-1665A	5.894	E5-1665A	18.327
E4-1670A	19.078	E5-1670A	19.343
E4-1675A	35.057	E5-1675A	9.864
E4-1680A	21.661	E5-1680A	17.093
E4-1690A	18.994	E5-1685A	11.176
E4-1700A	11.682	E5-1690A	33.021
E5-1645A	26.126	E5-1695A	19.107
E5-1650A	21.384	E5-1700A	28.759
志留系出露区电阻率平均值/（Ω·m）		30.8	

表 7.9　研究区奥陶系—中上寒武统出露区 MT 视电阻率首支统计表

奥陶系—中上寒武统出露区测点	首支电阻率平均值/（Ω·m）	奥陶系—中上寒武统出露区测点	首支电阻率平均值/（Ω·m）	奥陶系—中上寒武统出露区测点	首支电阻率平均值/（Ω·m）
E1-1750A	236.54	E1-1960A	1 528.89	E3-1730A	1 403.52
E1-1760A	413.49	E1-1970A	904.00	E3-1735A	1 167.52
E1-1765A	802.46	E1-1980A	107.00	E3-1980A	125.38
E1-1770A	546.21	E1-1990A	310.23	E3-2000A	493.58
E1-1775A	1 052.48	E1-2000A	299.08	E3-2010A	392.97
E1-1780A	2 499.05	E1-2010A	419.47	E3-2100A	796.48
E1-1785A	1 340.65	E2-1710A	1 103.37	E3-2110A	133.42
E1-1790A	440.69	E2-1720A	2 466.47	E3-2140A	316.88
E1-1795B	732.47	E2-1870A	116.11	E4-1400A	269.14
E1-1800A	93.96	E2-1880a	718.94	E4-1405A	812.94
E1-1805A	1 241.01	E2-1890A	501.92	E4-1410A	564.04
E1-1810A	560.91	E2-1930A	518.11	E4-1415A	1 315.04
E1-1815A	500.84	E2-1940A	384.62	E4-1420A	725.57
E1-1820B	346.03	E2-1995A	885.39	E4-1425C	450.05
E1-1825A	319.70	E2-2000A	1 299.56	E4-1430b	1 229.87
E1-1830A	555.99	E2-2005A	343.46	E4-1435A	1 688.41
E1-1845A	1 798.55	E2-2010B	515.09	E4-1605A	1 614.85
E1-1850A	951.09	E2-2020A	430.43	E4-1610A	180.88
E1-1855A	1 374.00	E2-2040B	731.12	E4-1615A	383.95
E1-1860A	1 366.16	E2-2045B	206.01	E4-1630A	1 175.52

奥陶系—中上寒武统出露区测点	首支电阻率平均值/（Ω·m）	奥陶系—中上寒武统出露区测点	首支电阻率平均值/（Ω·m）	奥陶系—中上寒武统出露区测点	首支电阻率平均值/（Ω·m）
E1-1865A	1 449.94	E2-2060A	210.44	E4-1635A	463.41
E1-1870A	269.50	E2-2070A	265.69	E4-1640B	359.06
E1-1875A	913.31	E2-2080A	905.64	E5-1355A	329.78
E1-1880A	369.72	E2-2090A	1 511.43	E5-1360A	527.66
E1-1885A	818.98	E2-2100A	7 086.21	E5-1365A	477.94
E1-1890A	479.96	E2-2110A	484.82	E5-1370A	276.23
E1-1895A	1 757.44	E3-1650A	1 527.88	E5-1375A	390.41
E1-1900A	371.71	E3-1665A	147.91	E5-1385A	979.36
E1-1905A	391.43	E3-1670A	515.53	E5-1390A	375.45
E1-1910A	1 200.86	E3-1675A	2 412.50	E5-1395A	730.64
E1-1915A	2 051.01	E3-1685A	1 558.35	E5-1400A	2 426.04
E1-1920A	3 015.27	E3-1690A	1 316.33	E5-1405A	1 441.30
E1-1925A	1 867.72	E3-1695B	1 362.30	E5-1410A	1 647.67
E1-1930A	958.39	E3-1700A	96.09	E5-1420A	1 018.98
E1-1935A	531.98	E3-1705B	363.88	E5-1425A	1 032.25
E1-1940A	363.55	E3-1710A	1 714.27	E5-1430A	8 874.32
E1-1945A	2 932.26	E3-1715A	463.70	E5-1435A	2 262.85
E1-1950A	1 515.40	E3-1720A	154.79	E5-1440A	1 134.35
E1-1955A	481.75	E3-1725A	693.86	E5-1445A	2 335.24
奥陶系—中上寒武统出露区电阻率平均值/（Ω·m）				1 006.90	

表 7.10 研究区下寒武统出露区 MT 视电阻率首支统计表

下寒武统出露区测点	首支电阻率平均值/（Ω·m）	下寒武统出露区测点	首支电阻率平均值/（Ω·m）
E1-1730A	719.17	E4-1345A	212.145
E2-1730A	161.582	E4-1560A	144.546
E2-1740A	1.533	E4-1565A	22.58
E2-1745A	471.502	E5-1250A	0.83
E2-1850A	6.604	E5-1255A	1.501
E2-1910A	153.273	E5-1260A	0.266
E2-1920A	36.801	E5-1265A	82.329
E3-1745A	2.562	E5-1335A	166.795
E4-1340A	187.974	E5-1340A	3.494
下寒武统出露区电阻率平均值/（Ω·m）		132	

表 7.11　研究区板溪群出露区 MT 视电阻率首支统计表

板溪群出露区测点	首支电阻率平均值/（Ω·m）	板溪群出露区测点	首支电阻率平均值/（Ω·m）
E2-1000A	320.785	E3-1200B	645.811
E2-1005A	418.867	E3-1210A	141.299
E2-1010B	579.721	E3-1220A	576.891
E2-1020A	237.644	E3-1230A	527.354
E2-1030A	399.923	E3-1240A	932.820
E2-1040A	295.534	E3-1250A	938.124
E2-1045A	443.993	E3-1260A	163.593
E2-1055B	1 394.604	E3-1270A	904.372
E2-1060A	448.503	E3-1280A	136.235
E2-1070A	1 276.120	E3-1300A	117.351
E2-1085A	724.339	E3-1310A	2 120.937
E2-1195A	1 457.258	E3-1320A	473.841
E2-1220A	3 705.345	E3-1330A	2 211.321
E2-1230A	684.407	E3-1340A	1 114.320
E2-1240A	1 111.522	E3-1350A	4 882.705
E2-1250A	650.625	E3-1360A	1 110.590
E2-1260A	2 175.527	E3-1370A	393.679
E2-1270A	1 814.030	E3-1380A	161.587
E2-1280A	195.038	E3-1390A	238.095
E2-1285A	451.176	E3-1400A	693.571
E2-1290A	938.623	E3-1410A	207.794
E2-1295A	480.738	E5-1170A	143.792
E2-1310A	482.994	E5-1180A	170.904
E2-1330A	247.305	E5-1190A	35.915
E2-1350A	485.706	E5-1195B	631.121
E3-1130A	315.669	E5-1200A	723.221
E3-1140A	58.165	E5-1205A	77.502
E3-1150A	339.731	E5-1210A	208.367
E3-1160A	1 688.531	E5-1220A	1 510.914
E3-1170A	191.569	E5-1225A	759.940
E3-1190A	293.317	E5-1230A	455.717
板溪群出露区电阻率平均值/（Ω·m）			769.6

表 7.12　研究区冷家溪群出露区 MT 视电阻率首支统计表

冷家溪群出露区测点	首支电阻率平均值/（Ω·m）	冷家溪群出露区测点	首支电阻率平均值/（Ω·m）
E2-1095A	2 121.028	E3-1015A	5 618.235
E2-1105A	1 300.053	E3-1020A	1 824.748
E2-1120B	593.474	E3-1025A	2 308.222
E2-1130B	1 060.131	E3-1040A	376.948
E2-1140B	1 484.423	E3-1045A	534.915

冷家溪群出露区测点	首支电阻率平均值/（Ω·m）	冷家溪群出露区测点	首支电阻率平均值/（Ω·m）
E2-1360A	276.400	E3-1060A	2 935.336
E2-1370A	1 018.241	E3-1070A	3 317.359
E2-1380A	1 368.451	E3-1080A	2 300.329
E2-1390A	5 735.460	E3-1090A	417.595
E2-1400A	286.219	E3-1100A	369.084
冷家溪群出露区电阻率平均值/（Ω·m）			1 762.3

表 **7.13**　研究区及邻区视电阻率曲线首支统计与地层对比模型

出露地层	最大电阻率/（Ω·m）	最小电阻率/（Ω·m）	平均电阻率/（Ω·m）	MT 测点数
T	8 378.2	2.30	420.7	360
D-P	3 558.2	7.90	311.5	151
S	125.0	36.10	54.5	216
$O+\epsilon_{2+3}$	2 466.0	147.00	1 006.9	39
ϵ_1	719.0	0.27	132.0	18
Pt_3	3 700.0	195.00	769.6	32
Pt_2	5 735.0	276.00	1 762.3	20

由表 7.13 可以看出：志留系和下寒武统地层为该区两套明显的低阻标志层；基底板溪群和冷家溪群电性差异明显，表现为次高阻和高阻特征，与周边地电模型相比，该模型在基底上存在较大的变化。

3. 岩石样品资料

长江大学电磁模拟实验室于 1997 年对桑植石门地区 82 块岩样进行了室内测试分析。这些岩样岩性主要为灰岩、白云岩、页岩、砂岩及泥页岩，分布在震旦系至侏罗系等 13 个系、统的地层。实验室分别进行了岩样的干电阻率、饱含清水的电阻率、饱含 20%的盐水电阻率和孔隙度的测定，测量结果见表 7.14。

表 **7.14**　研究区岩样样品电阻率测试统计表

地层代号	干样电阻率/（×10³Ω·m)	饱含清水电阻率/（×10³Ω·m）	饱含 20%盐水电阻率/（Ω·m）	孔隙度/%	标本块数
T_{2b}	346.0	8.50	47.62	2.398	2
T_{2j}	4 433.0	6.57	15.80	0.566	2
T_{1d}	108.4	12.60	97.80	2.622	3
P	1 018.0	8.34	108.00	1.780	3
D	1 896.0	6.98	100.20	2.680	5
S	655.0	0.44	22.44	2.860	12
O	2 390.0	6.14	119.00	0.730	20
ϵ_{2+3}	1 480.0	7.96	102.00	0.738	13
ϵ_1	578.7	2.99	36.70	11.940	8
Z	260.3	3.44	63.60	2.655	10
Pt	1 297.0	2.44	54.10	1.187	4

由表 7.14 可以得出以下结论。

（1）岩石干样电阻率都很高，但不同地层电阻率差别很大。

（2）岩石饱含清水与岩石干样电阻率差别很大，其测量电阻率比干样测量电阻率降低 2～3 个数量级。

（3）同一种岩石饱含 20%盐水时比饱含清水时电阻率降低 2～3 个数量级，说明岩石所含溶液的矿化度对其电阻率值影响较大。

（4）岩石孔隙度越大，在饱含 20%盐水和饱含清水时电阻率越低；相反，孔隙度越小时，饱含 20%盐水和饱含清水时电阻率越高。

（5）存在 T_2b、S、ϵ_1 三套低阻层，其间被 T_2j、T_1d 灰岩，O 及 ϵ_{2-3} 灰岩，白云岩，Z 等高阻层分隔，这种沉积地层高低相间的分布特征，为研究区 MT 勘探提供了良好的地球物理前提。

4. 小四极测量的地电模型

对研究区 293 个地层出露点小四极电阻率测量结果进行数理统计与分析，得出该区的小四极地电模型，如图 7.13 所示。

图 7.13 研究区小四极测量得到的地电模型

5. 地电模型的建立

对比各测线反演电阻率剖面（图 7.14～图 7.18），结合上述电性分析结果，建立研究区地电模型，即从新到老为白垩系、三叠系—泥盆系—二叠系、志留系、奥陶系—中上寒武统、下寒武统、震旦系—板溪群（Pt_3）、冷家溪群（Pt_2）7 个电性层，存在着低—高—低—中高—中低—中高—高的电性变化格局，见表 7.15。地层与电性层的对应关系清楚（与密度界面也有较好的对应关系），具有良好的大地电磁测深电性基础，其 MT 曲线一般表现为 KH、HKH 型。志留系、下寒武统为研究区有利的低阻标志层。利用电磁方法对低阻层反应灵敏的特点，有可能实现对目的层的有效追踪与勘探。

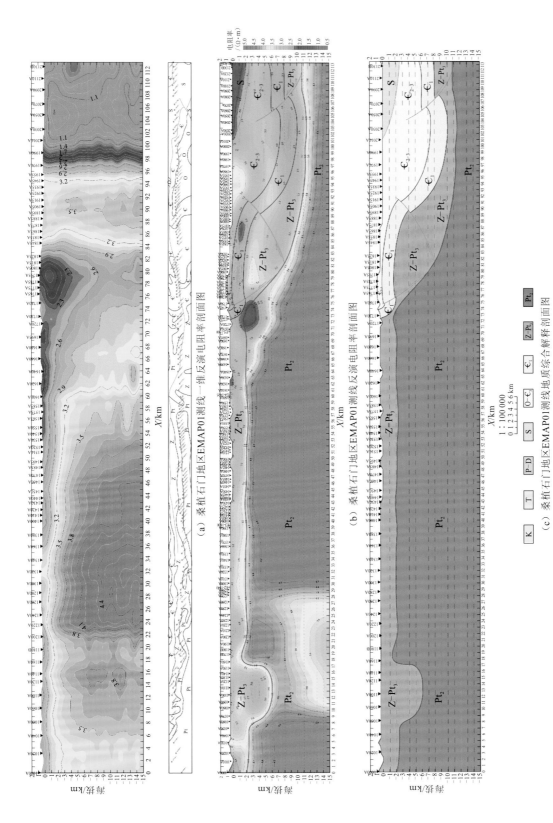

（a）桑植石门地区EMAP01测线一维反演电阻率剖面图

（b）桑植石门地区EMAP01测线反演电阻率剖面图

1 : 100 000
0 1 2 3 4 5 6 km

| K | T | P-D | S | O-Є₁ | Є₁ | Z-Pt₃ | Pt₂ |

（c）桑植石门地区EMAP01测线地质综合解释剖面图

图 7.14　桑植石门地区EMAP01测线反演电阻率与地质综合解释剖面图

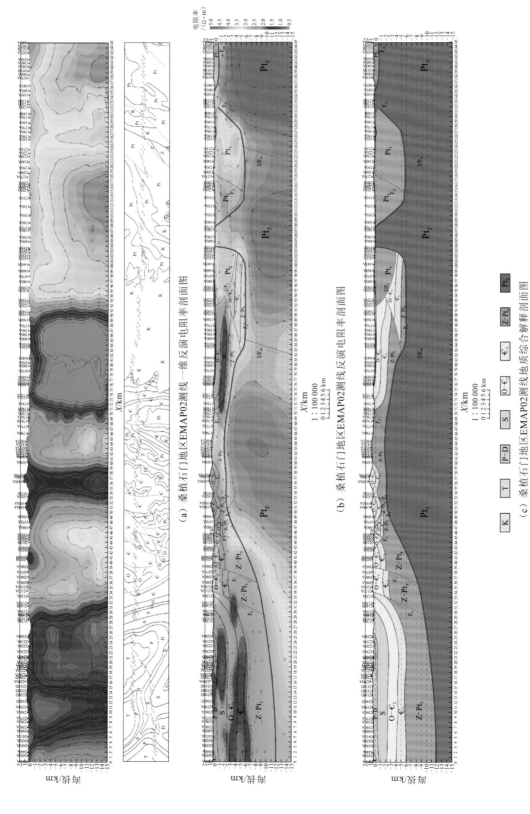

(a) 桑植石门地区EMAP02测线一维反演电阻率剖面图

(b) 桑植石门地区EMAP02测线反演电阻率剖面图

(c) 桑植石门地区EMAP 02测线反演电阻率综合解释剖面图

图 7.15　桑植石门地区EMAP02测线反演电阻率与地质综合解释剖面图

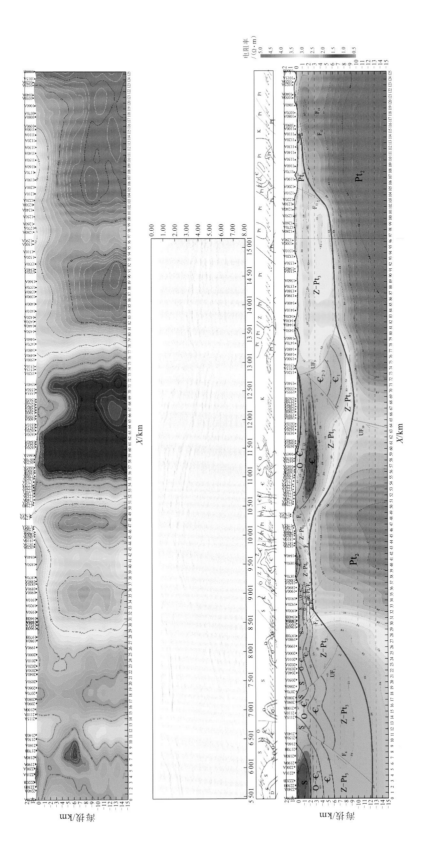

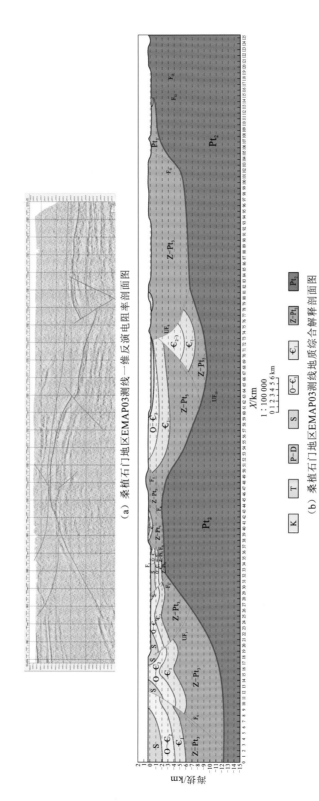

（a）桑植石门地区EMAP03测线一维反演电阻率剖面图

X/km

1 : 100 000

0 1 2 3 4 5 6 km

K　T　P-D　S　O-$\in_3$　$\in_1$　Z-Pt$_4$　Pt$_2$

（b）桑植石门地区EMAP03测线地质综合解释剖面图

图7.16　桑植石门地区EMAP 03测线一维反演电阻率与地质综合解释剖面图

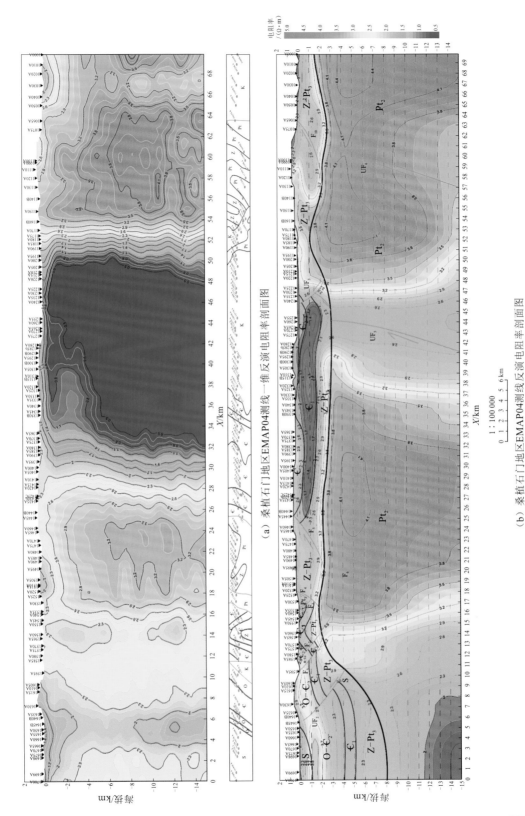

（a）桑植石门地区EMAP04测线一维反演电阻率剖面图

（b）桑植石门地区EMAP04测线反演电阻率剖面图

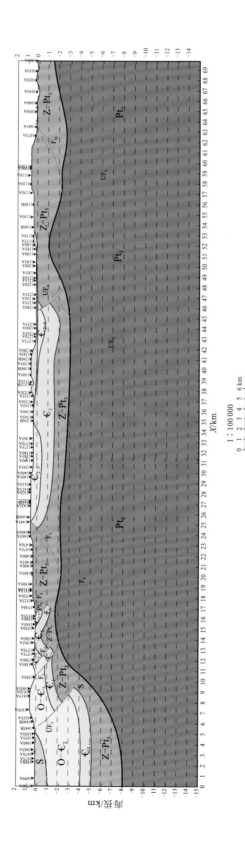

（c）桑植石门地区EMAP 04测线反演电阻率与地质综合解释剖面图

图 7.17 桑植石门地区EMAP 04测线反演电阻率与地质综合解释剖面图

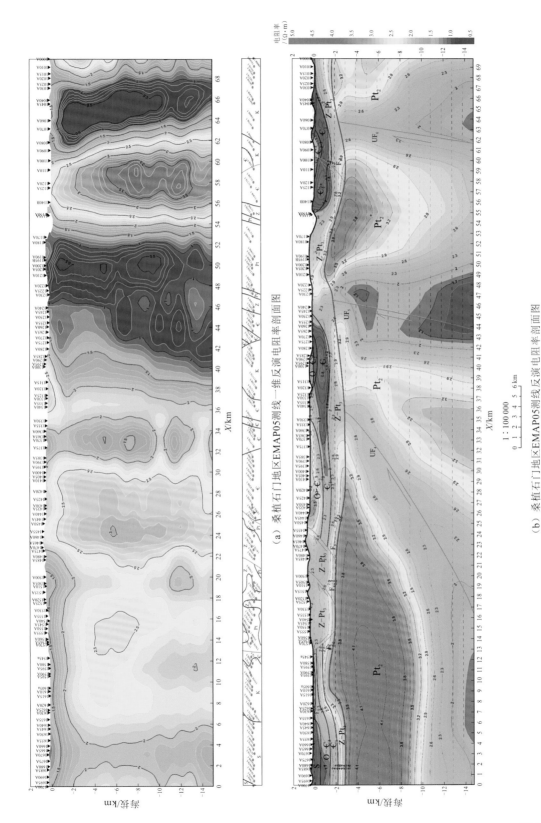

（a）桑植石门地区EMAP05测线一维反演电阻率剖面图

（b）桑植石门地区EMAP05测线反演电阻率剖面图

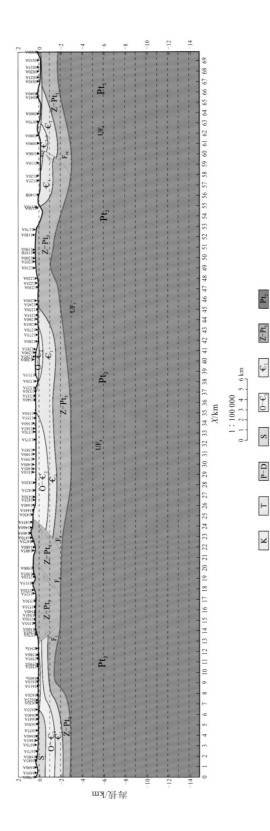

(c) 桑植石门地区EMAP05测线地质综合解释剖面图

图7.18　桑植石门地区EMAP05测线反演电阻率与地质综合解释剖面图

表 7.15　研究区地电模型

地层代号	电阻率/（Ω·m）	厚度/km	电性层
K	100	<1.0	低阻层
T-P-D	1 000～3 000	1.8～3.8	高阻层
S	50～100	1.0～2.0	低阻层
O-$\in_{2+3}$	1 500～5 000	1.5～2.0	中高阻层
$\in_1$	100～200	0.9～2.0	中低阻层
Z-P$_{t3}$	1 000～3 000	1.0～3.0	中高阻层
P$_{t2}$	>3 000	−	高阻层

7.2.3　重磁电资料的地质认识

1. 关于推覆体下盘地层的讨论与滑脱面的确定

研究区在 2006 年、2007 年、2014 年与 2015 年共开展了 5 条测线的二维地震勘探，取得了较好的地震资料，时间剖面反射层的同向轴由浅至深，均较为清晰，如图 7.19 所示。特别是深层在 5～6 s 均有良好的反射，且分层较好。对该地震剖面的地质解释存在严重的分歧。从地震剖面左右两边的同向轴属性特征对比分析来看，似乎是深层的反射界面应该是古生界地层的反应。这种解释是仅从地震与地质的角度做出的，这就导致了该区"推覆体下盘地层"属性的怀疑与争论。

（a）2006-sl 地震时间剖面

（b）2007-1 地震时间剖面

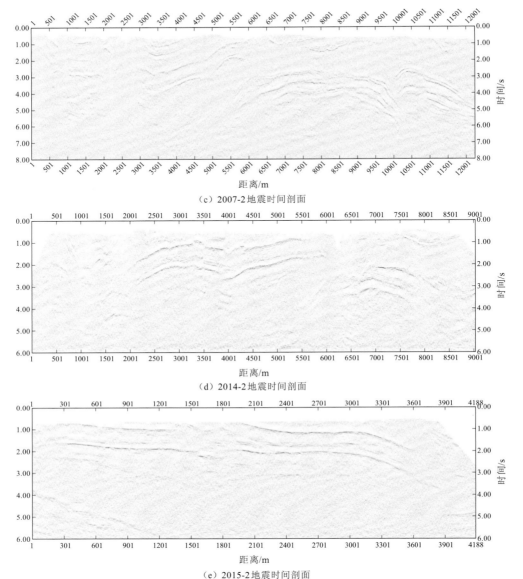

（c）2007-2地震时间剖面

（d）2014-2地震时间剖面

（e）2015-2地震时间剖面

图 7.19　研究区内地震测线的时间剖面

　　对推覆体下盘地层的认识也存在两种不同的观点：一种观点认为是长期构造的隆起，为"江南古陆"的一部分，即老地层（黄汲清 等，1977）；另一种观点认为是古老地层大规模推覆到新地层之上（汪昌亮 等，2011）。自 20 世纪末 21 世纪初，中国石油化工股份有限公司江汉油田分公司和中国地质调查局在研究区开展的地震勘探解释倾向于推覆构造，即推覆体下盘地层是新地层，如图 7.20 所示。

　　上述的解释均是以地震为依据给出的推测结果，并未参考重磁电资料。应该指出的是，电磁法及重力勘探在解决深剖构造研究方面有独到之处，加之研究区具备良好的电法与重力勘探的物性基础，综合运用重磁电震资料进行地质研究来回答和解决"推覆体下盘地层"问题是科学的，也是必要的。通过电磁资料的物性研究和二维、三维 MT 反演（图 7.14～图 7.21），剖面右侧深部 20 km 左右（雪峰山隆起区）未见低阻异常显示，即所谓推覆体下盘存在志留系和下寒武统地层。

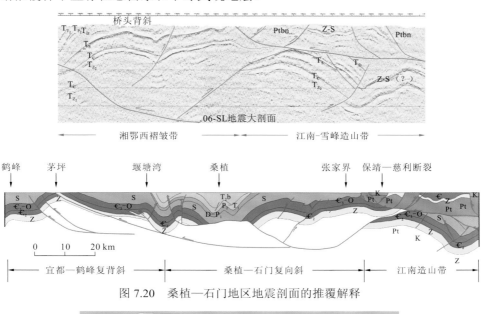

图 7.20　桑植—石门地区地震剖面的推覆解释

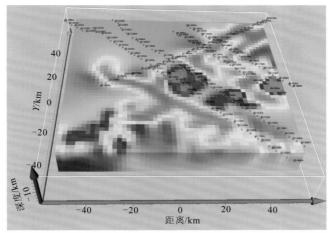

图 7.21　桑植—石门地区 EMAP 勘探工区三维反演电阻率分布图

以 EMAP03 测线为例，以推覆构造的 MT 的地电模型进行正演计算，如图 7.22 所示。从图中可以看出，正演的视电阻率剖面图与实际资料相差甚远，说明这种假设不符合实际情况。

要想把地震、电法与地质完整统一起来，需要对该区的地层、层速度与电性进行重新认识。基于物性研究和 5 条测线的电阻率反演剖面，结合前人研究成果，提出基底（Pt）内存在滑脱面的解释模型，其主要依据如下。

（1）板溪群与冷家溪群不整合接触[图 7.23（据湖南省区域地质志）]。板溪群底部发育砾岩、浅变质的板岩与凝灰岩类地层。板溪群与冷家溪群为沉积浅变质层系，矿物组分存在差异，不整合面往往分隔物理性质有显著差异的两套地层，这些特征使不整合面具有成为区域滑脱面的可能。

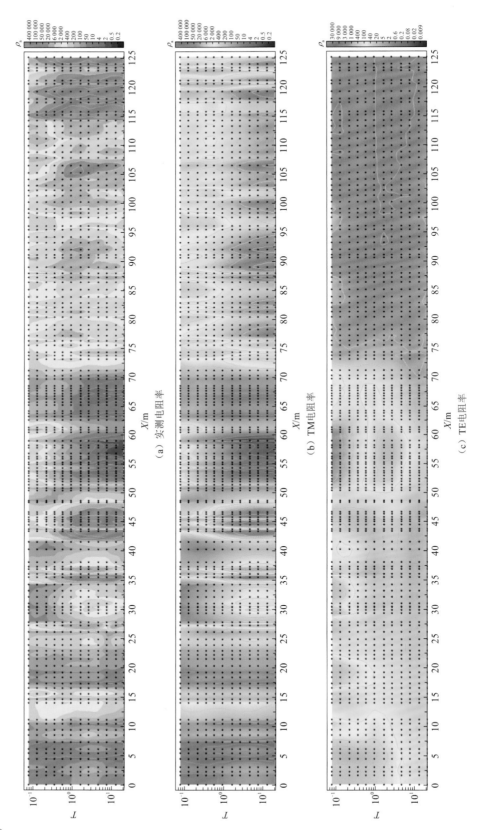

(a) 实测电阻率

(b) TM电阻率

(c) TE电阻率

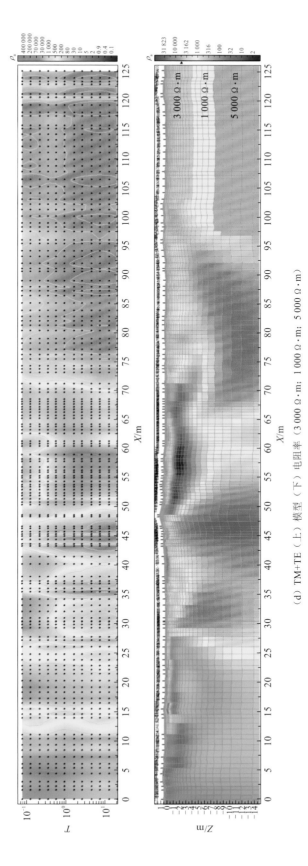

（d）TM+TE（上）模型（下）电阻率（3 000 Ω·m；1 000 Ω·m；5 000 Ω·m）

图 7.22　推覆构造的MT正演与实际资料对比

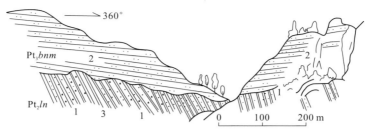

图 7.23　板溪群古丈县沙鱼溪马底驿组与冷家溪群不整合素描图

1—变质砂岩；2—变质石英砂岩；3—板岩

（2）研究区布格重力异常与磁力异常（图 7.11、图 7.12）均显示出沉积地层厚度由南东向北西逐步增厚的趋势，说明基底在南东方向全面抬升，不存在深部低阻层的重力异常表现（表 7.6 中志留系与寒武系是低密度层）。

（3）据 MT 视电阻率曲线首支统计结果，板溪群（Pt$_3$）电阻率为 769.6 Ω·m，冷家溪群（Pt$_2$）电阻率为 1 762.3 Ω·m，说明在基底内部电性差异明显，且在 MT 反演结果上也表现出相对于下部地层的高电阻率，上部出现层状低阻的情况。

（4）研究区二维地震资料显示深部出现较完整连续的反射界面（图 7.19），可作为滑脱面的地震证据。地震解释剖面上显示，研究区内深层 4～6 s 区域内有良好的反射，且分层较好。这些反射层可解释为冷家溪群中岩性差异造成的层理的反应。冷家溪群是一套浅变质细粒碎屑岩及含凝灰质细粒碎屑岩组成的复理石建造，广泛发育的板岩、碎屑岩、凝灰岩之间岩性差异引起的波阻抗差形成了地震反射，且块状分布的特征与变质岩在地震剖面上的特征吻合。对于下盘的认识，李三忠等（2011）在对雪峰山基底隆升带及其邻区印支期陆内构造特征与成因的研究中亦有涉及。图 7.24 所示为桑植—沅江构造剖面。

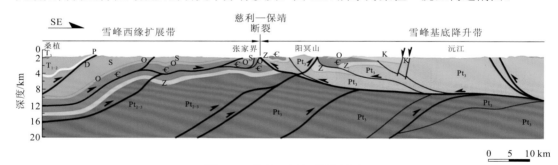

图 7.24　桑植—沅江构造剖面

（5）研究区南东方向（雪峰山基底隆升带）出露大片新元古界地层，这些古老地层的出露与地层下部存在滑脱面有着重要的联系，这与 MT 中的结论相吻合。

基于上述地电解释模型，对 EMAP03 测线进行综合地质解释，如图 7.25 所示。可以看出，冷家溪群与板溪群滑脱面与地震反射面对应良好，电法的浅层电性层在地震剖面上也有良好显示，说明该解释模型能较好地把重磁电震及地质统一起来。

研究区内除基底中的滑脱面外，沉积盖层中也存在多套滑脱层，主要有寒武系底界面、下志留统与上奥陶统的分界面、三叠系下统嘉陵江组至中统巴东组内部的次级韧性层层面。

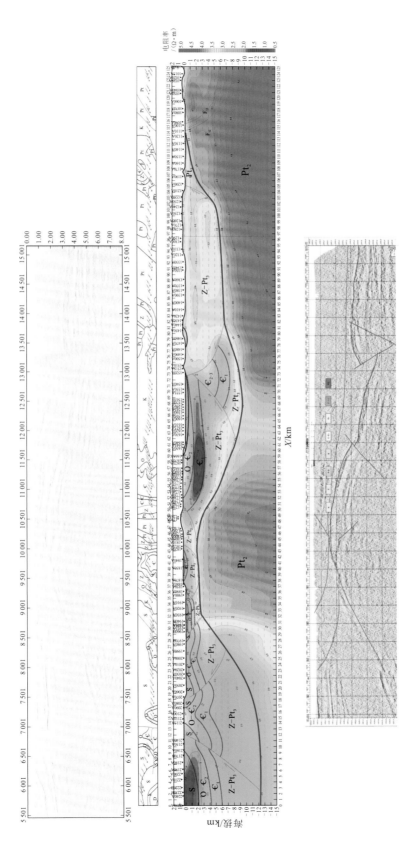

图 7.25 EMAP03测线电法地质综合解释剖面与地震时间剖面对比

2. 重磁电震资料的综合解释

1）地层厚度

根据实际反演的电阻率剖面（图 7.14～图 7.18），结合地质与其他地球物理资料，进行剖面地质综合解释，绘制下寒武统厚度图（图 7.26），其主要特征如下。

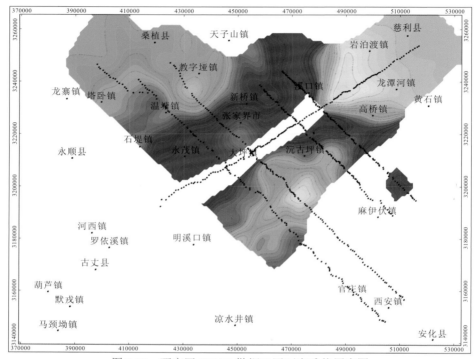

图 7.26　研究区 EMAP 勘探工区下寒武统厚度图

研究区内下寒武统平均厚度一般在 1 000 m 左右。从分布规律看，有北西、南东及北东三个较大的厚度带，研究区中部较薄，EMAP01 测线区的南西段及工区南东部缺失下寒武统。北西厚度带与四望山—叶家桥背斜（慈利—永顺背斜）吻合，南西厚度带与天子山—塘市背斜基本吻合。北西厚度带最大厚度位于四望山—叶家桥背斜（慈利—永顺背斜）的轴部，厚度为 1.5 km，中心位于教字垭南南西 10 km 处；南东厚度带最大厚度位于天子山构造南西端沅古坪—沅陵向斜一带，最大厚度约 2 km，中心位于 EMAP03 测线 1570 测点处；北东部有一明显较大厚度的分布区，位于溪口镇—高桥镇—龙潭河镇—岩波渡镇围成的区域内，平均厚度大于 2 km。总体上，下寒武统厚度分布与研究区内构造分布（图 7.27）较为一致。

2）构造分区

湖南位于羌塘—扬子—华南陆块（一级构造单元）中段，由于三大板块挤压应力的共同作用，构造面貌异常复杂。历次构造运动的强度、变形方式和结束形式，以及对后续构造运动的影响都有别于相邻区域，大地构造单元的划分至今还没有一个成熟的方案。研究区隶属于扬子地块（二级构造单元），共分为 2 个三级构造单元，3 个四级构造单元。以基底滑脱面埋深图（图 7.28）为依据，可将其划分为 3 排向斜夹 2 排背斜构造共 5 个

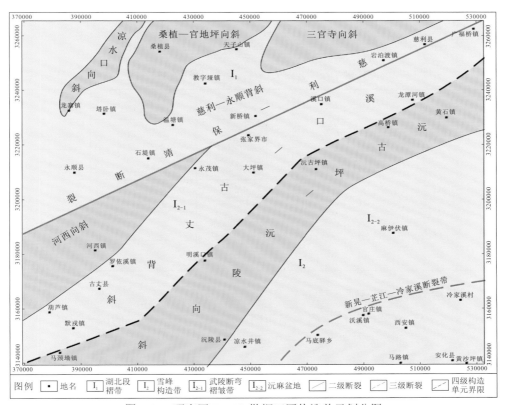

图 7.27 研究区 EMAP 勘探工区构造单元划分图

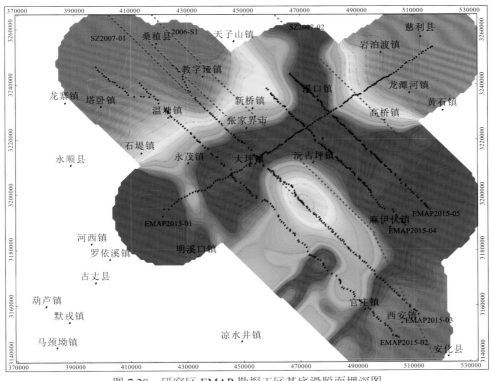

图 7.28 研究区 EMAP 勘探工区基底滑脱面埋深图

五级构造单元。由北西向南东分别为桑植—官地坪向斜、慈利—永顺背斜、河西向斜、溪口—古丈背斜及沅古坪—沅陵向斜（表 7.16）。构造单元特征如下。

表 7.16　桑植石门地区构造单元划分表

一级	二级	三级	四级	五级
华南板块（羌塘—扬子—华南陆块）	扬子地块	湘北断褶带	桑植—石门复向斜	桑植—官地坪向斜
				慈利—永顺背斜
		雪峰构造带	武陵断弯褶皱带	河西向斜
				溪口—古丈背斜
			沅麻盆地	沅古坪—沅陵向斜

3）目标层界面构造特征

通过 5 条 EMAP 测线反演电阻率剖面图（图 7.14～图 7.18）的综合解释，最终编绘下寒武统顶、底界面海拔埋深图（图 7.29 和图 7.30），其构造形态特征如下。

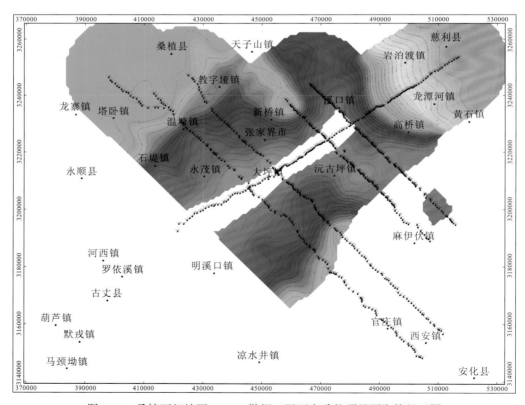

图 7.29　桑植石门地区 EMAP 勘探工区下寒武统顶界面海拔埋深图

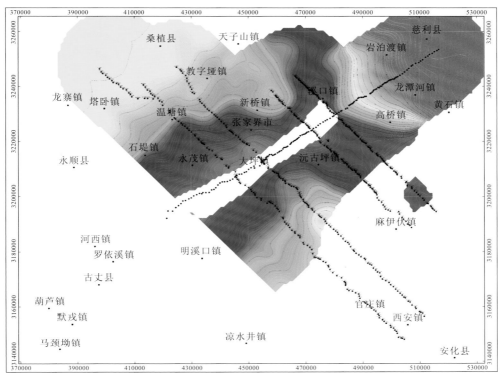

图 7.30　桑植石门地区 EMAP 勘探工区下寒武统底界面海拔埋深图

依据下寒武统顶、底面海拔埋深图及工区地质图，研究区内构造展布呈北东向，其中背斜构造和向斜构造各有两排，总体上呈现出两排向斜夹两排背斜的特点。由北西向南东，第一排构造由桑植—官地坪向斜与三官寺向斜（江垭向斜）构成，属四级构造单元桑植—石门复向斜南东翼。第二排构造位于第一排构造与慈利—保靖断裂之间，为慈利—永顺背斜，属教字垭构造带。第三排构造位于慈利—保靖断裂东南，沿溪口镇—张家界市—古丈县一线分布，以武陵断弯褶皱带与沅麻盆地两个四级构造单元分界线为界限与第四排构造相邻，为溪口—古丈背斜。第四排构造沿沅古坪镇至沅陵县，为沅古坪—沅陵向斜。

（1）第一排构造。桑植—官地坪向斜位于桑植—石门复向斜北西的桑植官地坪一带，核部为三叠系地层，翼部为志留系至三叠系地层，轴向北东东，剖面形态宽缓，北西翼地层倾角为 37°～53°，南东翼地层倾角为 30°～40°，剖面构造宽度为 9 km，呈明显负地形。

三官寺向斜（江垭向斜）位于张家界武陵源一带。轴部出露三叠系地层，翼部为志留系至二叠系地层，北西翼地层倾角为 21°～30°，南东翼地层倾角为 10°～34°，轴线走向北东向。剖面形态开阔，剖面构造宽度为 8 km。

第一排构造总体上为宽缓的向斜与紧闭的背斜的组合，呈现出典型的侏罗山式褶皱特点。

（2）第二排构造。慈利—永顺背斜属教字垭构造带。背斜沿慈利—保靖断裂北西一侧分布，从慈利县至永顺县，背斜以张家界市为界，分为南北两段。背斜轴部出露寒武系地层，两翼为奥陶系至志留系地层。慈利—保靖断裂带沿轴面切割背斜，推覆构造导致背斜南东翼缺失，只保留背斜北西翼，地层倾角为 10°～30°，轴线走向为北东向。

（3）第三排构造。溪口—古丈背斜沿慈利—保靖断裂南东一侧分布，属武陵山断弯褶皱带。背斜轴部出露板溪群地层，两翼为寒武系—奥陶系地层。慈利—保靖断裂带沿北西翼切割背斜，导致背斜北西翼缺失，南东翼保留，地层倾角为 20°～35°，轴线走向为北东向。

（4）第四排构造。沅古坪—沅陵向斜沿沅古坪镇至沅陵县，属沅麻盆地。向斜轴部出露奥陶系地层，两翼为板溪群至寒武系地层，北西翼地层倾角为 35°～50°，南东翼地层倾角为 10°～30°，轴线走向北东向。

4）基底展布

从研究区基底滑脱面埋深图（图 7.28）上分析，基底埋深与盖层构造关系密切，背斜埋深浅，向斜埋深深。从平面上分析，以沅古坪—沅陵向斜为界，研究区内有两个基底浅埋区。一个是沅古坪—沅陵向斜北西方向，埋深由研究区中部地区向北东、北西两个方向逐渐增大，研究区中部溪口—古丈背斜核部埋深最浅，小于海拔-1 000 m，北东及北西端桑植—官地坪向斜和三官寺向斜（江垭向斜）埋深最深，桑植—官地坪向斜基底埋深海拔-12 000 m，三官寺向斜（江垭向斜）基底埋深海拔-11 000 m。另一个基底浅埋区位于沅古坪—沅陵向斜南东方向官庄镇附近，埋深小于海拔-1 000 m。沅古坪—沅陵向斜核部基底埋深约海拔-9 000 m。

3．结论与认识

通过对研究区及邻域的电测井曲线、MT 首支视电阻率曲线与小四极测量结果的统计分析，发现基底内部板溪群与冷家溪群的电性差异明显，由此建立该区新的地电模型，为地质综合研究奠定了物性基础。采取二维、三维反演新技术，获取桑植—石门地区 5条 EMAP 电法测线的精细二维、三维反演电阻率剖面和空间分布。从反演解释剖面上认识到，低阻层是志留系与下寒武统的体现，也是研究区主要标志层。结合重磁电震资料，确定该区基底内存在滑脱面，即板溪群与冷家溪群的不整合面。基于重磁震及测井资料，对二维反演电阻率深度剖面进行电法地质综合解释，结合三维电阻率反演，勾画出该区主要目的层——下寒武统顶底的空间展布与厚度分布情况，解释新断裂或隐伏断裂 9 条，划分出构造单元，厘清构造的特征及其相互关系。综合地质研究认为，研究区中部及南西区下寒武统地层因基底推覆而抬升至埋深-3～-3.5 km（海拔），从而形成了较为有利的油气远景区。

7.3　鄂尔多斯盆地 MT 大剖面地质解释

7.3.1　地质与地球物理特征

鄂尔多斯盆地测线起始于中蒙边境，向东南方向延伸至河南省平顶山市西南，测线全长 1 160 km，MT 点数为 63 个。测线构造上跨越华北地块、阿拉善地块、鄂尔多斯地块、吕梁隆起和运城盆地，终止于华熊台缘拗陷西缘。鄂尔多斯盆地大剖面测线位置分布图如图 7.31 所示。

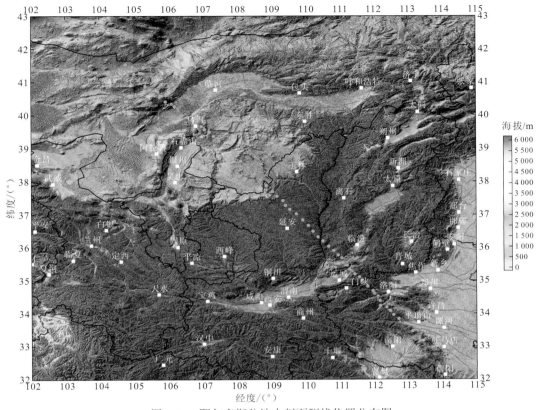

图 7.31　鄂尔多斯盆地大剖面测线位置分布图

7.3.2　重磁电物性与地质关系模型

剖面解释所采用的地电模型见表 7.17，表中的电阻率范围来源于表 5.17，本剖面解释所用的地电模型也是本书所阐述的鄂尔多斯盆地岩石物性参数的一次实际应用。

表 7.17　鄂尔多斯盆地资料解释地电模型

地层	代号	岩性	电阻率/（Ω·m）	电性特征
第四系—白垩系—侏罗系—三叠系—二叠系	Q-K-J-T-P	砂质泥岩、砂层，砂岩、页岩	30～110	低阻
石炭系—奥陶系—寒武系	C-O-ϵ	砂岩、灰岩	455～1 060	次高阻
震旦系	Z	砂质板岩	438.6	次低阻
新元古界—中元古界	P_{t3}-P_{t2}	大理岩、灰岩、花岗岩	1 604.2～2 181.2	高阻
古元古界—太古宇	P_{t1}-Ar	大理岩、片麻岩、角闪岩	1 789.2～1 797.9	次高阻

7.3.3　重磁电资料综合地质解释

1. 剖面解释

从二维反演解释剖面上可以看出（图 7.32），鄂尔多斯盆地测线浅表主要发育中—低

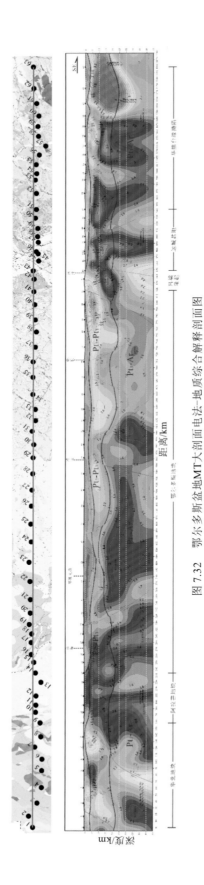

图 7.32　鄂尔多斯盆地MT大剖面电法-地质综合解释剖面图

阻，局部存在小范围高阻。浅表中-低阻之下除阿拉善地块（10～14 号测点）和华北地块南缘（42～59 号测点）部分发育低阻外，主要发育中-高阻。中-高阻层下深部主要发育低阻，局部发育少量中-高阻体。深部低阻层与上部中-高阻层的分界面即为结晶基底的顶界面。

测线 1～9 号测点为华北地块北缘。块体内以发育中-高阻为主，推测为构成阴山山脉的火成岩系岩石或元古宇地层，局部存在低阻体。中-高阻有向南东延伸并减薄的趋势，可能是西伯利亚板块向南挤压与华北板块碰撞形成逆冲断裂造成。

测线 10～14 号测点为阿拉善地块。区域整体为低电阻，从浅表一直向下延伸至深部。从电阻率分布来看，浅表的电阻率相对深部的电阻率较高，可以将浅表看作相对高阻区域，向下逐渐过渡到低阻区。深部的低阻区应为壳内低阻体。阿拉善地块的相关研究较少，其归属一直存在争议。推测低阻体可能与区域内岩浆事件相关。

测线 15～41 号测点为鄂尔多斯地块。块体浅表为低阻层，厚度为 2～6 km，从块体中心向两侧有减薄的趋势。低阻层之下普遍发育一层中-高阻层，推测为盆地的变质基底，厚度为 10～20 km。测点 33、测点 34 和测点 37、测点 38 附近中-高阻层厚度最大，埋深底界最深可达-23 km。高阻体之间相对连续，呈串珠状展布。从电阻率等值线分布情况推测，各个高阻体之间发育隐伏断裂。在断裂控制下，各个高阻体均有向下延伸的趋势，有存在断陷的可能。在中-高阻层之下有壳内低阻层发育，低阻层横向上并不完全连续，而是被各个断裂划分为不同的单元，呈块状分布。整体上鄂尔多斯地块内部电性结构为典型的低-高-低。19 号测点附近的电性梯度带推测为碴口—石嘴山断裂，41 号测点附近的电性梯度带推测为离石断裂带。

测线 42 号和 43 号测点为吕梁隆起南端边界。浅表为出露的高阻中元古界地层，其下发育壳内低阻体，深部则为中-高阻结晶基底。

44～50 号测点为运城盆地北缘。浅表为中-低阻，局部高阻，这与地表出露地层情况吻合，即盆地内地表普遍发育低阻的古近系和新近系、第四系地层，边缘发育高阻的古老地层变质岩系。下部发育低阻层，且低阻层向深部延伸至-50 km 以下，推测应为壳内低阻体。

51～63 号测点为华熊台缘拗陷。据地表大量出露二叠系至第四系地层及参考电性模型，推测浅表中-高阻层应为下古生界地层。中-高阻层下普遍发育低阻层，且低阻层向下延伸至-50 km 以下，推测应为壳内低阻体。60～63 号测点下部发育一高阻层，从-3 km 一直延伸至-35 km 处，此处高阻体应为测线南侧发育的一规模较大的火成岩体。

2. 鄂尔多斯盆地基底构造特征

据测线二维反演解释结果，鄂尔多斯地块区域内浅表低阻层发育稳定，厚度由南东向北西逐渐增厚，为盆地的沉积盖层。低阻层与下部中-高阻层的电性分界面即为盆地的变质基底顶界面，深度约为-5 km。中-高阻层与深部低阻层的电性分界面则为盆地的结晶基底顶界面，深度约为-20 km。赵国泽等（2010）展示了一条横贯鄂尔多斯地块（兰州—保定）的大剖面，该剖面由南西向北东延伸，在盆地内靖边市附近与鄂尔多斯盆地测线（南阳—阿拉善）相交，如图 7.33 所示，该剖面的解释结果如图 7.34。从地质解释结果上可以看出，鄂尔多斯盆地变质基底顶界面约为-5 km，结晶基底顶界面约为

-20 km，盆地内浅表发育低阻，中部发育高阻，下部发育低阻。这与本书测线二维反演解释结果（图 7.32）在电性结构及两个界面的划分较为一致，这也说明测线反演结果是可靠的。此外在结晶基底起伏趋势上也与鄂尔多斯盆地测线解释结果较吻合，即结晶基底顶界面在靖边市附近向上隆起，两侧下拗。

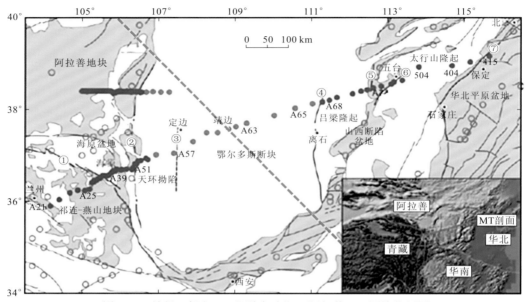

图 7.33　兰州—保定 MT 测线与南阳—阿拉善 MT 测线位置图

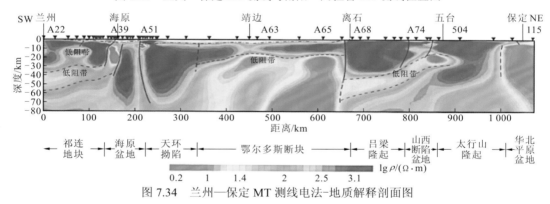

图 7.34　兰州—保定 MT 测线电法-地质解释剖面图

从测线解释结果上可以发现，鄂尔多斯盆地变质基底内存在 4 个明显的高阻体（21～23 号测点间，25～29 号测点间，31～34 号测点间和 37～42 号测点间）。高阻体之间呈串珠状分布，相对连续，说明鄂尔多斯盆地变质基底较稳定，构造变化较少。高阻体均有向深部延伸的趋势。依据高阻体之间的电性梯度分布推测，4 个高阻体的边界应发育隐伏断裂。在鄂尔多斯盆地边界断裂和变质基底内隐伏断裂的控制下，盆地变质基底内可能发育与上述 4 个高阻体分布一致的断陷。赵文智等（2018）指出，鄂尔多斯盆地内长城系烃源岩存在的可能性极大，因此在盆地变质基底内发育的断陷具备一定的勘探潜力。

7.4　深层非常规储层岩石的渗透率预测

　　安岳气田的发现与商业开发，预示着四川盆地前寒武地层油气勘探潜力巨大。要想在克拉通盆地取得油气勘探的重大突破，必须具有深层与超深层（有效勘探深度 5 000～10 000 m）的勘探方法，这给地球物理勘探技术提出了巨大挑战。与此同时，我国南方蓬勃发展的页岩气勘探开发中的诸多技术难点也未能得到较好解决。深层油气储层与页岩储层具有低孔、低渗等非常规岩石物理特性，勘探方法与技术应用难度极大。目前，电磁勘探主要还是以电阻率为参数，复电阻率法也只是单一地使用极化率这个参数，没有将多参数进行有机结合使用。近年来的岩石物理研究表明，页岩气甜点具有低阻、高极化特征，这为电磁方法进行页岩气勘探与开发提供了地球物理前提。然而，中上扬子区页岩储层具有埋藏深度大、构造复杂等特点，甜点深度一般在 3 000 m 左右，其复杂的外部环境对甜点的电性参数影响更为复杂，电磁响应规律也不清楚，影响了电磁勘探资料处理与反演效果，深部分辨能力受到极大影响。研究地层条件下储层岩石的电磁响应特征，并建立电性参数物理模型，以此实现对储层参数评价，对高分辨能力电磁勘探方法的广泛应用意义重大。

7.4.1　岩样收集

　　以收集的四川盆地页岩气开发示范区页岩、塔里木盆地及大港油田深层灰岩、白云岩等 64 块储层岩样为实验基础，进行研究区储层渗透率预测方法实验。具体岩样包括以下几种。

　　（1）威远县新场镇老场村 1 组的威 201 井和威 205 井岩样各 1 块，成功取出 2.5 cm 柱状岩心 2 块，均为黑色页岩。

　　（2）四川省宜宾市珙县的 YS-108 井垂直井岩样 8 块，多为黑色页岩，部分岩石有白云岩侵入。

　　（3）大港油田 2035 井岩样 18 块及港古 2-1 井岩样 30 块，合计 48 块，选取其中灰岩、白云岩、砂岩共 10 块样品进行方法实验。

　　（4）塔里木牙哈 23-1-118H 井岩样 6 块，选取其中砂岩及白云岩各 1 块。

　　综上所述，用于实验的岩样共 22 块，其中 10 块页岩，12 块灰岩、白云岩、砂岩，岩样取样深度为 1 500～6 000 m。具体的岩样信息见表 7.18。

表 7.18　深层条件项目岩石样品基本信息

序号	岩心编号	来源	井号	井深/m	地层	岩性描述	备注
1	2-1-4	大港	古 2-1	3 070.25	奥陶系	灰岩	轴向大断裂
2	2-1-7	大港	古 2-1	3 072.06	奥陶系	砾屑灰岩	—
3	2-1-10	大港	古 2-1	3 046.85	奥陶系	灰岩	—
4	2-1-14	大港	古 2-1	3 045.54	奥陶系	灰岩	—
5	2-1-17	大港	古 2-1	2 897.49	奥陶系	粉砂岩	—

序号	岩心编号	来源	井号	井深/m	地层	岩性描述	备注
6	2-1-18	大港	古 2-1	3 044.58	奥陶系	灰质白云岩	—
7	2-1-20	大港	古 2-1	2 895.98	奥陶系	砂岩	—
8	201-6	威远	威 201	1 538.88	龙马溪组	黑色页岩	轴向裂痕
9	205-5	威远	威 205	3 696.98	龙马溪组	黑色页岩	—
10	2035-7	大港	2035	3 071.33	奥陶系	含砾屑灰岩	—
11	2035-9	大港	2035	3 070.09	奥陶系	灰质白云岩	—
12	2035-12	大港	2035	3 069.25	奥陶系	含砾屑灰岩	—
13	43V	宜宾	YS-108	2 511.35	龙马溪组	黑色页岩	径向裂痕
14	44V	宜宾	YS-108	2 514.53	龙马溪组	黑色页岩	少量白云质
15	45V	宜宾	YS-108	2 515.54	龙马溪组	黑色页岩	少量白云质
16	46V	宜宾	YS-108	2 510.83	龙马溪组	黑色页岩	径向裂痕
17	47V	宜宾	YS-108	2 515.00	龙马溪组	黑色页岩	少量白云质
18	49V	宜宾	YS-108	2 516.79	龙马溪组	黑色页岩	少量白云质
19	50V	宜宾	YS-108	2 516.10	龙马溪组	黑色页岩	少量白云质
20	52V	宜宾	YS-108	2 514.73	龙马溪组	黑色页岩	—
21	YH-2	塔里木	23-1-118H	5 841.47	寒武系	白云岩	—
22	YH-5	塔里木	23-1-118H	5 843.23	寒武系	砂岩	—

7.4.2 基于 MGEMTIP 模型的渗透率预测

1. 岩样电性测量与结构分析

首先，对岩样进行干燥电阻率、饱和盐水电阻率及复电阻率测量。同时抽取部分不同岩性的岩样，开展岩石组分及电镜扫描测量，依据测量结果分析，建立粗略的岩石矿物空间分布模型。图 7.35 为部分岩样的电镜扫描结果，从图中可以看到：灰岩 2035-7 的孔隙度较大，孔隙连通性较好，孔隙流体为主要导电介质；白云岩 2-1-18 中虽含有少

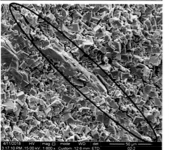
泥晶白云石较自形，晶间微孔较发育，孔径为5 μm左右，见微裂缝，宽3 μm左右，未填充。

晶粒间微细孔隙及黄铁矿少量孔隙连续性差。

泥质间混杂细粉末状黄铁矿，岩石孔隙不发育，粒径约为1 μm，整体范围为10~20 μm

（a）灰岩2035-7　　　　　（b）白云岩2-1-18　　　　　（c）页岩205-5

图 7.35　部分岩样电镜扫描结果

量黄铁矿，但与黏土并无相关性，同时孔隙度低、连通性差、黏土含量也较低；页岩205-5中黄铁矿与黏土间存在较好的次生关系，基本被黏土矿包裹，黏土含量较高，也具有较好的连通性。典型的岩石矿物空间分布模型如图7.36所示，根据图中导电介质与极化介质空间关系可得岩石相关性函数 $R(m,n)$。

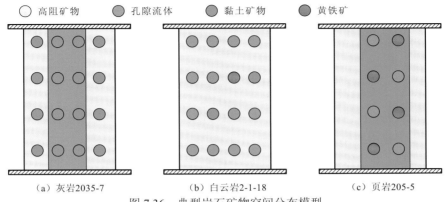

图 7.36　典型岩石矿物空间分布模型

2. 理论与实测极化率

岩石空间模型确定导电介质与极化介质后计算理论极化率见表7.19，结合岩石测量极化率与岩石渗透率测量结果确定模型特征渗透率与特征指数。

表 7.19　岩石测试及分析结果

编号	$\rho_s/(\Omega\cdot m)$	$\eta_c/\%$	导电介质		导电介质		相关函数 $R(m,n)$	$\eta_t/\%$
			介质	$V_m/\%$	介质	$V_m/\%$		
2-1-10	2 134.65	5.13	高阻介质	97.68	孔隙流体/黏土	2.32	0	10.46
2-1-14	2 878.45	5.60	高阻介质	98.44	孔隙流体/黏土	1.56	0	7.04
2-1-17	66.42	9.49	黏土	28.95	孔隙流体	3.50	0	15.75
2-1-18	594.43	15.18	高阻介质	94.06	孔隙流体/黏土/黄铁矿	5.94	0	26.71
2-1-20	44.02	4.37	黏土	19.27	孔隙流体	2.20	0	9.90
201-6	25.79	5.33	黏土	26.30	黄铁矿	2.08	1	35.61
205-5	19.24	7.20	黏土	36.50	黄铁矿	3.48	1	42.93
2035-7	78.65	4.94	孔隙流体	4.00	湿黏土	6.72	0	30.24
2035-12	42.77	2.29	孔隙流体	5.40	湿黏土	1.89	0	8.51
WY-44V	20.37	10.22	黏土	29.63	黄铁矿	1.15	1	17.53
WY-45V	132.24	10.15	黏土	25.31	黄铁矿	0.69	1	12.26
WY-46V	69.52	28.61	黏土	37.69	黄铁矿	3.23	1	38.57
WY-47V	138.89	8.23	黏土	28.03	黄铁矿	1.09	1	17.43
WY-49V	168.93	11.95	黏土	23.61	黄铁矿	1.19	1	22.59
WY-50V	194.76	10.08	黏土	20.10	黄铁矿	0.59	1	13.30
WY-52V	44.18	9.61	黏土	25.86	黄铁矿	0.88	1	15.28
YH-2	131.18	1.44	孔隙流体	2.97	湿黏土	1.26	0	5.68

3. 渗透率预测模型建模

通过关系模型［式（3.19）］对岩石渗透率进行拟合估计，目标函数为

$$\min\left(\sum_l [\ln(k_l) - \ln(k_l^*)]^2\right) \tag{7.1}$$

式中：k_l 为测试渗透率；k_l^* 为理论渗透率。

拟合结果见图 7.37，得到理论渗透率模型：

$$k_l^* = 0.082\,8\left(\frac{\eta_t}{\eta_e} - 1\right)^{0.957\,7} \tag{7.2}$$

式中：特征指数 $T_0 \approx 1$，仅考虑特征渗透率也可以获得较好的拟合结果。如图 7.37 所示，拟合渗透率与测量渗透率相关系数 $\mathrm{Cor} = [\ln(k), (\ln k^*)] = 0.834\,7$。拟合结果与测量结果有效地约束在同一数量级内，具有较高的拟合度，其中页岩渗透率的相关系数更好 $\mathrm{Cor}_{\mathrm{Shale}} = 0.887\,8$，其中偏离较高的岩石样品为 YH-2，根据相对误差分析式［式（3.30）］可知，误差极大的原因是样品 YH-2 具有较小的测量极化率 η_e，测量误差更容易放大。

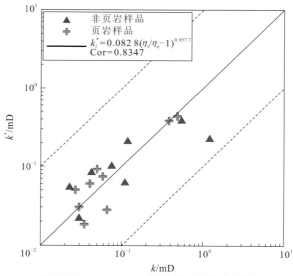

图 7.37　MGEMTIP 模型拟合渗透率结果

7.4.3　预测公式与 K-C 公式的比较

基于 K-C 公式进行渗透率拟合，模型采用 Weller 模型（Weller，2015）

$$k^* = \frac{a}{F^b \sigma''^c} \tag{7.3}$$

与

$$k^* = \frac{a}{F^b m_e^c} \tag{7.4}$$

式中：a、b、c 为拟合参数；F、σ''、m_e 分别为岩石地层因子、低频（1 Hz）电导率虚

部、规则化极化率（normalized chargeability），$F=(1-\eta_e)\rho_s/\rho_w$，$m_t=\eta_e/\rho_s$。模型需要的参数见表 7.20。

表 7.20　岩石电性参数表

编号	F	$\sigma''/$（mS/m）	$m_e/$（mS/m）
2-1-10	17 731	0.174 1	0.024 0
2-1-14	23 789	0.139 7	0.019 5
2-1-17	526	11.522 1	1.428 7
2-1-18	4 414	1.756 8	0.255 4
2-1-20	369	8.130 0	0.992 5
201-6	214	17.200 2	2.065 1
205-5	156	22.186 0	3.740 0
2035-7	655	5.230 4	0.627 7
2035-12	366	9.192 7	0.535 0
WY-44V	160	31.554 5	5.019 4
WY-45V	1 040	5.582 1	0.767 7
WY-46V	435	7.991 2	4.115 2
WY-47V	1 116	3.542 2	0.592 3
WY-49V	1 302	4.770 6	0.707 6
WY-50V	1 533	3.565 8	0.517 4
WY-52V	350	14.243 5	2.175 5
YH-2	1 132	0.936 3	0.110 1

两种基于 K-C 模型的拟合渗透率结果如图 7.38 所示。由图可知，相比单频电导率虚部，采用规则化极化率的拟合效果更好。

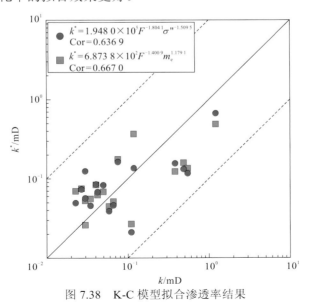

图 7.38　K-C 模型拟合渗透率结果

总体结果表明，当岩石内含有金属等低阻极化介质时，包含低阻极化介质组分信息的 MGEMTIP 渗透率预测方法比仅考虑流体特性的 K-C 模型方法具有更高的拟合度。

从理论上考虑 MGEMTIP 渗透率预测方法与 K-C 渗透率模型的关系，基于毛管模型的 K-C 模型为

$$k^* = \frac{\phi r^2}{aT} \qquad (7.5)$$

式中：ϕ、r、a、T 分别为岩石的有效孔隙度、等效液压半径、形状因子及毛管曲折度。当岩石以孔隙流体作为主要的扰动介质，且岩石具有高渗透率时满足 $\eta_t / \eta_e \gg 1$，结合式（3.19）和式（3.21），以及测量极化率 η_e 与等效液压半径 r 的相关性，有

$$k^* = k_0 \left(\frac{\eta_t}{\eta_e} - 1 \right)^{T_0} \approx k_0 \left(\frac{9\phi}{2\eta_e} \right)^{T_0} \approx k_0 \left(\frac{9}{2d} \right)^{T_0} \phi r^2 \qquad (7.6)$$

式中：假设 $\eta_e = d / r^2$，d 为参数。式（7.6）与式（7.5）具有相近的形式，仅形状因子与曲折度被其他模型参数取代，表明 MGEMTIP 渗透率预测方法在一定情况下可以转化为 K-C 渗透率模型。

参 考 文 献

安少乐, 2016. 六盘山盆地及邻区重磁场与构造特征[D]. 西安: 西安石油大学.

长庆油田石油地质志编写组, 1992. 中国石油地质志(卷十二): 长庆油田[M]. 北京: 石油工业出版社.

陈晓, 于鹏, 邓居智, 等, 2016. 基于宽范围岩石物性约束的大地电磁和地震联合反演[J]. 地球物理学报, 59(12): 4690-4700.

陈延贵, 邢逸群, 朱礼春, 等, 2018. 塔里木盆地乌泊尔—克拉托地区深层电性结构与地质解释[J]. 成都理工大学学报(自然科学版), 45(6): 760-769.

池美瑶, 2019. 高温高压状态下致密岩石物性参数测试与分析[D]. 荆州: 长江大学.

邓礼正, 2003. 鄂尔多斯盆地上古生界储层物性影响因素[J]. 成都理工大学学报(自然科学版), 30(3): 270-272.

范佳鑫, 袁义东, 李建新, 等, 2018, 鄂尔多斯盆地 YQ 地区长 6 段储层岩石学和物性特征研究[J]. 石油化工应用, 37(12): 85-90.

冯锐, 郑书真, 黄桂芳, 等, 1989. 华北地区重力场与沉积层构造[J]. 地球物理学报, 32(4): 385-398.

高振家. 1993. 前寒武纪地质[M]. 北京: 地质出版社.

管树巍, 吴林, 任荣, 等, 2017. 中国主要克拉通前寒武纪裂谷分布与油气勘探前景[J]. 石油学报, 38(1): 9-22.

郭曼, 邓居智, 陈晓, 等, 2018. 基于岩石物性约束的大地电磁与重力贝叶斯联合反演[J]. 地球物理学进展, 33(5): 137-142.

贺芙邦, 游俊, 陈开远, 2011. 基于岩石物理分析的叠前弹性反演预测含气砂岩分布[J]. 应用地球物理, 8(3): 197-205.

侯征, 于长春, 吴彦旺, 等, 2016. 新疆和田南部地区岩石磁化率变化特征研究[J]. 地球科学进展, 31(5): 481-493.

黄汲清, 任纪舜, 姜春发, 等, 1977. 中国大地构造基本轮廓[J]. 地质学报, 51(2) : 117-135.

井向辉, 2009. 米仓山、大巴山深部结构构造研究[D]. 西安: 西北大学.

康竹林. 2000. 鄂尔多斯盆地综合研究与目标选择[R]. 北京: 中国石油勘探开发研究院.

李坤, 2009. 塔里木盆地三大控油古隆起形成演化与油气成藏关系研究[D]. 成都: 成都理工大学.

李琼, 何建军, 陈杰, 2017. 地层压力条件下沁水盆地煤岩动静态弹性参数同步超声实验研究[J]. 地球物理学报, 60(7): 2897-2903.

李三忠, 王涛, 金宠, 等, 2011. 雪峰山基底隆升带及其邻区印支期陆内构造特征与成因[J]. 吉林大学学报(地球科学版), 41(1): 93-10.

林天端, 朱慧娟, 1993. 四川盆地前白垩系岩石物理性质的研究[J]. 地层学杂志, 17(4): 256-265.

刘建华, 朱西养, 王四利, 等, 2005. 四川盆地地质构造演化特征与可地浸砂岩型铀矿找矿前景[J]. 铀矿地质, 21(6): 321-330.

刘崧, 2000. 谱激电法[M]. 武汉: 中国地质大学出版社.

刘文忠, 施行觉, 刘斌, 等, 1995. 高温高压下井中岩心电阻率的测定和研究[J]. 石油地球物理勘探,

30(增刊): 165-170.

鲁新便, 1995. 大地电磁测深在塔里木盆地油气勘探中的应用[J]. 石油地球物理勘探, 30(6): 788-796.

马宝军, 漆家福, 于福生, 2006. 施力方式对半地堑反转构造变形特征影响的物理模拟实验研究[J]. 大地构造与成矿学, 30(2): 174-179.

裴浩辰, 熊健, 丁怀硕, 等, 2020. 不同岩性岩石的物理性质实验研究[J]. 石油化工应用, 39(5): 97-102.

秦敏, 2015. 鄂尔多斯盆地基底构造重磁解释[D]. 北京: 中国地质大学(北京).

切列缅斯基, 1982. 实用地热学[M]. 北京: 地质出版社, 115-153.

屈燕微, 2008. 四川盆地主要密度界面正、反演研究[D]. 西安: 西北大学.

阮小敏, 滕吉文, 安玉林, 等, 2011. 阴山造山带和鄂尔多斯盆地北部磁异常场与结晶基底特征研究[J]. 地球物理学报, 54(9): 2272-2282.

石开波, 刘波, 田景春, 等, 2016. 塔里木盆地震旦纪沉积特征及岩相古地理[J]. 石油学报, 37(11): 1343-1360.

苏朱刘, 2009. 米仓山宁强南地区电磁阵列剖面法(EMAP)资料处理与综合解释报告[R]. 荆州: 长江大学.

孙岩, 贾承造, 姜永基, 等, 1996. 塔里木北部地区岩石物性参数测试和区域层滑系统的确定[J]. 地球物理学报, 39(5): 660-671.

汤锡元, 郭忠铭, 陈荷立, 等, 1992. 陕甘宁盆地西缘逆冲推覆构造及油气勘探[M]. 西安: 西北大学出版社.

汪兴旺, 2008. 青藏高原航磁双磁异常带与负磁异常区地质意义研究[D]. 成都: 成都理工大学.

汪泽成, 姜华, 王铜山, 等, 2014. 上扬子地区新元古界含油气系统与油气勘探潜力[J]. 天然气工业, 34(4): 27-36.

汪昌亮, 颜丹平, 张冰, 等, 2011. 雪峰山西部中生代厚皮逆冲推覆构造样式与变形特征研究[J]. 现代地质, 25(6): 1021-1031.

王大兴, 赵兴华, 孟凡彬, 等, 2019. 基于地震波速度预测岩体物性参数模型与应用[J]. 中国煤炭地质, 31(4): 71-74, 79.

王怀生, 郭永春, 2009. 重磁多参数模拟技术及其应用: 以黄桥地区 LJ 线处理解释为例[J]. 石油物探, 48(1): 96-103.

王镜惠, 梅明华, 2012. 预测油藏岩石物性及不确定性分析研究[J]. 辽宁化工, 41(4): 389-392.

王俊璇, 赵明阶, 苏初明, 2011. 岩石在受载条件下电阻率变化特征研究[J]. 重庆交通大学学报(自然科学版), 30(3): 419-423.

王涛, 徐鸣洁, 王良书, 等, 2007. 鄂尔多斯及邻区航磁异常特征及其大地构造意义[J]. 地球物理学报, 50(1): 163-170.

王家映, 2004. 大巴山、米仓山及前缘地区重磁电震联合反演研究报告[R]. 武汉: 中国地质大学(武汉).

王家映, 2005. 镇巴区块 MT 剖面资料处理解释成果报告[R]. 武汉: 中国地质大学(武汉).

魏继生, 2005. 四川盆地地质构造与砂岩型铀矿化的关系研究[D]. 成都: 成都理工大学.

魏文博, 刘天佑, 王传雷, 1993. 鄂尔多斯盆地构造演化和古构造运动面的地球物理研究[J]. 地球科学, 18(5): 643-652.

谢增业, 魏国齐, 张健, 等, 2017. 四川盆地东南缘南华系大塘坡组烃源岩特征及其油气勘探意义[J]. 天然气工业, 37(6): 1-11.

闫磊, 李明, 潘文庆, 2014. 塔里木盆地二叠纪火成岩分布特征: 基于高精度航磁资料[J]. 地球物理学进展, 29(4): 1843-1848.

杨海军, 李勇, 单家增, 等, 2007. 岩石物性对油气成藏过程的控制作用: 以塔里木盆地麦盖提斜坡为例[J]. 岩石学报, 23(4): 823-830.

杨俊杰, 2002. 鄂尔多斯盆地构造演化与油气分布规律[M]. 北京: 石油工业出版社.

杨俊杰, 裴锡古, 1996. 中国天然气地质学卷四: 鄂尔多斯盆地[M]. 北京: 石油工业出版社.

杨文采, 王家林, 钟慧智, 等, 2012. 塔里木盆地航磁场分析与磁源体结构[J]. 地球物理学报, 55(4): 1278-1287.

杨文采, 张罗磊, 徐义贤, 等, 2015. 塔里木盆地的三维电阻率结构[J]. 地质学报, 89(12): 2203-2212.

殷秀华, 黎益仕, 占坡, 1998. 塔里木盆地重力场与地壳上地幔结构[J]. 地震地质, 20(4): 370-378.

余翔宇, 徐义贤, 2015. 一种基于物性数据的深部三维地质建模方法[J]. 地球科学(中国地质大学学报), 40(3): 419-424.

袁卫国, 王平, 1996. 鄂尔多斯盆地南部地区的加里东运动[J]. 西安地质学院学报, 18(1): 36-42.

袁永真, 张鹏辉, 张小博, 2019. 大兴安岭中南段上古生界烃源岩地层的岩石物性特征[J]. 物探与化探, 43(4): 778-782.

臧凯, 高晓丰, 陈腾, 2020. 综合岩石物性分析在物探工作中的应用: 以新疆库布苏北地区为例[J]. 华北地震科学, 38(2): 34-39.

张恒, 谢莹, 张传恒, 等, 2013. 江南造山带西段冷家溪群沉积地质特征及构造属性探讨[J]. 地学前缘, 20(6): 269-281.

张秉政, 2013. 基于 MT 资料的塔里木盆地电性结构研究[D]. 武汉: 中国地质大学(武汉).

张吉森, 杨奕华, 王少飞, 等, 1995. 鄂尔多斯地区奥陶系沉积及其与天然气的关系[J]. 天然气工业, 15(2): 5-10.

张吉森. 1995. 陕甘宁盆地气区地质构造及勘探目标选择[R]. 中国石油天然气股份有限公司长庆油田分公司.

张绍云, 2009. 2008～2009 年十万大山盆地及宁强、西乡地区物性工作成果报告[R]. 江苏省有色金属华东地质勘查局八一四队.

张燕, 2013. 上扬子地区深部结构与浅部构造关系研究[D]. 西安: 西北大学.

赵百民, 郝天珧, 徐亚, 等, 2009. 油气资源探测中的物性研究[J]. 地球物理学进展, 24(5): 1689-1695.

赵重远, 1988. 含油气盆地地质学、板块力学和地球均衡说[J]. 西北大学学报(自然科学版), 18(1): 5-7.

赵国泽, 詹艳, 王立凤, 等, 2010. 鄂尔多斯断块地壳电性结构[J]. 地震地质, 32(3): 345-359.

赵文智, 胡素云, 汪泽成, 等, 2018. 中国元古界—寒武系油气地质条件与勘探地位[J]. 石油勘探与开发, 45(1): 1-13.

赵希刚, 2006. 多源信息处理及其在线环构造识别和多种能源矿藏(床)找矿中的应用: 以鄂尔多斯盆地为例[D]. 西安: 西北大学.

赵振宇, 郭彦如, 王艳, 等, 2012. 鄂尔多斯盆地构造演化及古地理特征研究进展[J]. 特种油气藏, 19(5): 15-20.

郑剑锋, 沈安江, 乔占峰, 等, 2014. 基于激光雷达技术的三维数字露头及其在地质建模中的应用: 以巴楚地区大班塔格剖面礁滩复合体为例[J]. 海相油气地质, 19(3): 72-78.

郑莉, 冀连胜, 何展翔, 等, 2008. 鄂尔多斯盆地西缘黄土塬区综合物探技术的应用效果[J]. 石油地球物理勘探, 43(2): 229-233.

钟森, 伍向阳, 1994. 岩心物性测试及参数分析和应用[J]. 石油地球物理勘探, 29(A2): 56-68.

周鼎武, 羁万筹, 1989. 渭北西部地区加里东构造带变形特征及其地质意义[J]. 西北大学学报(自然科学版), 19(4): 93-102.

周鼎武, 1994. 鄂尔多斯盆地西南缘地质特征及其与秦岭造山带的关系[M]. 北京: 地质出版社.

周稳生, 2016. 四川盆地重磁异常特征与深部结构[D]. 南京: 南京大学.

朱光有, 杜德道, 陈玮岩, 等, 2017. 塔里木盆地西南缘古老层系巨厚黑色泥岩的发现及勘探意义[J]. 石油学报, 38(12): 1335-1370.

AL-RAMADAN K, MORAD S, PROUST J N, et al., 2005. Distribution of diagenetic alterations in Siliciclastic shoreface deposits within a sequence stratigraphic framework: evidence from the Upper Jurassic, Boulonnais, NW France[J]. Journal of Sedimentary Research, 75(5): 943-959.

ARCHI G E, 1942. The electrical resistivity log as an aid in deterring some reservoir characteristics[J]. Tans. AIME., 146: 54-67.

ATHY L F, 1930. Density, porosity and compaction of sedimentary rocks[J]. Bulletin of the American Association of Petroleum Geologists, 14: 1-24.

BARTON C A, HICKMAN S, MORIN R, et al., 1998. Reservoir-scale fracture permeability in the Dixie Valley, Nevada, geothermal field[J]. SPE/ISRM Rock Mechanics in Petroleum Engineering: 299-306.

BOOLER J, TUCKER M E, 2002. Distribution and geometry of facies and early diagenesis: The key to accommodation space variation and sequence stratigraphy: Upper Cretaceous Congost Carbonate platform, Spanish Pyrenees[J]. Sedimentary Geology, 146(3): 225-247.

BROWN R J, 1985, EM coupling in multifrequency IP and a generalization of the Cole-Cole impedance model[J]. Geophysical Prospecting, 33: 282-302.

CARLSON R L, HERRICK C N, 1990. Densities and porosities in the oceanic crust and their variations with depth and age[J]. Journal of Geophysical Research, 95: 9153-9170.

CASAS A M, GAPAIS D, NALPAS T, et al., 2001. Analogue models of transgressive systems[J]. Journal of Structural Geology, 23(5): 733-743.

CHRISTENSEN N I, MOONEY W D, 1995. Seismic velocity structure and composition of the continental crust: A global view[J]. Journal of Geophysical Research, 100: 9761-9788.

CHRISTENSEN N I, SALISBURY M H, 1975. Structure and constitution of the lower oceanic crust[J]. Reviews of Geophysics and Space Physics, 13: 57-86.

CLARK D A, 1999. Magnetic petrology of igneous intrusions: Implications for exploration and magnetic interpretation[J]. Explor Geophys, 30: 5-26.

CLARK D A, EMERSON D W, 1991. Notes on rock magnetization characteristics in applied geophysical studies[J]. Explor. Geophys., 22: 547-555.

CLOETINGH S, MAŢENCO L, BADA G, et al., 2005. The evolution of the Carpathians-Pannonian system: Interaction between neotectonics, deep structure, polyphase orogeny and sedimentary basins in a source to sink natural laboratory[J]. Tectonophysics, 410(1): 1-14.

COLE K S, COLE R H, 1941. Dispersion and absorption in dielectrics. I. Alternating Current field[J]. Journal of Chemical Physics, 9: 341.

CUMMING W, 2009. Geothermal resource conceptual models using surface exploration data[C]//

Proceedings, 34th Workshop on Geothermal Reservoir Engineering, Stanford University.

DE BOER C B DEKKERS M J, VAN HOOF T A M. 2001. Rock magnetic properties of TRM carrying baked and molten rocks straddling burnt coal seams[J]. Phys. Earth Planet. Int., 126: 93- 108.

DIAS C A, 2000. Developments in a model to describe low-frequency electrical polarization of rocks[J]. Geophysics, 65: 437-451.

DZIEWONSKI A M, ANDERSON D L, 1981. Preliminary reference earth model[J]. Phys. Earth Planet. Int., 25: 297-356.

FOUNTAIN D M, CHRISTENSEN N I, 1989. Composition of the continental crust and upper mantle[J]. Geological Society of America Memoir, 172: 711-742.

GENG Y S, YANG C H, WAN Y S, 2006. Paleoproterozoic granitic magmatism in the Lüliang area, North China Craton: constraint from isotopic geochronology[J]. Acta Petrologica Sinica, 22(2): 305-314.

GIBB R A, 1968. The densities of Precambrian rocks from northern Manitoba[J]. Can. J. Earth Sci., 5: 433-438.

GLOVER P W J, 2010. A generalized Archie's law for n phases[J]. Geophysics, 75(6): 247-265.

HAGGERTY S E, 1979. The aeromagnetic mineralogy of igneous rocks[J]. Canadian Journal of Earth Sciences, 16: 1281-1293.

JINSONG C, ANDREAS K, SUSAN S H, 2008. A comparison between Gauss-Newton and Markov-Chain Monte Carlo-based methods for inverting spectral induced-polarization data for Cole-Cole parameters[J]. Geophysics, 73(6): 247-259.

MARSHALL D J, MADDEN T R, 1959, Induced polarization, a study of its causes[J]. Geophysics, 24: 790-816.

MARQUES F O, BOSE S, 2004. Influence of a permanent low-friction boundary on rotation and flow in rigid inclusion/viscous matrix systems from an analogue perspective[J]. Tectonophysics, 382(3): 229-245.

MOONEY W D, KABAN M K, 2010. The North American upper mantle: Density, composition, and evolution[J]. Geophys. Res., 115: 424-448.

PELTON W H, WARD S H, HALLOF P G, et al., 1978. Mineral discrimination and removal of inductive coupling with multifrequency IP[J]. Geophysics, 43: 588-609.

PILKINGTON M, TODOESCHUCK J P, 1995. Scaling nature of crustal susceptibilities[J]. Geophysical Research Letters, 22: 779-782.

PILKINGTON M, TODOESCHUCK J P, 2004. Power-law scaling behavior of crustal density and gravity[J]. Geophysical Research Letters, 31: 4.

PULLAIAH G, IRVING E, BUCHAN K L, et al., 1975. Magnetization changes caused by burial and uplift[J]. Earth and Planetary Science Letters, 28: 133-143.

RAVAT D, LU Z, BRAILE L W, 1999. Velocity-density relationships and modeling the lithospheric density variations of the Kenya Rift[J]. Tectonophysics, 302: 225-240.

SHIVE P N, FROST B R, PERETTI A, 1988. The magnetic properties of metaperidotite rocks as a function of metamorphic grade: implications for crustal magnetic anomalies[J]. Journal of Geophysical Research, 93: 12187-12195.

SMITHSON S B. 1971. Densities of metamorphic rocks[J]. Geophysics, 36: 690-694.

STROUD D, 1975. Generalized effective medium approach to the conductivity of an inhomogeneous material[J]. Physical Review, 12: 3368-3373.

SUBRAHMANYAM C, VERMA R K, 1981. Densities and magnetic susceptibilities of Precambrian rocks of different metamorphic grade (Southern Indian Shield)[J]. International Journal of Rock Mechanics and Mining Sciences and Geomechanics Abstracts, 49: 101-107.

TODOESCHUCK J P, PILKINGTON M, GREGOTSKI M E, 1994. Using fractal crustal magnetization models in magnetic interpretation[J]. International Journal of Rock Mechanics and Mining, Sciences and Geomechanics Abstracts, 42: 677-692.

WAIT J R, 1959. The variable-frequency method[M]//Overvoltage Research and Geophysical Applications. London: Pergamen Press: 29-49.

WELLER A, SLATER L, BINLEY A, et al., 2015. Permeability prediction based on induced polarization: Insights from measurements on sandstone and unconsolidated samples spanning a wide permeability range[J]. Geophysics, 80(2): 161-173.

WILLIAM J H, RALPH R B, VON FRESE, et al., 2013. Gravity and Magnetic Exploration, Principles, Practices, and Applications[M]. Cambridge: Cambridge University Press: 1-512.

WORDEN R H, BURLEY S D, 2003. Sandstone diagenesis: the evolution of sand to stone[J]. Sandstone Diagenesis: Recent and Ancient, 4: 3-44.

XIE X N, JIANG T, WANG H, et al., 2006. Expulsion of overpressured fluid revealed by geochemistry of formation water in the dirpiric structures of Yinggehai basin[J]. Acta Petrologica Sinica, 22(8): 2243-2248.

ZHDANOV M S, 2006, Generalized effective-medium theory of induced polarization[C]//76th Annual International Meeting, SEG, Expanded Abstracts: 805-809.

ZHDANOV M S, 2008. Generalized effective-medium theory of induced polarization[J]. Geophysics, 73(5): 197-211.

ZHDANOV M S, 2009. Geophysical electromagnetic theory and methods[J]. Elsevier, 43: 429.

ZONGE K L, SAUCK W A, SUMNER J S, et al., 1972. Comparison of time, frequency and phase measurements in IP[J]. Geophysical Prospecting, 20: 626-648.